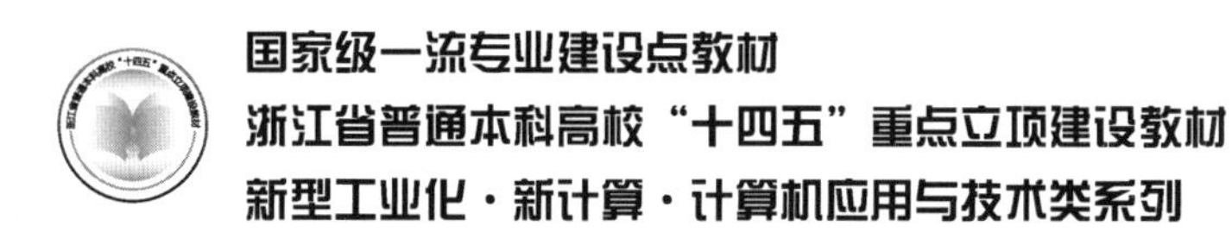

COMPUTER APPLICATION

Python 程序设计
（含视频分析）

王雪梅　曾昊　张丽/主编
王金波　林生佑　王娇娇　徐芝琦　舒莲卿/副主编

扫一扫书中二维码
观看本书配套资源

新形态·立体化
融入课程思政

電子工業出版社
Publishing House of Electronics Industry
北京·BEIJING

内 容 简 介

本书是国家级一流专业（数字媒体技术、网络工程、广播电视工程）课程“Python 程序设计”的建设点教材，浙江省普通本科高校“十四五”重点立项建设教材。本书通过系统化的内容讲解，使学生在系统化地掌握 Python 基础知识的同时，真正掌握实际问题的设计与实现，有效地提高分析和解决问题的能力。本书主要介绍计算机和编程基础、Python 基础、程序基本结构、函数和模块、结构化数据类型、类和对象、文件和异常、数据分析和可视化、用 Tkinter 模块实现 GUI 编程、游戏编程、Python 函数式编程等。

本书既可作为高等学校计算机程序设计课程的教材，也可供社会各类工程技术与科研人员阅读参考。

图书在版编目（CIP）数据

Python 程序设计 ： 含视频分析 / 王雪梅，曾昊，张丽主编. -- 北京 ： 电子工业出版社，2025. 3. -- ISBN 978-7-121-49862-6

Ⅰ. TP312.8

中国国家版本馆 CIP 数据核字第 2025EP6655 号

责任编辑：戴晨辰　　特约编辑：张燕虹
印　　刷：河北鑫兆源印刷有限公司
装　　订：河北鑫兆源印刷有限公司
出版发行：电子工业出版社
　　　　　北京市海淀区万寿路 173 信箱　　　邮编：100036
开　　本：787×1092　　1/16　　印张：19.75　　字数：505.6 千字
版　　次：2025 年 3 月第 1 版
印　　次：2025 年 3 月第 1 次印刷
定　　价：69.00 元

凡所购买电子工业出版社图书有缺损问题，请向购买书店调换。若书店售缺，请与本社发行部联系，联系及邮购电话：（010）88254888，88258888。

质量投诉请发邮件至 zlts@phei.com.cn，盗版侵权举报请发邮件至 dbqq@phei.com.cn。

本书咨询联系方式：dcc@phei.com.cn。

前言

党的二十大报告指出：“教育、科技、人才是全面建设社会主义现代化国家的基础性、战略性支撑。必须坚持科技是第一生产力、人才是第一资源、创新是第一动力，深入实施科教兴国战略、人才强国战略、创新驱动发展战略，开辟发展新领域新赛道，不断塑造发展新动能新优势。”2024 年全国两会期间，中国工程院院士、华中科技大学校长尤政提出：“现阶段，新一轮科技革命和产业变革方兴未艾，作为推动我国产业体系发展的战略力量，卓越工程师群体的重要作用日益凸显。面对新的形势和挑战，必须把卓越工程师培养摆在更加突出的位置。”

本书旨在通过系统化的教学内容和实践项目，培养学生的创新能力和实践技能，为国家科技进步与社会发展贡献力量。本书共两部分：第 1 部分为基础篇，从第 1 章到第 7 章，主要介绍计算机和编程基础、Python 基础、程序基本结构、函数和模块、结构化数据类型、类和对象、文件和异常；第 2 部分为应用篇，从第 8 章到第 11 章，主要介绍数据分析和可视化、用 Tkinter 模块实现 GUI 编程、游戏编程、Python 函数式编程。另外，因受本书篇幅所限，故将第 12 章“机器学习入门”、第 13 章“实战量化交易”、第 14 章“实战电商平台”、第 15 章“Python 大数据分析”作为本书拓展内容，读者可通过扫描封底二维码获得。

通过精心挑选并融入多样化的思政案例，不仅能够有效地激发学生的爱国热情和社会责任感，促使他们树立正确的世界观、人生观、价值观，还是一项具有深远意义的战略措施。其目的是培养出既具备扎实专业技能又富有家国情怀的新一代工程师，引导工程技术人才积极服务于国家的战略需求和创新驱动发展战略，进而推动中国成为全球重要的人才中心和创新高地。这不仅涉及工科教育的专业技能传授，更包含了培养工程技术人才家国情怀、社会责任感及创新能力的要求。

为响应国家关于深化高等教育产教融合的战略号召，本书开创性地采用了高校与行业深度合作的模式，由长期从事程序设计与算法分析的高校教师携手拥有丰富项目开发经验的中国移动高级工程师共同编写。这一合作机制不仅确保了教材内容的前瞻性和实用性，也为学生搭建了连接学术理论与工业实践的桥梁。应用篇纳入了工程实践中较为经典的案例，通过教材设计的工程场景，让学生能够更好地理解和掌握企业新技术及其在实践中的应用方法，体现了新工科教材的实践性、设计性和创新性。学生在系统化地掌握 Python 基础知识的同时，真正掌握对实际应用问题的设计与实现，从而有效地提高分析和解决问题的能力。最终达到培养计算思维和创新能力的教书育人目标。

为了帮助读者和任课教师更好地使用本书，本书还提供了配套教学大纲、教学课件、电子教案、程序源代码、习题解答和视频分析，读者可登录华信教育资源网（www.hxedu.com.cn）注册后免费下载或通过扫描书中二维码学习。每章的习题以原创为主，并已同步到线上 PTA 平台（程序设计类实验辅助教学平台），教师可以利用 PTA 平台进行辅助教学。

全书由王雪梅负责整体规划，书稿大纲由各位作者共同编排和审定，并由王雪梅和曾昊进行统稿。本书编写的具体分工如下：第 1 章由曾昊和王雪梅编写，第 2 章由张丽和舒莲卿编写，第 3 章由王雪梅编写，第 4 章由林生佑和王雪梅编写，第 5 章由王雪梅编写，第 6 章由王雪梅和徐芝琦编写，第 7 章由王娇娇编写，第 8、9 章由王雪梅编写，第 10 章由林生佑编写，第 11 章由曾昊编写。本书拓展内容中的第 12 章由王娇娇编写，第 13、14 章由王金波编写，第 15 章由张丽编写。

在此，感谢赵炯善、王豪斌、程若鸿、张子炫和艾子涵 4 位优秀学生，他们在本书编写过程中提供了重要的帮助，承担了细致的校稿工作和关键的代码验证任务。还要感谢俞定国、钱归平、张宝军、张帆、裘姝平等老师在整个编写过程中提供的宝贵意见和支持。此外，感谢殷伟凤老师在 Python 课程建设和教材编写过程中做出的贡献。

由于作者水平有限，书中难免存在不足之处，欢迎广大读者批评指正。

作　者

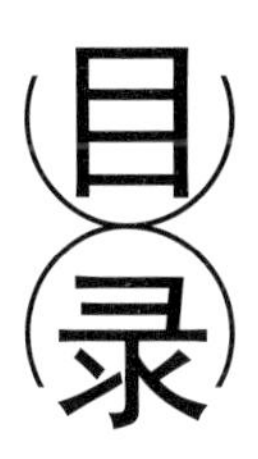

第1部分 基础篇

第 2 部分 应 用 篇

第1部分 基 础 篇

第1章 计算机和编程基础

视频分析

1.1 计算机的基本概念

计算机俗称电脑，是一种可以通过编程自动执行一系列算术或逻辑运算的机器。现代计算机可以执行称为程序的通用操作集。这些程序使计算机能够执行广泛的任务。而计算机系统是一个“完整”的计算机，它包括“完整”运行所需的硬件、操作系统（主要软件）和外围设备。这个术语也可以指一组连接在一起并发挥功能的计算机，如计算机网络或计算机集群。

广泛的工业和消费产品都使用计算机作为控制系统，包括简单的特殊用途设备，如微波炉和遥控器，以及工厂设备；如工业机器人和计算机辅助设计，以及通用设备；如个人计算机和移动设备，如智能手机。计算机为互联网提供了动力，互联网连接了数以亿计的其他计算机和用户。

早期的计算机只为了用于计算。自古以来，像算盘这样的简单手工工具就辅助中国人进行计算。在欧洲工业革命早期，一些机械装置也被制造出来，用于自动化处理长期烦琐的工作，如为织布机导引织布的图案。20 世纪初，更复杂的电子机器用于专门的模拟计算。

世界上第一台通用计算机 ENIAC 就是在第二次世界大战期间发展起来的。20 世纪 40 年代末，出现了第一个半导体晶体管；20 世纪 50 年代末，出现了金属氧化物半导体（MOS）和单片集成电路（IC）芯片技术，直接加速了 20 世纪 70 年代的半导体存储器和微处理器的实现，同时也将小型化个人计算机（PC）这个关键性技术的突破变为可能。此后，计算机的运行速度、功率和通用性都在急剧提高，而计算机的制造成本也逐渐变得低廉。随着 20 世纪末、21 世纪的移动计算机（智能手机和平板电脑）的问世与发展，计算机在人们的工作和生活中变得无处不在。目前，可根据计算机的用途和性能将计算机分为超级计算机、工业控制计算机、网络计算机、个人计算机、嵌入式计算机五类。较先进的计算机有生物计算机、光子计算机、量子计算机等。

计算机硬件包括计算机的物理组成部分，如中央处理单元（CPU）、显示器、鼠标、键盘、存储器、显卡、声卡、扬声器和主板等。硬件是计算机中的有形部分，软件是计算机中的非有形部分。软件是一套可以由硬件存储和运行的指令。可以这样理解：在计算机中，硬件如同人的骨骼和肌肉，而软件如同人的大脑和神经系统；人的神经系统指挥肌肉做出相应的动作，而硬件通常由软件指挥执行任何命令或指令。硬件和软件的结合构成了一个可用的计算系统。

1.1.1 硬件

1945 年 6 月，匈牙利美籍数学家冯·诺依曼提出了在计算机内部的存储器中存放程序的概念，这是所有现代电子计算机的范式，被称为“冯·诺依曼体系架构”。如图 1-1 所示，按这一架构制造的计算机称为存储程序计算机，又称为通用计算机。冯·诺依曼计算机主要由运算器、控制器、存储器和输入/输出设备组成，它的特点主要归纳为：程序以二进制代码的形式存放在存储器中；所有的指令都由操作码和地址码组成；指令在存储器中按照其执行的顺序存放；以运算器和控制器作为计算机结构的中心等。冯·诺依曼计算机广泛应用于数据的处理和控制。

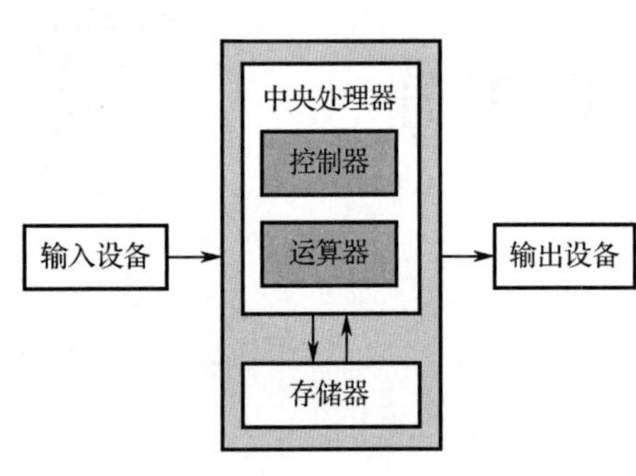

图 1-1 冯·诺依曼体系架构

1. 运算器

运算器是在计算机中执行各种算术和逻辑运算操作的部件。运算器的基本操作包括加、减、乘、除四则运算，与、或、非、异或等逻辑操作，以及移位、比较和传送等操作，也称算术逻辑部件（ALU）。

2. 控制器

控制器由程序计数器、指令寄存器、指令译码器、时序产生器和操作控制器组成，它是发布命令的“决策机”，即完成协调和指挥整个计算机系统的操作。运算器和控制器统称中央处理器，也称 CPU。中央处理器是计算机的心脏。

3. 存储器

存储器分为内存（主存储器，简称主存）和外存（辅助存储器，简称辅存）。

（1）内存：内存是计算机中的记忆部件，用于存放计算机运行中的原始数据、中间结果及指示计算机工作的程序。内存可以分为随机访问存储器（RAM）和只读存储器（ROM）。RAM 允许数据的读取与写入，磁盘中的程序也必须被调入 RAM 后才能运行，中央处理器可直接访问 RAM 并与其交换数据。RAM 通常是一种易失性的存储器，只用于临时存储，当计算机断电后，RAM 里的内容会被清除。而 ROM 的信息只能读出，不能随意写入，即使断电也不会丢失。

（2）外存：用来存放一些需要长期保存的程序或数据，断电后也不会丢失，容量比较大，但存取速度比 RAM 慢。当计算机执行外存里的程序或处理外存中的数据时，需要先把外存里的数据读入 RAM，然后中央处理器才能进行处理。外存包括硬盘、光盘和 U 盘。

4. 输入/输出设备

输入设备是向计算机输入数据和信息的设备。输出设备是计算机硬件系统的终端设备，用于接收计算机数据的输出显示、打印、声音、控制外围设备操作等。常见的输入设备有键盘、鼠标、摄像头、扫描仪等；常见的输出设备有显示器、打印机等。

1.1.2　软件

一个只有硬件而没有安装任何软件的计算机称为裸机，一台完整的计算机需要由硬件和软件相互支撑共同组成。简单来说，软件是告诉计算机如何工作的一系列按照特定顺序组织的指令和数据的集合（俗称程序）。但实际上，软件并非只包括程序，与程序相关的文档也是软件的一部分。所以严格来说，软件就是程序加文档的集合体。软件一般按其用途分为系统软件和应用软件。当用户使用计算机时，是通过系统软件、应用软件间接控制和管理硬件的。如图 1-2 所示，首先，用户与应用软件进行交互；然后，应用软件通过接口将指令传递给系统软件；最后，系统软件再与硬件进行通信，图中箭头表示信息流动的方向。

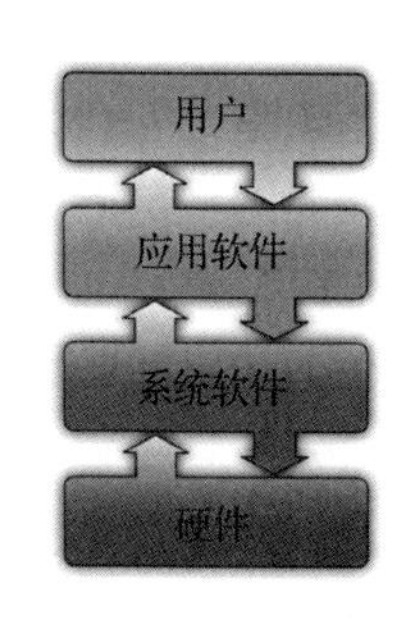

图 1-2　硬件与软件

下面简单介绍系统软件和应用软件。

1. 系统软件

系统软件负责控制和管理计算机系统中各种独立的硬件，使它们之间可以协调工作，提供基本的功能，并为正在运行的其他应用软件提供平台。一般来说，系统软件又分为操作系统和系统支撑软件。

（1）操作系统：操作系统是一个管理计算机硬件与软件资源的程序，负责管理与配置内存、决定系统资源供需的优先次序、控制输入与输出设备、操作网络与管理文件系统等基本事务。操作系统也提供一个让用户与系统交互的接口。目前，主流的操作系统有 Windows、Linux、Mac OS，以及移动端的操作系统 Android 和 iOS。

（2）系统支撑软件：这是负责支撑软件开发与维护的软件，又称为软件开发环境（SDE）。它主要包括编译器、解释器、硬件驱动管理、网络连接等一系列基本工具。

2. 应用软件

应用软件是为了某种特定的用途而被开发的软件，不同的应用软件根据用户和所服务的领域提供不同的功能。

1.2　数据存储

当今社会，人们在日常生活工作和学习中离不开十进位计数制（十进制）。十进位计数制是古代世界中最先进、科学的计数法，对世界科学和文化的发展有着不可估量的作用。

1.2.1　存储自然数

十进位计数制的出现对人类世界的发展产生了深远的影响，是非常方便人类的计数系统。但是，对于计算机来说，能够方便计算机计算和存储数据的是二进位计数制。

二进位计数制（二进制）仅使用两个数，即 0 和 1。因此，任何具有两个不同稳定状态的元件都可用来表示二进制数的某一位。例如，开关的“开”和“关”；电压的“高”和“低”；电荷的“正”和“负”；电路中的“通电”和“断电”，网络中的“有信号”和“无信号”等。利用这些不同的状态来代表数字，是很容易实现的。不仅如此，更重要的是两种截然不同的状态不仅有量上的差别，而且还有本质上的不同。二进制能大大提高计算机的抗干扰能力和可靠性。

将计算机这类电子设备抽象成由多个电子元件构成，而一个电子元件的“关”和“开”状态分别对应着二进制中的 0 与 1。二进位计数制的四则运算最后都可归结为加法运算和移位。计算机中的运算器线路也十分简单，运算速度就得到相应的提高。此外，二进制中的 0 和 1 正好与布尔代数中的“真”(true)与“假”(false) 对应，也便于计算机进行逻辑运算。

计算机的存储器中最基本的数据存储单位称为字节（Byte），每个字节又被分成 8 个更小的存储位置，称为位或比特（bit），位是计算机中运算和存储的最小数据单位。下面将每个位（比特）抽象为一个电子元件的开关，如图 1-3 所示，其中每个开关都处于打开或关闭的状态。当数据存储在一个字节中时，计算机用 8 个开关来表示数据。

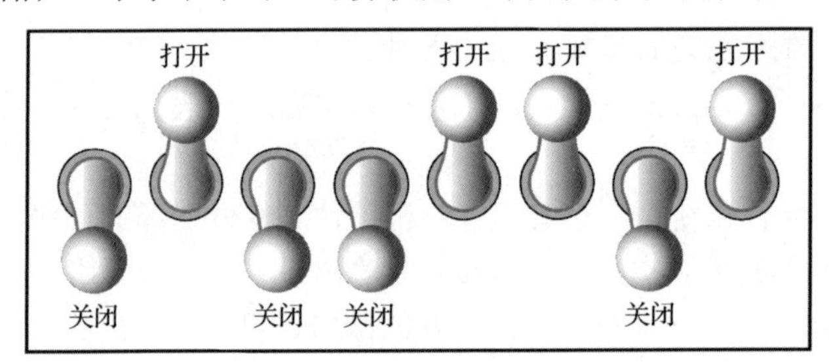

图 1-3　将一个字节看成 8 个开关

在理解二进制数之前，先回顾一下十进制数。比如，有一个十进制数 12345，我们将它读作“一万二千三百四十五”，这是因为它从右到左依次被分为个位、十位、百位、千位、万位。换句话说，个位上数字的权重为 1，十位上数字的权重为 10，百位上数字的权重为 100，千位上数字的权重为 1000，万位上数字的权重为 10000，所以计算如下：

$$\begin{aligned}12345 &= 1\times10000+2\times1000+3\times100+4\times10+5\times1\\&=10000+2000+300+40+5\\&=12345\end{aligned}$$

稍做改进后，将个位、十位、百位、千位和万位上数字的权重分别用科学计数法表示，个位上数字的权重为 10^0，十位上数字的权重为 10^1，百位上数字的权重为 10^2，千位上数字的权重为 10^3，万位上数字的权重为 10^4，其中位的权重 10^n 中的 n 表示从右往左的第 n 位（n 从 0 开始计数），所以计算如下：

$$\begin{aligned}12345 &= 1\times10^4 + 2\times10^3 + 3\times10^2 + 4\times10^1 + 5\times10^0\\ &= 1\times10000 + 2\times1000 + 3\times100 + 4\times10 + 5\times1\\ &= 10000 + 2000 + 300 + 40 + 5\\ &= 12345\end{aligned}$$

因为在二进制中只使用 0 和 1 来构成数字，所以二进制中的所有数字都可以用 0 和 1 组成的序列表示。10011101 是一个二进制数，按照之前的抽象，将一个电子元件处于关闭的状态时视为 0，而当处于打开状态时视为 1，则二进制数 10011101 存储在一个字节中可以用 8 个开关表示，如图 1-4 所示。

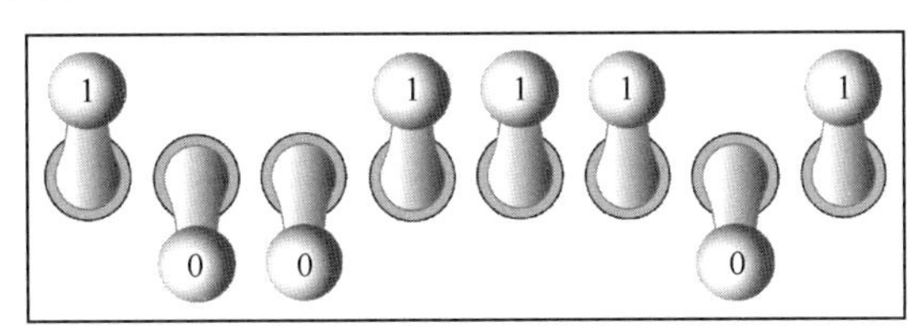

图 1-4　在一个字节中存储二进制数

下面计算二进制数 10011101 的值，采用和十进制计算类似的方法，如图 1-5 所示，该二进制数有 8 位，从右到左每位上数字的权重分别为 2^0、2^1、2^2、2^3、2^4、2^5、2^6、2^7，其中位的权重 2^n 中 n 表示从右往左（从低到高）的第 n 位（n 从 0 开始计数）。

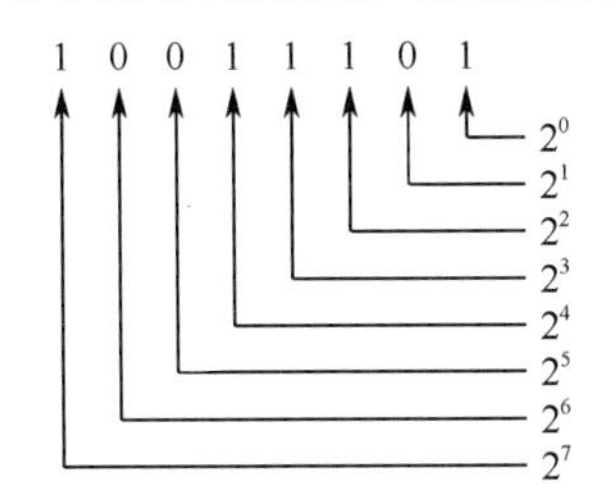

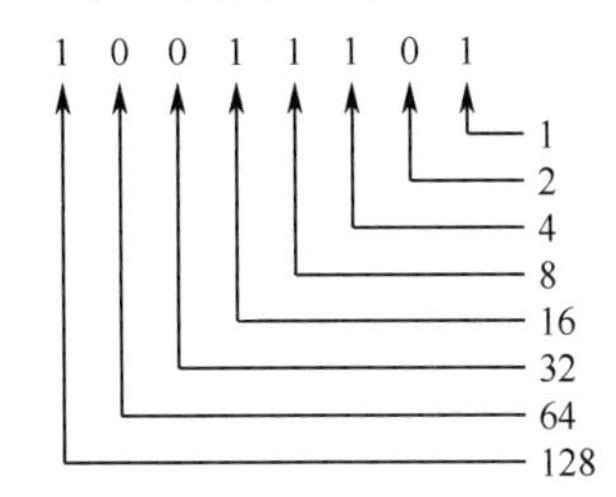

图 1-5　二进制数中每位的权重一

假设有一个二进制数 m，从高位到低位写作 m_n，m_{n-1}，…，m_1，m_0，则二进制数 m 转成十进制数 dec(m)可以用如下公式算出：

$$\mathrm{dec}(m) = \sum_{i=0}^{n} m_i 2^i$$

计算二进制数中每位上的数值乘以该位的权重的总和，计算如下：

$$\begin{aligned}\mathrm{dec}(10011101) &= (1\times2^7)+(0\times2^6)+(0\times2^5)+(1\times2^4)+(1\times2^3)+(1\times2^2)+(0\times2^1)+(1\times2^0)\\ &= (1\times128)+(0\times64)+(0\times32)+(1\times16)+(1\times8)+(1\times4)+(0\times2)+(1\times1)\\ &= 128+0+0+16+8+4+0+1\\ &= 157\end{aligned}$$

得出二进制数 10011101 的值对应的十进制数的值为 157。再次将二进制数 10011101 抽象成由 8 个开关组成，其每个开关的权重如图 1-6 所示。

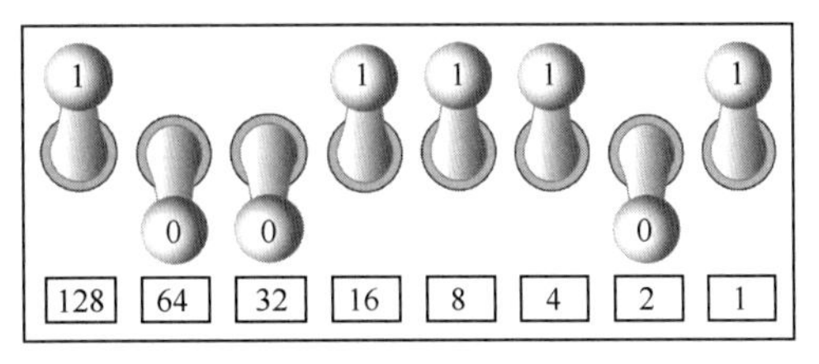

图 1-6　二进制数中每位的权重二

但在计算中，实际上会忽略位上为 0 的数值及该位的权重，因为 0 乘以任何数都为 0，如图 1-7 所示。

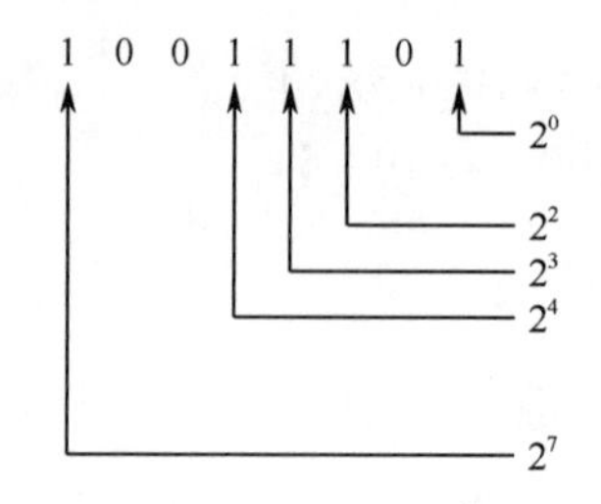

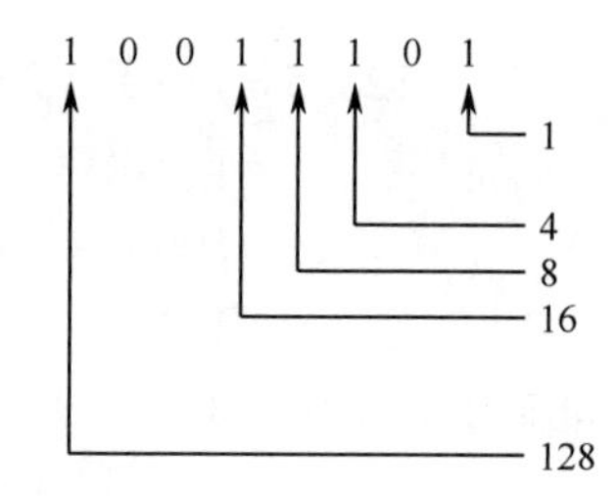

图 1-7　二进制数中每位的权重三

二进制数 10011101 的十进制数的计算简化如下：

$$\begin{aligned}\text{dec}(10011101) &= (1\times 2^7)+(1\times 2^4)+(1\times 2^3)+(1\times 2^2)+(1\times 2^0)\\ &=(1\times 128)+(1\times 16)+(1\times 8)+(1\times 4)+(1\times 1)\\ &=128+16+8+4+1\\ &=157\end{aligned}$$

由上可以推断出：一个字节中存储的最大的二进制数和最小的二进制数分别为 00000000 与 11111111，这也分别对应 8 个开关全部处于关闭状态和打开状态。显然二进制数 00000000 对应的十进制数为 0，二进制数 11111111 对应的十进制数为 255，计算过程如下：

$$\begin{aligned}\text{dec}(11111111) &= \sum_{n=0}^{n} 2^n\\ &=2^0+2^1+2^2+2^3+2^4+2^5+2^6+2^7\\ &=1+2+4+8+16+32+64+128\\ &=255\end{aligned}$$

因此，一个字节可以存储的数值的范围为从 0 到 255。

当要存储大于 255 的数值时，只需使用多个字节存储便可。一个字节有 8 位，将两个字节一起使用，便有 16 位；将 4 个字节一起使用，便有 32 位等。假设需要使用两个字节存储数值，则这 16 个位从右到左每个位上的权重分别为 2^0，2^1，2^2，…，2^{15}，如图 1-8 所示，两个字节可以存储的最大值为 65535，计算过程如下，

$$\begin{aligned}\text{dec}(1111111111111111) &= \sum_{n=0}^{15} 2^n\\ &=2^0+2^1+2^2+2^3+2^4+\cdots+2^{14}+2^{15}\\ &=1+2+4+8+16+\cdots+16384+32768\\ &=65535\end{aligned}$$

因此，两个字节可以存储的数值范围为从 0 到 65535。

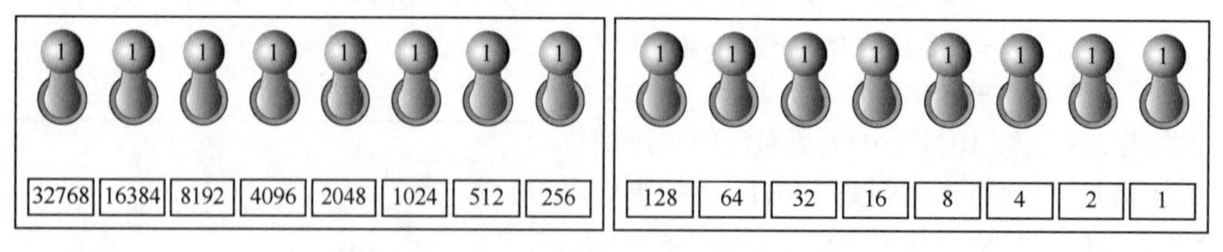

图 1-8　两个字节表示大于 255 的数值

补充知识：通过本节的学习，已知一个字节等于 8 个比特（1Byte=8bits），一个字节作为计算机中数据处理最基本的单位，简写为 B。比字节大的单位有 KB、MB、GB、TB 等，

它们间换算关系如下：

1B = 8bits。

1KB = 1024B = 2^{10}B，读作KiloBytes。

1MB = 1024KB = 2^{10}KB=2^{20}B，读作MegaBytes。

1GB = 1024MB = 2^{10}MB=2^{20}KB=2^{30}B，读作GigaBytes。

1TB = 1024GB = 2^{10}GB=2^{20}MB=2^{30}KB=2^{40}B，读作TeraBytes。

1.2.2 存储字符

通过上一节的学习，可知任何数字在计算机中都是以二进制的形式进行存储的。英文字符与二进制之间的转换采用了字符编码技术。当一个字符被存储在计算机中时，它首先被转换为一个数字编码，再把数字编码转换为二进制数存储在计算机中。我们把需要存储在计算机中的字符集合称为字符集，而把字符集中的每个字符保存为二进制数称为编码，而将二进制数转换为相对应的字符称为解码。对于同一套编码系统，编码与解码是一个可逆的过程。比如，当打开编辑器或者网页出现乱码时，其实就是存储字符所使用的编码系统与将二进制数进行解码使用的编码系统不一致而导致的。

1. ASCII 编码

目前，世界上已经有多种不同的编码方案用于表示计算机中存储的字符，其中最重要的就是 ASCII 编码。ASCII（American Standard Code for Information Interchange，美国信息交换标准码）是一套基于拉丁字母的计算机编码系统，主要用于显示现代英语和其他西欧语言。ASCII 在 1967 年由美国电气电子工程师学会（IEEE）首次发布，最后一次更新则是在 1986 年，到目前为止共定义了 128 个字符（包括英文字母，各种标点符号和其他字符）的数字编码。比如，英文的大写字母 A 的 ASCII 编码值为 65，所以当在计算机中存储大写字母 A 时，实际上存储的是数值 65 的二进制数 01000001，如图 1-9 所示。小写字母 b 的 ASCII 编码值为 98，同一个字母的大写和小写 ASCII 编码之间相差 32。所有的 ASCII 编码及其代表的字符见附录 A。

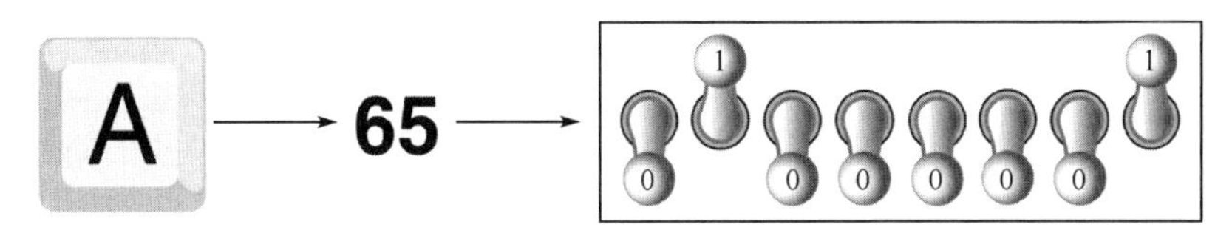

图 1-9 大写字母 A 的 ASCII 编码值为 65

2. GB2312 编码

ASCII 编码完美地解决了英文字母的编码工作，为计算机提供了一种存储字符和与其他计算机及程序交换字符的方式。但 ASCII 编码仅使用了一个字节来存储 128 个字符的数字编码，且这 128 个字符都是基于拉丁字母的计算机编码系统。

当计算机进入中国后，为了将汉字存储到计算机中，中国在 1980 年制定了中国汉字编码国家标准即 GB2312 编码。GB2312 编码共收录 7445 个字符，其中汉字有 6763 个。GB2312

编码系统扩展了 ASCII 编码的空间，且向下兼容标准的 ASCII 编码。总结 GB2312 编码系统的两个特点如下：

（1）GB2312 编码中的第一个字节还是原来的 ASCII 编码。

（2）在 GB2312 编码中，存储一个汉字占用两个字节。

3. Unicode 编码

Unicode 编码是一种国际化字符编码标准，它解决了传统字符编码（如 ASCII）存在的局限性。Unicode 编码同样扩展自 ASCII 编码，并且与其他类型的编码方案向下兼容，它为每种语言文字中的每个字符设定了统一且唯一的二进制编码。目前，Unicode 编码共有三种具体实现，分别为 utf-8、utf-16 和 utf-32。

在实际开发中主要还是使用 utf-8 编码，utf-8 主要使用 1～4 个字节为每个字符编码：

（1）ASCII 编码中的字符还是使用原来的一个字节编码。

（2）带有变音符号的拉丁文、希腊文、西里尔字母、亚美尼亚语、希伯来文、阿拉伯文、叙利亚文等字母则需要两个字节编码。

（3）汉字（包括日韩文字、东南亚文字、中东文字等）使用三个字节编码。

（4）其他极少使用的语言字符使用 4 个字节编码。

1.2.3 存储负整数

通过之前的介绍可知：在计算机中不仅可以存储数字，还可以存储字符。但这两者本质上来说都属于非负整数（从 0 开始的整数）。在实际存储和计算中，负数在计算机中也是必不可少的内容。

任何存储于计算机中的数据，其本质都以二进制数的形式进行存储。根据冯•诺依曼提出的经典计算机体系架构，一台计算机由运算器、控制器、存储器、输入/输出设备组成。其中运算器只有加法运算器，并没有减法运算器。因此，计算机中无法直接做减法运算，实际上它的减法是通过加法实现的。现实世界中，所有的减法也可以当成加法，减去一个数可以看作加上这个数的相反数，但前提是要先有负数的概念，这就是引入一个符号位的原因。符号位是二进制数中最左边的一位，如果该位为 0，则说明该数为正；若为 1，则说明该数为负。从硬件的角度上看，只有正数加负数才算是减法，正数与正数相加，负数与负数相加，其实都可以通过加法器直接相加。为了解决计算机做减法和引入符号位后的问题，原码、反码、补码的概念便相应诞生了。

1. 二进制原码

原码是最简单的表示法，用最高位表示符号位，其他位存放该数绝对值的二进制数。以存储在一个字节中的 8 位二进制数为例：10001010，其最高位为 1，表示该数是一个负数，然后对剩余的 7 位进行计算：

$$\mathrm{dec}(0001010) = 2^3 + 2^1 = 10$$

10001010 表示的十进制数是-10。在表 1-1 中列出部分正负数的二进制原码。

表 1-1 部分正负数的二进制原码

十进制	原码	十进制	原码	十进制	原码
0	00000000	4	00000100	-2	10000010
1	00000001	5	00000101	-3	10000011
2	00000010	-0	10000000	-4	10000100
3	00000011	-1	10000001	-5	10000101

二进制加法运算举例：

$$00000001+00000010=00000011 \Rightarrow 1+2=3$$

$$00000000+10000000=10000000 \Rightarrow 0+(-0)=-0$$

$$00000001+10000001=10000010 \Rightarrow 1+(-1)=-2$$

在上例中，正数之间的加法通常不会出错，因为它就是一个很简单的二进制加法，而正数与负数相加，或负数与负数相加，就会引起奇怪的结果，这其实都是由符号位引起的。为了解决这个问题，当使用原码进行两数相加运算时，首先要判别两数符号，若同号则做加法，若异号则做减法。通常 0 的原码用+0 表示，若在计算过程中出现了-0，则需要计算机将-0 变成+0。而在使用原码进行两数相减运算时，不仅要判别两数符号，使得同号相减，异号相加；还要判别两数绝对值的大小，用绝对值大的数减去绝对值小的数，取绝对值大的数的符号为结果的符号。由此可见，原码的特点如下：

（1）原码表示直观、易懂，与十进制数转换容易。

（2）原码中的 0 有两种不同的表示形式，给使用带来了不便。

（3）原码不便于实现加减运算。

2. 二进制反码

原码最大的问题就在于一个数加上它的相反数不等于 0，所以反码用一个正数按位取反来表示负数。一个正数的反码还是等于其原码，而一个负数的反码就是它的原码除符号位外，按位取反。

比如，在一个字节中存储一个十进制正数 3，其二进制反码和原码相同，为 00000011；若存储一个十进制数-3，则其原码为 10000011，其反码等于保持符号位不变，其他位全部按位取反，所以-3 的反码为 11111100。表 1-2 中列出部分正负数的二进制反码。

表 1-2 部分正负数的二进制反码

十进制	原码/反码	十进制	原码/反码	
			原码	反码
0	00000000	-0	10000000	11111111
1	00000001	-1	10000001	11111110
2	00000010	-2	10000010	11111101
3	00000011	-3	10000011	11111100
4	00000100	-4	10000100	11111011
5	00000101	-5	10000101	11111010

再试着用反码的方式解决原码的问题，开始如下二进制加法运算：

$$00000001 + 11111110 = 11111111 \Rightarrow 1 + (-1) = -0$$

$$11111110 + 11111100 = 111111010 \Rightarrow (-1) + (-3) = -5$$

这次成功地实现了两个互为相反数之间的加法结果等于 0，虽然得到的结果是 11111111，也就是-0。但是两个负数的相加却会发生问题，-1 和-3 相加的结果是 111111010，但因为一个字节中存储的二进制数最多只能存放 8 位，所以最后存储在一个字节中的结果为 11111010，其十进制的值为-5，出现了明显错误。由此总结反码的特点如下：

（1）在反码表示中，用符号位表示数值的正负，形式与原码表示相同，即 0 为正、1 为负。

（2）在反码表示中，数值 0 也有两种表示方法。

（3）反码的表示范围与原码的表示范围相同。

3．二进制补码

补码的思想源于生活，如时钟、经纬度、《易经》里的八卦等。假设有个时钟现在显示的是 10 点，那么如何将它调到 8 点呢？有两种方法：一是顺时针向后拨 10 个小时，二是逆时针向前拨 2 个小时。

使用数学算式来描述就是 10-2=8，而 10+10=8。对于第二个算式，可能有人认为它是错误的，但实际上对于钟表来说，10 点顺时针向后 2 个小时满 12，然后再逆时针向后 8 个小时，时针正好又停在 8 点。因此，12 在时钟运算中被称为周期或模，超过了 12 就会重新从 1 开始计算了。

也就是说，两个算式 10-2 和 10+10 从另一个角度来看是等效的，都使时针指向了 8 点。既然是等效的，那么在时钟运算中，减去一个数，其实就相当于加上另外一个数，这个数与减数相加正好等于 12，也称为同余数，比如在上面例子中，2+10=12。

从上面时针的例子中，可以看到其实减去一个数，对于数值有限制、有溢出的运算（模运算）来说，其实也相当于加上这个数的同余数。也就是说，即便不引入负数的概念，也可以把减法当成加法来计算①。

下面试一试存储在一个字节中的 8 位二进制数减法（先不引入符号位），假设需要计算

$$00000101 - 00000010 \Rightarrow 5 - 2 = 3$$

但是，由于计算机中的运算器只是加法运算器，所以不能实现两个数的减法。回顾时钟的例子，在模运算中，减去一个数，可以等同于加上另外一个正数（同余数），这个数与减数相加正好等于模。那么一个字节中 8 位二进制数的模（周期）是多少呢？其实模就等于一个字节的最大容量

$$\sum_{n=0}^{7} 2^n = 256$$

减数 2 的同余数就等于 254，为 11111110。十进制的 5-2，根据模运算如下：

---

① 引入原码、反码、补码是为了解决计算机做减法的问题。在原码、反码表示法中，把减法转化为加法的思维是减去一个数等于加上这个数的相反数，结果却发现因为引入了符号位，造成了各种意想不到的问题。

$$00000101-00000010=00000101+11111110=100000011 \Rightarrow 5-2=5$$

按照这种计算方法得出的结果是 100000011，但是对于一个字节中的 8 位二进制数最大只能存放 8 位，所以舍去最高位，最后存储在一个字节中的结果为 00000011，其十进制的值为 3，这正是想要的运算结果。

此外，对于 5 减 2，从另一个角度来说，也是 5 加上-2，即 5 加上-2 和 5 加上 254 得到的二进制结果除了进位位，结果是一样的。这就意味着-2 和 254 的补码相同，所以-2 的补码为 11111110。如果将 11111110 的最高位看作符号位，该符号位为 1，则明确表示了-2 是负数这一事实，这其实也是为什么设置负数的二进制符号位是 1，而不是 0 的原因。

下面给出计算补码的方法：一个正数的补码等于它的原码，而一个负数的补码等于其反码加 1。在表 1-3 中列出部分正负数的二进制补码。比如一个十进制数 3，因为 3 是正数，所以其二进制补码和原码相同，为 00000011；若是一个十进制数-3，则其原码和反码分别为 10000011 与 11111100，其补码等于反码加 1，所以-3 的反码为 11111101。此外，在补码中也不存在-0，因为 0 和-0 的补码都为 00000000。到此，原码、反码中出现的问题，补码都基本解决了。

表 1-3　部分正负数的二进制补码

十进制	原码/反码/补码	十进制	原码/反码/补码		
			原码	反码	补码
0	00000000	-0	10000000	11111111	00000000
1	00000001	-1	10000001	11111110	11111111
2	00000010	-2	10000010	11111101	11111110
3	00000011	-3	10000011	11111100	11111101
4	00000100	-4	10000100	11111011	11111100
5	00000101	-5	10000101	11111010	11111011

接下来解释为什么负数的补码的求法是反码加 1。因为负数的反码加上这个负数绝对值的反码正好等于 11111111，再加 1，就是 100000000，也就是 8 位二进制数的模，假设一个负数 x，其绝对值为$|x|$，令 $F(x)$、$B(x)$分别为 x 的反码和补码，则

$$F(x)+F(|x|)+1=100000000$$

而负数的补码又等于这个负数绝对值的同余数，可以通过模减去该负数的绝对值计算到它的补码，则

$$B(|x|)=100000000-B(x)$$

实际上，负数绝对值的反码等于其该负数绝对值的补码，即 $B(|x|)=F(|x|)$，综上所述，

$$\begin{aligned}B(x)&=100000000-B(|x|)\\&=F(x)+F(|x|)+1-B(|x|)\\&=F(x)+1\end{aligned}$$

所以负数的补码就等于它的反码加 1。由此总结补码的特点如下：

（1）在补码表示中，用符号位表示数值的正负，形式与原码的表示相同，即 0 为正，1 为负。但补码的符号可以看作数值的一部分参加运算[①]。

（2）在补码表示中，数值 0 只有一种表示方法。

1.2.4 存储实数

前面介绍了二进制数及其在计算机中存储表示整数。下面介绍使用二进制数存储小数和小数的计算。

1. 二进制小数

将二进制数转换为十进制数的方法是：先将每位的二进制数乘以对应的权重，然后将所有结果相加。这个规则同样适用于二进制小数。如图 1-10 所示，二进制数的小数点之前的部分，即整数部分位的权重和之前描述的一样，还是从低位到高位（从右到左），分别是 2^0，2^1，2^2，…，依次递增。小数点之后的部分，即小数部分位的权重，从高位到低位（从左到右）分别为 2^{-1}，2^{-2}，2^{-3}，…，依次递减，如图 1-10 所示。

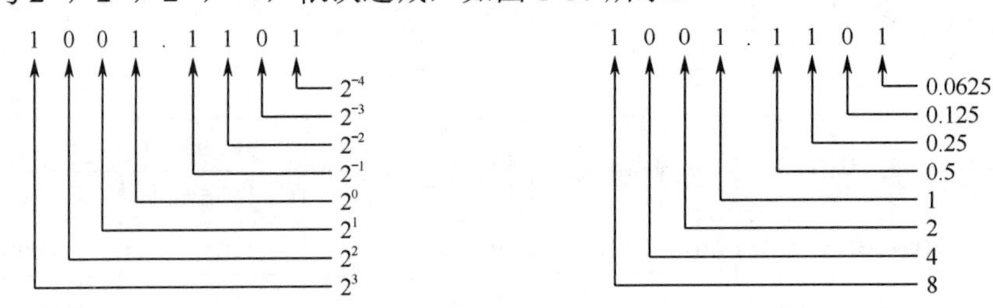

图 1-10 二进制小数中每位的权重一

假设，有一个二进制小数 m，其小数点之前的部分从高位到低位写成 m_n，m_{n-1}，…，m_0，其小数点之后的部分从高位到低位写成 $m_{-1}, m_{-2}, \cdots, m_{-k}$，则二进制数 m 转成十进制数 dec(m) 可以使用如下公式计算：

$$\text{dec}(m)=\sum_{i=0}^{n}m_i2^i+\sum_{j=-1}^{k}m_j2^j$$

比如，将二进制小数 1001.1101 转换成十进制数的计算过程如下：

$$\begin{aligned}\text{dec}(1001.1101)&=(1\times2^3)+(0\times2^2)+(0\times2^1)+(1\times2^0)+(1\times2^{-1})+(1\times2^{-2})+(0\times2^{-3})+(1\times2^{-4})\\&=(1\times8)+(0\times4)+(0\times2)+(1\times1)+(1\times0.5)+(1\times0.25)+(0\times0.125)+(1\times0.0625)\\&=8+0+0+1+0.5+0.25+0+0.625\\&=9.8125\end{aligned}$$

得出二进制小数 10011101 对应的十进制数的值为 9.8125。类似的也可以简化计算，忽略位上为 0 的数值及其权重，如图 1-11 所示。

① 正数的补码表示就是其本身，负数的补码表示本质上是把负数映射到正值区域，因此加上一个负数或减去一个正数可以用加上另一个数（负数或减数的同余数的补码）来代替。从补码表示的符号位看，补码中符号位的值代表了数的正确符号，0 表示正数，1 表示负数；而从映射值来看，符号位的值是映像值的一个数位，因此在补码运算中，符号位可以与数值位一起参加运算。

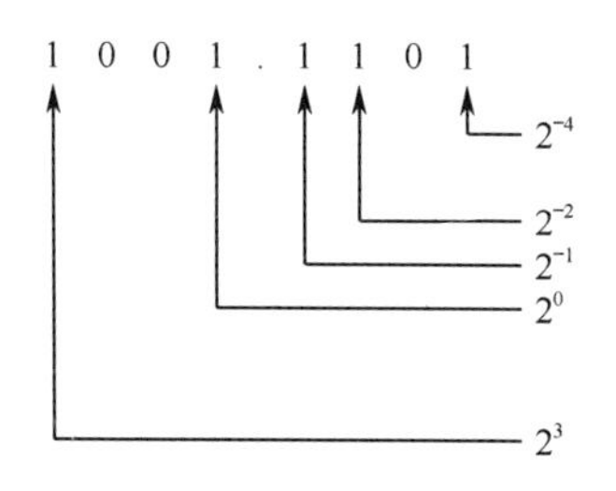

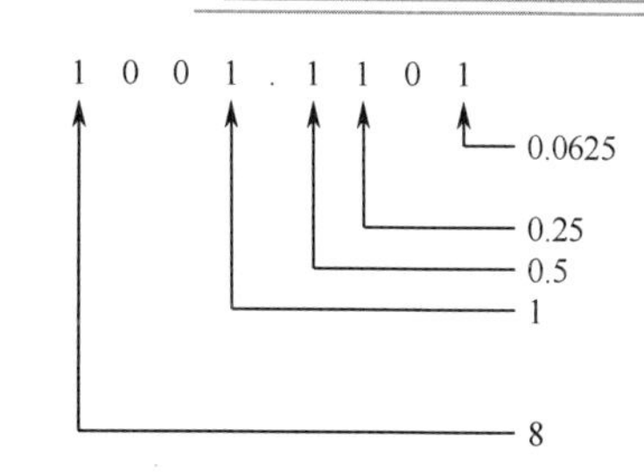

图 1-11　二进制小数中每位的权重二

则将二进制小数 1001.1101 转换成十进制数的计算过程简化如下：

$$
\begin{aligned}
\text{dec}(1001.1101) &= (1\times 2^{3})+(1\times 2^{0})+(1\times 2^{-1})+(1\times 2^{-2})+(1\times 2^{-4}) \\
&= (1\times 8)+(1\times 1)+(1\times 0.5)+(1\times 0.25)+(1\times 0.0625) \\
&= 8+1+0.5+0.25+0.625 \\
&= 9.8125
\end{aligned}
$$

在计算机中，有些十进制小数是无法使用二进制进行精确表达的，比如$\frac{1}{3}$。下面来分析其原因，对于一个二进制小数，假设只使用小数点后 4 位表示，则其数值范围用为从 0.0000 到 0.1111，但转化成十进制后，其表示的十进制数的小数部分只能是由 0.5，0.25、0.125、0.0625 这 4 个二进制数小数点后位的权重组合而成。将这些数值组合后能够表示的数值，如表 1-4 中所示。

表 1-4　将二进制小数转换成十进制小数

二进制小数	对应的十进制小数	二进制小数	对应的十进制小数
0.0000	0	0.1000	0.5
0.0001	0.0625	0.1001	0.5625
0.0010	0.125	0.1010	0.625
0.0011	0.1875	0.1011	0.6875
0.0100	0.25	0.1100	0.75
0.0101	0.3125	0.1101	0.8125
0.0110	0.375	0.1110	0.875
0.0111	0.43775	0.1111	0.9375

由表 1-4 可见，对于小数点后有 4 位的二进制小数，它是连续的，但其对应的十进制小数却是非连续的（离散的）。十进制数 0 的下一位是 0.0625，因此，从 0 到 0.0625 中间的小数，就无法用小数点后 4 位数的二进制数来表示。同样，0.0625 的下一位直接变成了 0.125。这时，如果增加二进制小数点后的位数，与其相对应的十进制数的个数也会增加，但不管增加多少位，位权重怎么相加都无法得到 0.1 这个结果。实际上，将十进制数 0.1 转换成二进制数后，会变成 0.00011001100…（1100 无限循环）这样的无限循环小数。这同无法使用十进制数来表示$\frac{1}{3}$是一样的道理。$\frac{1}{3}$就是 0.3333…，同样是无限循环小数。

2．存储二进制小数

形如 1011.0011 这样带小数点的表现方式，只在数学层面上可行，而在计算机中是无法进行存储和运算的。下面介绍在计算机中如何处理二进制小数。

$\pm m \times n^e$

符号　尾数　基数　指数

图 1-12　浮点数的表示形式

很多编程语言中都提供了两种表示小数的数据类型，分别是双精度浮点数（double）和单精度浮点数（float）。双精度浮点数类型和单精度浮点数类型分别使用 64 位与 32 位来表示全体小数。这些数据类型都采用浮点数进行编码存储小数。如图 1-12 所示，浮点数是指使用符号、尾数、基数和指数这四部分来表示的小数。

其实，科学计数法就是浮点数在十进制的表示形式，比如十进制数-109.85 就可以使用科学计数法 -1.0985×10^{-2} 的形式表示。因为计算机使用二进制存储和计算数据，将十进制中的科学计数法推广到二进制中后，基数自然而然就从 10 变成了 2。在实际存储数据时，默认基数为 3 后，只使用符号、尾数和指数这三部分 即可表示浮点数。如图 1-13 所示，64 位（双精度浮点数）和 32 位（单精度 浮点数）的存储空间会被分为符号部分、指数部分、尾数部分这三部分来使用，从而实现对二进制小数的表示。

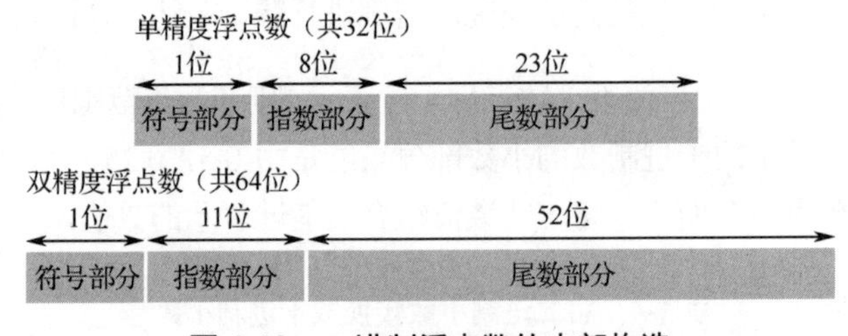

图 1-13　二进制浮点数的内部构造

（1）符号部分：符号部分是指使用一个数据位来表示数值的符号。该数据位是 0 时，表示非负数，即正数或者 0；是 1 时，则表示负数。这与用二进制数来表示整数时的符号位是同样的。

（2）尾数部分：尾数部分用必须按照特定的规则来表示数据。目的是将小数的形式统一。比如十进制小数 0.75 在没有具体规则的情况下，可以有很多种表示方式：

$$0.75 = 7.5 \times 10^{-1}$$

$$0.75 = 0.75 \times 10^{0}$$

$$0.75 = 75 \times 10^{-2}$$

$$0.75 = 0.075 \times 10^{1}$$

为了方便处理，必须制定一个统一的规则，选取其中的一种表示方式作为标准。其实，对于十进制浮点数的形式 $\pm m \times 10^e$，其尾数 m 和指数 e 必须满足 $1 \leqslant m < 10$，$e \in \mathbb{Z}$（$\mathbb{Z}$ 表示整数）。根据上述标准，对于十进制小数 0.75，只能使用尾数部分是 7.5、指数部分是-1 这个方法来表示，即 $0.75 = 7.5 \times 10^{-1}$。

同理，对于二进制小数，如果没有统一的规则，那么也会存在无数的形式。于是，给出如下标准，对于二进制浮点数的形式 $\pm m \times 2^e$，其尾数 m 和指数 e 必须满足 $1 \leqslant m < 2$，$e \in \mathbb{Z}$（$\mathbb{Z}$ 表示整数）。但实际上由于 $1 \leqslant m < 2$，所以尾数 m 小数点前的数字总是 1，为了节省一个数据位，从而也可以表示更大的数据范围，实际上尾数只保存 m 小数点后的部分。比如对于二进制小数 1001.1101 以单精度浮点数（32 位）存储，其尾数部分本应该是 1.0011101，但实际上，尾数部分中存储的二进制值为 00111010000000000000000（只保留尾数小数点后的

部分 0011101，并确保长度为 23 位）。

（3）指数部分：指数部分通过一种特殊的系统表现，该系统将调整指数部分的表示范围，实现不使用符号位就可以表示负数。

当使用单精度浮点数（32 位）时，指数部分为 8 位表示范围为[00000000,11111111]，十进制的取值范围为[0,255]，若取 255 的一半，即 127（01111111）表示 0，那么指数部分整体向左偏移 127，即[0-127,255-128]，所以调整后取值范围为[−127,128]。换句话说，假设指数部分存储的值为 c，但在计算浮点数 $\pm m \times 2^{e}$ 时，指数 e 的值为 $c-127$，如下所示：

指数部分存储的值 c：	0	1	…	127	…	254	255
	↓	↓	↓	↓	↓	↓	↓
浮点数中实际指数值 e：	−127	−126	…	0	…	127	128

同理，若使用双精度浮点数（64 位），指数部分 11 位表示范围为[0,2047]，取 2047 的一半 1023 表示 0，那么指数部分整体向左偏移 1023，即[0-1023,2047-1023]，所以调整后的取值范围为[−1023,1024]。

举个例子，以二进制单精度浮点数的形式存储 0.75 的内部构造如下：

$$\underbrace{0}_{\text{符号部分}} —— \underbrace{001111110}_{\text{指数部分}} —— \underbrace{10000000000000000000000}_{\text{尾数部分}}$$

由于 0.75 的二进制形式为 0.11，所以浮点数表示规则如下：

$$\underbrace{+1.1}_{\text{二进制数}} \times \underbrace{2^{-1}}_{\text{十进制数}}$$

（1）因为 0.75 为正数，所以符号部分为 0。

（2）因为指数为-1，所以实际指数部分存储的值为 126(−1+127=126)，其二进制形式为 01111110。

（3）尾数为二进制数 1.1，根据尾数部分的存储规则，二进制浮点数尾数部分存储的值为 1000000000000000000000。

1.3　程序设计语言

语言是为了交流信息而产生的沟通工具。自然语言（natural language）是指一种自然地随文化演化的语言。例如，汉语、英语、日语都是自然语言。程序语言（programming language）则为一种人造语言，即一种由人为完成某些特定目的而创造的语言。程序语言作为人类与计算机交流的重要媒介，用来向计算机发出指令，实现人与计算机之间的交互。

1.3.1　自然语言

从结绳记事到现代语言，自然语言的每一次变革都是为了促进交流而进行的。其本质就是在一定语法规则上为人与人、人与社会之间的良好沟通提供服务的桥梁。

1.3.2　程序语言

程序语言有很多，每年都会产生大量新的程序语言。按层次来分，程序语言可分为三大类：机器语言、汇编语言和高级程序语言。机器语言由机器指令集构成，能够直接被机器执行。但机器语言写的程序存在不便于人类阅读、难以记忆的问题。因此，在机器语言的基础上发展出了汇编语言，汇编语言本质上也是直接对硬件操作，由于采用了助记符，相比机器语言更加方便书写与阅读。在高级程序语言中，将多条汇编程序语句合并成更简洁的编程语句，同时自动完成堆栈、寄存器分配管理等工作，更加方便程序员开发程序。

1. 机器语言

由二进制数构成的语言就是机器语言（machine language）。由机器语言编写的一条指令就是机器语言的一个语句，它是一组有意义的二进制代码或称机器码（machine code），能被计算机直接识别和执行。

使用机器语言编写程序花费的时间往往是实际运行时间的几十倍或几百倍。但由于机器语言具有特定性，完美适配特定型号的计算机，故而运行效率远远高过其他语言，也是机器友好型的程序语言。但是，机器语言程序对人来说非常难识别和记忆，且容易出错，十分不友好。机器语言作为第一代编程语言被称为低级程序语言。

2. 汇编语言

汇编语言（assembly language），是第二代程序语言，在机器语言的基础上做了简单改进，用一些容易记忆和理解、称为助记符的缩写来代替一些特定的指令。比如，add 代表数据相加，mul 代表数据相乘，mov 代表将数据移动到内存中的指定位置等。通过这种方法，相对于机器语言，人们较容易编写、阅读程序和理解程序的功能，对程序错误的修复和维护也变得更加简单方便。

但是，计算机的硬件并不能识别助记符，这时候就需要一个称为汇编器（assembler）的程序把助记符变成计算机能够识别的二进制数。如图 1-14 所示，当计算机需要执行汇编语言程序时，汇编器的程序首先将汇编语言程序翻译成机器语言程序，然后计算机直接执行该机器语言程序。

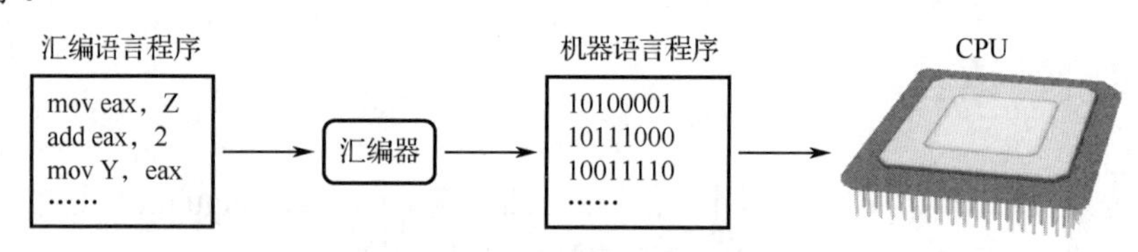

图 1-14　汇编语言程序的执行

汇编语言在提高了汇编程序可读性和简便性的同时，仍保持了同机器语言一样优秀的执行效率，所以汇编语言到现在依然是常用的编程语言之一。但汇编语言通常被应用在底层、硬件操作和高要求的程序优化的场合。比如，驱动程序、嵌入式操作系统和实时运行程序都需要使用汇编语言。

3. 高级程序语言

在经历了机器语言，汇编语言等更新之后，人们发现了限制程序推广的关键因素——程序的可移植性。经过许多软件工程师和计算机科学家的不懈努力，1954 年，第一个完全意义上的高级程序语言 Fortran 问世了。高级程序语言更接近自然语言和数学公式，并非特指的某一种具体的语言，使用人们更易理解的方式编写程序，基本脱离了计算机的硬件系统的束缚。

由于高级程序语言的语言结构与计算机的硬件结构及指令系统无关，所以它不能用于编写直接访问机器硬件资源的系统软件或设备控制软件，但高级程序语言拥有更强的可读性和表达能力，可方便地表示数据的运算和程序的控制结构，能更好地描述各种算法。当今流行的 Java、C、C++、Python、Prolog、Haskell 等，都是高级程序语言。

高级程序语言作为一种通用的编程语言，它更容易被初学者学习和掌握。同时，高级编程语言因其历史背景而拥有很多函数库，用户可以根据自身的需求在代码中导入库来调用这些库函数以实现自己的功能。

1.4　使用高级程序语言编写和运行程序

通过之前的介绍可知，计算机是不能理解高级程序语言的，更不能直接执行由高级程序语言编写的程序。因为计算机只能理解机器语言和执行机器语言程序，所以任何使用高级程序语言编写的程序若想被计算机执行，都必须将高级程序语言的源代码“翻译”成机器语言的机器码。

但由于高级程序语言本身比较冗长，所以将高级程序语言“翻译”成的机器码一般也比直接用汇编语言设计的程序代码要长，执行的速度也相对较慢，并且“翻译”的过程需要花费时间，也降低了计算机的执行效率。但是经过实践证明，高级编程语言为人们带来的便利远远大于降低的执行效率。

1.4.1　编译型语言

“翻译”高级语言程序的方法有两种：一是编译，二是解释。通过编译方式翻译的高级程序语言又称为编译型语言。编译型语言中负责“翻译”的程序被称为编译器（compiler），而由编译器将高级语言程序的源代码“翻译”成相对应的可执行机器码的过程就被称为编译（compile）。

如图 1-15 所示，用编译型语言编写的程序先要通过编译器的编译，然后生成独立的可执行机器语言程序（二进制文件）。当再次运行程序时，则不需要重新编译，只要运行该可执行机器语言程序即可，从而保证了程序源代码的安全性。换句话说，编译一次，永久执行。因此，用编译型语言编写的程序的执行效率高。但是，由于机器语言（机器指令）和所运行的计算机硬件相关，就会造成在某一型号计算机平台上编译生成的机器语言程序，直接移植到另一计算机平台上时不能被正确执行，需要根据新的平台编译生成一个新的可执行机器语言程序，所以编译型语言的缺点就是跨平台性较差。

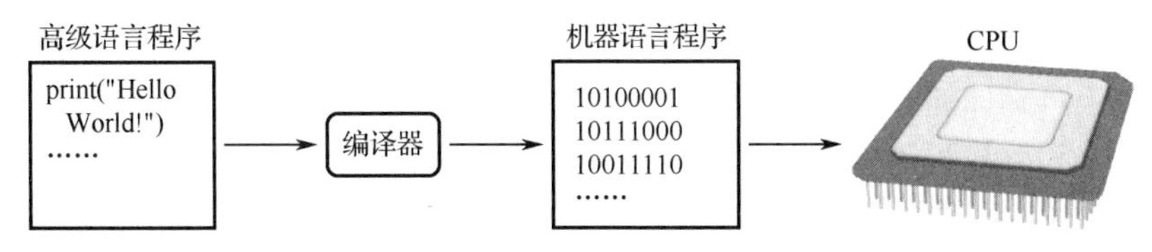

图 1-15　高级语言程序的编译和执行

如果使用以编译型语言编写的一个简单的程序，源代码基本只存储在一个源文件中，那么通常编译之后就会直接生成一个可指定文件，可以直接运行。但是，如果是由多个源文件组成的项目，编译各个文件时就会生成目标文件（object file）而不是前述的可执行文件，等到所有的源文件都被编译完成后，再把这些半成品的目标文件打包成一个可执行文件。这个工作由一个称为链接器（linker）的程序负责完成，这个把包含可执行代码的目标文件连接装配起来的过程称为链接（link）。链接完成之后，就可以得到可执行文件。

1.4.2　解释型语言

通过解释方式翻译的高级程序语言又称为解释型语言。专门负责“翻译”解释型语言并执行的程序称为解释器（interpreter），由解释器将源代码“翻译”成相对应的可执行机器码并执行的过程称为解释（interpret）。

如图 1-16 所示，解释器读取程序中的每条独立的语句，将其翻译为相对应的可执行机器语言代码，然后立即执行；不断重复上述过程，将程序中的每条语句解释后并立即执行。换句话说，解释器将源代码按动态逻辑顺序进行逐句分析和翻译，解释一句，执行一句。与编译器的工作方式不同，解释器将翻译和执行两个过程合并在一起完成，并不会创建独立的机器语言程序。

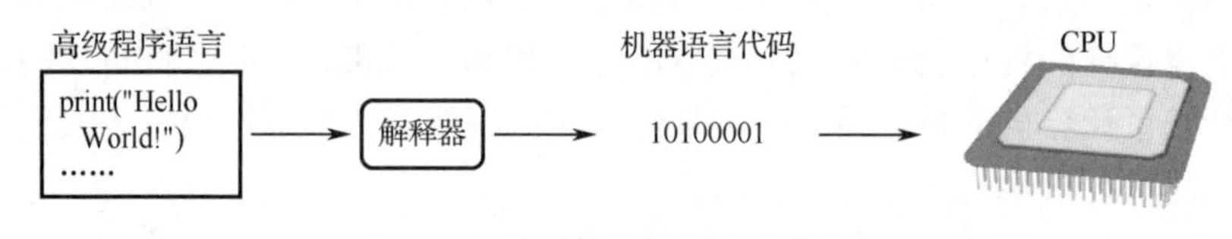

图 1-16　使用解释器执行高级程序

对于解释型语言来说，由于每次执行都需要使用解释器对源代码进行逐行解释，所以解释型语言程序的运行速度较慢，代码执行效率和安全性也较低。但也正是有了解释器，才使解释型语言的跨平台性非常出色，因为针对不同的计算机平台都开发了与平台兼容的解释器。这些解释器保证了相同的源代码在不同计算机平台上有相同的执行结果。换句话说，解释器作为中间层，在不同的平台下，将相同的源代码转换成不同的机器码，不相同的机器码在对应的计算机平台上执行的结果又是相同的，所以解释器帮助消除了不同计算机平台之间的差异。

下面用一个生动形象的比喻来描述编译型语言和解释型语言的不同。假设在一个会议中有一场英文演讲报告，会议主办方安排了一位将英文翻译成中文的同声传译者，该同声传译者可以将演讲者的英文语句一句一句地翻译给参会者。如果参会者想回顾之前的部分演讲内容，同声传译者也必须重新将英文翻译成中文，这种翻译方式就相当于解释型语言。或者会议主办方提前安排好了英文演讲内容的中文译稿，直接发放给了参会者阅读，这种翻译方式就相当于编译型语言。所以，虽从字面的意义上看，编译和解释都有翻译的意思，但它们的实际区别就在于对翻译的时机安排不一样。

编译型语言和解释型语言各有优点与缺点。用前者编写的程序的运行速度快、执行效率高，在同等条件下对系统的要求较低，因此开发操作系统、大型应用程序、数据库系统等都会采用它。C、C++等语言基本上都可视作编译型语言。而网页脚本、服务器脚本、辅助开发接口等对速度要求不高，对不同系统平台间的兼容性有一定要求的程序则通常使用解释型语言。Python 属于典型的解释型语言，几乎支持所有常见的计算机平台。只要在不同的平台上安装了不同的解释器，在解释器的支撑下，Python 代码就可以随时运行，不用担心任何兼容性问题，可真正做到“一次编写，到处运行”。

1.4.3 半编译半解释型语言

因为编译型语言和解释型语言各有优缺点且相互对立，所以很多新兴语言都有把这两者折中结合起来的趋势。比如，Java 语言属于半编译半解释型语言。Java 和传统的编译型语言、解释型语言都不太一样，Java 的源代码必须先通过编译器生成字节码（byte code）文件，但字节码与机器码不同，字节码不能直接被计算机识别和执行。字节码的执行实际上依赖于 Java 虚拟机（JVM），JVM 负责解释并运行字节码文件。这样结合两种类型语言的优点是，Java 编译后的字节码文件解释运行的速度和效率都优于传统解释型语言，且针对不同的计算机平台都开发有不同的 JVM，在提高运行效率的同时也实现了跨平台性。

Java 可被认为是编译型语言，因为所有的 Java 源代码都需经过编译生成字节码文件；Java 也可被认为是解释型语言，因为 Java 代码编译后生成的字节码必须解释运行在 JVM 上。因此，Java 既是编译型的，也是解释型的，即 Java 是半编译半解释型语言。随着设计技术和硬件的不断发展，编译型语言和解释型语言的界限正在不断变得模糊。

1.5 程序设计范式

范式（paradigms）是一种思想流派或模型，具备独有的特征、框架、模式和风格，可用来帮助解决某些特定的问题。范式的概念源于著名科学史家、科学哲学家托马斯·库恩在其著作《科学革命的结构》中的观点“科学进步不是单纯的知识积累，而是范式革命，是看待世界视角的根本转换”。库恩认为：科学在不同的时代有不同的范式，科学革命本质上就是科学家的研究要突破既有的范式，科学只有通过不断地转换范式、打破旧有框架，才能取得成功。

如今，范式几乎可以应用于科学的所有领域，例如心理学、社会学、计算机科学等。在计算机科学领域，1978 年图灵奖得主罗伯特·弗洛伊德在其获奖得典礼上发表了题为“程序设计范式”（The Paradigms of Programming）的演讲，这是范式第一次出现在计算机科学领域中，弗洛伊德在演讲中对各种不同程序设计范式进行了比较，并介绍了在研究工作中如何根据具体情况使用不同程序设计范式的例子。根据弗洛伊德的描述，程序设计范式是一种使用程序设计语言解决问题的方法，也可以说它是一种使用工具和技术解决问题的模式。弗洛伊德的演讲虽然距今已有 40 多年，但其关于程序设计范式的观点至今仍然具有十分深远的影响力。

本质上，程序设计范式是如何组织程序的基本思想，而这个基本思想实际上反映了程序设计人员对程序的一个基本哲学观。换句话说，在程序设计人员的眼中，什么是程序的本质？一个程序是由什么组成的？这些问题的答案恰恰与程序设计人员对现实世界的看法和认知有关，几乎每种程序设计范式都能够在实现世界中找到相应的映射。随着程序设计方法及语言的不断发展，诞生了许多不同的程序设计范式。新的程序设计语言是在原有语言的基础上发展而成的，并以新的方式对原有语言进行添加、删除和组合，从而形成新的语言。一个程序设计语言既可以遵循特定的范式，也可以是许多范式的组合。目前，程序设计范式主要分为两大类：命令式范式、声明式范式。这两大范式衍生出最基本的面向过程、面向对象、函数式和逻辑式四个子范式，如图 1-17 所示。

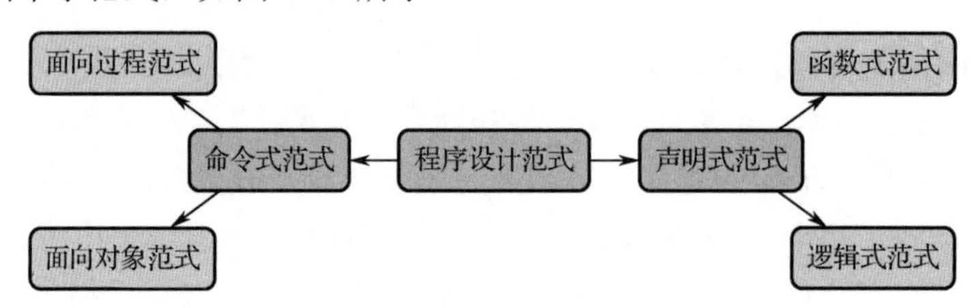

图 1-17 程序设计范式

1.5.1 命令式范式

命令式范式是最早出现的程序设计范式之一，其特点与计算机架构密切相关。冯•诺伊曼架构在很大程度上影响了命令式范式程序设计的发展，大多数早期的程序设计语言，如机器语言、汇编语言和一些高级语言都属于命令式范式。程序设计人员给计算机下达一系列命令，计算机每次都会很好地执行并完成这些命令，然后进行报告反馈。

一个基于命令式范式的程序由若干条语句组成，实际上就是编写了一个命令列表，计算机按照列表中的命令一步一步地执行。在命令式范式中，语句的执行顺序至关重要，不同的执行顺序会产生不同的结果。命令式范式最引人注目的特点是赋值语句的副作用，赋值语句通过改变内存存储位置的内容来改变程序的状态，而命令式程序的工作方式实际上就是通过赋值语句改变程序的状态，然后通过状态的改变依次地执行任务。

从计算机的诞生到如今，命令式范式在工程实践领域中长期持续地被使用，也使得命令式范式在计算机科学教育中起到至关重要的作用。虽然命令式范式中的赋值语句带来的副作用在开发大型程序时会带来一些不利因素，但这样丝毫不影响命令式范式成为大多数学生学习程序设计去解决实际问题的第一个编程范式。目前，几乎所有的高级编程语言，包括 C/C++、Java 和 Python，都提供了一组完整的语句和命令结构来实现命令式范式。

近几十年来，为了使程序设计范式更加直观，一些具体的程序设计子范式被添加到命令式范式的范畴中。面向过程范式就是命令式范式的第一个子范式，它是一种基于过程调用的程序设计范式，在面向过程范式中，程序被分成一组称为过程（也称为子例程或函数）的可执行代码块，换句话说，面向过程程序由一系列完成特定任务的过程组成，每个过程由顺序、选择（条件分支）和循环等控制结构组合并控制流程。C 就是一个最典型的面向过程范式语言。

命令式范式的另一个子范式是面向对象范式。在面向对象范式中，所有世界的实体都由类表示，对象是类的实例，数据和操作被封装在对象中，对象由数据成员和方法成员组成，方法（函数）对对象进行操作，而对象接收来自方法（函数）的消息请求以执行计算完成交互。面向对象程序实际是由一组对象组成的，这些对象分工明确，各有所长，各司其职，通过在各个对象之间的互相传递消息而实现协作，完成任务。最经典的面向对象语言就是 Java。

1.5.2　声明式范式

除了命令式范式，声明式范式是另一种构建程序的思想，它注重于表达计算的逻辑，而忽略计算的具体流程。声明式范式认为程序是某种逻辑的理论，重点描述程序需要做什么，而不是应该如何做；程序只声明需要的结果，而不关注如何产生这些结果。换句话说，在声明式范式中，程序设计人员定义了程序需要完成的任务，而没有定义需要如何实现的任务，即只专注于需要实现的目标，而不指示如何实现这个目标。命令式告诉计算机如何做某事（how），而声明式却只告诉计算机做什么（what），这就是声明式范式与命令式范式之间最主要的区别。

声明式范式也有两个主要的子范式：一是函数式范式，二是逻辑式范式。

（1）函数式范式起源于数学，独立于其他程序语言，是一种基于递归函数计算理论的范式，且不依赖于冯・诺伊曼架构。在函数式范式中，任何计算都可以用表达式计算序列来表示，这种方式可以避免更改状态和可变的数据，并且没有任何副作用。函数式程序则是由一系列数学函数所组成，程序的执行便是计算这些函数，并对表达式求值。与命令式范式相比，函数式范式的核心并不是数据结构，而是实现特定计算的函数，所以函数式程序中的数据与函数其实是松散的耦合。Haskell 是一门具有代表性的函数式编程语言，在学术界和工业界都有非常广泛的使用。

（2）逻辑式范式。逻辑式范式以数理逻辑为基础，采用陈述性的方法解决问题，表达系统内的事实和规则，通过这些事实和规则还原现实世界。逻辑式程序中通常存在一个知识库，而逻辑式程序的执行则非常像数学中对命题的证明过程。当程序执行时输入的问题和知识库同时被提交给计算机，结合现有知识库中的逻辑关系就会推导出问题的答案。Prolog 就是一种建立在逻辑学理论基础之上的逻辑式范式语言。Prolog 语言现已广泛应用在人工智能的研究中，可以用来建造基于规则的专家系统、定理证明及智能搜索、自然语言理解、智能知识库等。

1.6　Python 的前世今生

Python 的创始人是吉多・范罗苏姆。

1.6.1　Python 的起源

吉多是一名荷兰人。1982 年，吉多在阿姆斯特丹大学获得数学和计算机硕士学位。虽然他是一位数学家，但他更加享受计算机带来的乐趣，他本人热衷于编程，接触使用过 Pascal、C、Fortran 等语言。20 世纪 80 年代的个人计算机配置很低，如早期的 Macintosh，只有 8MHz 的 CPU 主频和 128KB 的 RAM，一个大的数组就能占满内存。所有编译器的核心是做优化，以便让程序能够运行。为了提高效率，程序员恨不得用手榨取计算机每一寸的能力。有人甚至认为 C 语言的指针是在浪费内存，更不用说动态类型、内存自动管理、面向对象了。这种情况让吉多感到苦恼，他尝试过使用 Shell。UNIX 的系统管理员经常用 Shell 写一些简单的脚本进行系统维护工作，如定期备份、文件管理系统等。Shell 可以像胶水一样，将 UNIX 下的许多功能连接在一起。许多在 C 语言中需要写上百行代码的程序，在 Shell 下只用几行就可以完成。然而，Shell 的本质仍然是调用系统命令，不是一个真正的语言，所以 Shell 并不能全面调动计算机的功能。

吉多希望有一种语言，它能够像 C 语言一样，既可以全面调用计算机的功能接口，又可以像 Shell 一样轻松编程。

1989 年，吉多在阿姆斯特丹的荷兰数学和计算机科学研究学会工作，为了打发圣诞节假期，决心在 ABC 教学语言的基础上开发一个新的脚本解释型语言，作为 ABC 语言的一种继承，于是开始 Python 语言编译器/解释器的编写。他希望这个新的称为 Python 的语言，能实现他的理念：一种介于 C 和 Shell 之间、功能全面、易学易用、可扩展的语言。由于 ABC 语言的非开放性及可拓展性差，吉多在开发 Python 时，不仅为其添加了很多 ABC 语言没有的功能，还将 Python 本身设计为可扩展的，不把所有的特性和功能都集成到语言核心，而是设计和提供了各种丰富而强大的库。最重要的是：Python 免费且开源，通过这一现代开放的思维，将吸引来自世界各地的开发者和应用者参与 Python 的建设，帮助 Python 创建了一个非常完善且强大的社区。

1.6.2 Python 的诞生

1991 年，第一个 Python 编译器/解释器诞生。它是用 C 语言实现的，并能够调用 C 库（.so 文件）。自问世起，Python 就具有类（class）、函数（function）、异常处理（exception），包括表（list）和词典（dictionary）在内的核心数据类型，以及以模块（module）为基础的拓展系统。

Python 的语法很多来自 C 语言，从一开始就特别在意可拓展性（extensibility）。Python 可以在多个层次上拓展。在高层，可以引入.py 文件。在底层，可以引用 C 语言的库。Python 程序员可以快速地使用 Python 写.py 文件作为拓展模块。但当性能是考虑的重要因素时，Python 程序员可以深入底层，写 C 程序，编译为.so 文件引入 Python 中使用。Python 就像使用钢构建房一样，先规定好大的框架，程序员可以在此框架下相当自由地拓展或更改。

Python 将许多机器层面上的细节隐藏，交给编译器处理，并凸显出逻辑层面的编程思考。Python 程序员可以花更多的时间用于思考程序的逻辑，而不是具体的实现细节。如图 1-18 所示，吉多有一件 T 恤，上面写着“人生苦短，我用 Python”。这一特征吸引了广大的程序员。从此，Python 开始流行。

Python 标准库的功能强大。Python 用户来自许多领域，有不同的背景，对 Python 也有不同的需求，他们将不同领域的优点带给 Python。比如，Python 标准库中的正则表达式参考了 Perl，而 lambda、map、filter、reduce 等函数参考了 Lisp。随着 Python 的社区不断扩大，进而拥有了自己的 newsgroup、网站，以及基金。从 Python 2.0 开始，Python 转为完全开源的开发方式。由于社区气氛已经形成，工作被整个社区分担，Python 也获得了更加高速的发展。

如今，Python 框架已经确立。Python 语言以对象为核心组织代码（everything is object），支持多种编程范式（multi-paradigm），采用动态类型（dynamic typing），自动进行内存回收（garbage collection），支持解释运行（interpret），并能调用 C 库进行拓展。Python 具有强大的标准库，Python 的生态系统开始拓展到第三方包，如 Django、Web.py、Wxpython、Numpy、Matplotlib、PIL。

图 1-18　人生苦短，我用 Python

目前，Python 已经进入 3.0 版的时代。由于 Python 3.0 向后不兼容，所以从 2.0 版到 3.0 版的过渡并不容易。另一方面，Python 的性能依然值得改进，Python 的运算性能低于 C++ 和 Java。Python 依然是一个在发展中的语言。

1.7　Python 的教学实践

近几十年来，几乎所有国内高校都将 C 语言作为理工科学生学习和锻炼编程思维及能力的第一门高级编程语言。C 语言具有非常成熟及完善的语法规则、编程思想和结构体系，并且对之后很多的编程语言都产生了相当大的影响。虽然 C 语言也存在一些不足，但不得不承认，C 语言可以称为人类历史上最成功的高级程序语言。

然而，C 语言作为高校理工科学生的第一门高级编程语言却具有一定的局限性。比如，C 语言的语法规则较复杂，对于初学者不太友好；其次，由于 C 语言对移动应用程序、网站、数据分析及机器学习的支持程度较弱，导致许多学生对持续学习 C 语言的积极性不高和动力不足。

1.7.1　现状和趋势

近些年来，国外许多顶尖高校都将 Python 代替 C 语言作为计算机科学本科生学习高级语言程序设计的第一门语言。因为 Python 简单且易入门，所以是一门功能强大的程序设计语言。Python 不仅拥有支持面向过程范式的高效的高级数据结构，还能够以简单、高效的方式进行面向对象程序设计，并且也支持函数式范式的特性，所以 Python 还是一种多范式程序设计语言。不仅如此，Python 还有着优雅的语法和动态类型，再结合它的解释性，使其在大多数平台的许多领域成为编写脚本或开发应用程序的理想语言。同时，Python 在开发网络网站，尤其是在数据分析和人工智能方面都有着不俗的表现。如图 1-19 所示，截止到 2014 年 7 月，在全美前 39 所顶尖高校计算机系中，有 27 所高校选择教授 Python 作为大一新生的编程入门语言，可见 Python 已经超越 Java 和 C 语言，成为美国顶尖高校计算机系中最流行的编程入门语言。

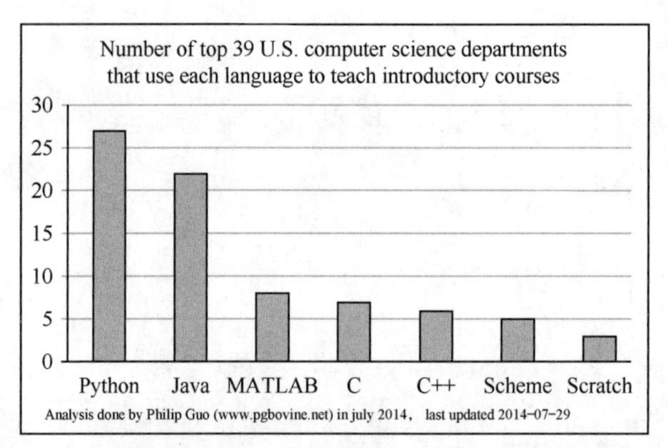

图 1-19 美国前 39 所高校计算机系开设的入门程序语言课程

IEEE Spectrum 编程语言排行榜每年发布一次，其排序综合考虑了 8 个重要线上数据源的 11 个指标，例如 CareerBuilder、GitHub、Google、Hacker News、IEEE、Reddit、Stack Overflow 和 Twitter 等。2021 年是该榜发布的第 8 年，该年度的编程语言排行榜包含 55 种语言，该榜中排名前 10 的语言如图 1-20 所示。与 2020 年编程语言排行榜相比，前 5 名并无变动；Python 继续蝉联榜首，并且在各类不同的权重（使用人数增长最快，工作需求最多还是开源社区最完善的语言）下都保持领先地位。IEEE 方面评价："学习 Python。这是我们能从 IEEE Spectrum 编程语言排行榜中得到的最大收获……且一旦掌握了 Python 的基础知识，你就可以迅速地了解一些嵌入式项目和大型 AI 系统等特定库的来龙去脉。"

Rank	Language	Type	Score
1	Python		100.0
2	Java		95.4
3	C		94.7
4	C++		92.4
5	JavaScript		88.1
6	C#		82.4
7	R		81.7
8	Go		77.7
9	HTML		75.4
10	Swift		70.4

图 1-20 IEEE Spectrum 2021 编程语言排行榜

由此可见，目前 Python 无论是在学术界还是工业界都越来越流行，并有着举足轻重的地位。近年来，国内各高校和各网络学习平台上也都已经推出不少学习 Python 的课程，其中也不乏精品。但是，大多数的课程都是面向已经具备一定编程经验的人群，换句话说，Python 并不是他们接触的第一门高级编程语言，这样就有可能造成学生带着其他编程语言的思维来思考或实现 Python 代码，从而就体现不出 Python 的特点和优势。

将 Python 作为计算机科学专业本科生学习的第一门高级编程语言有如下优势。

（1）Python 入门简单，避免了其他语言语法规则的烦琐。

（2）Python 的风格更接近于人们平时使用自然语言的习惯和平常的思维方式。

（3）完成对 Python 的学习之后，能够直接将其应用融合在工作和学习中。

（4）在理解和掌握 Python 的基础之上也能够顺利理解并学习其他的高级程序语言。

Python 本身的功能就强大，即使只学习掌握这一门语言，也能够胜任很多的工作，节约了今后的重复学习其他高级程序语言的时间成本。

1.7.2　为什么学习 Python

当今社会，许多工作和任务都希望通过以自动化的方式进行处理。比如，在大量的文本文件中执行查找和替换某些关键字，或者以复杂的方式对大量的图片进行重命名和整理。或者对于一个计算机专业的学生，需要编写一个小型的自定义数据库、一个图形用户界面（Graphical User Interface，GUI）程序或一个简单的小游戏。那么 Python 正是我们需要学习使用的语言。

虽然通过编写 Unix Shell 脚本或 Windows 批处理文件能够胜任在大量文本中执行查找和替换、对大量的图片进行重命名与整理，但 Shell 脚本更适合移动文件或修改文本数据，并不适合编写 GUI 程序和游戏。虽然也能使用 C、C++或 Java 编写图形用户界面程序和游戏，但是使用上述语言可能需要耗费大量的开发时间。相比之下，Python 更易于使用，在 Windows、Mac OS 或 Linux 操作系统上，它都会帮助我们更快地完成任务。

Python 作为一门完整的编程语言与 Shell 脚本或批处理文件相比，它为编写大型程序提供了更多的结构和支持。另外，Python 提供了比 C 语言更多的错误检查，并且作为一门高级语言，它内置支持高级的数据结构类型，例如灵活的列表和字典。Python 允许将程序分割为不同的模块，以便在其他的 Python 程序中重用。Python 提供了大量的标准模块，可以将其用作程序的基础，或者作为学习 Python 编程的示例。这些模块提供了文件 I/O、系统调用、Socket 支持，甚至类似 Tk 的 GUI 工具包接口。

Python 是一门解释型语言，因为不需要编译和链接，所以可在程序开发中节省宝贵的时间。Python 解释器可以交互使用，这使得试验语言的特性、编写临时程序或在自底向上的程序开发中测试方法非常容易。甚至还可以把它当作一个桌面计算器。Python 令程序编写得紧凑和可读。用 Python 编写的程序通常比同样的 C、C++或 Java 程序更短。同时，Python 提供了丰富的 API 和工具，可以轻易地为解释器添加内置函数、扩充模块，或者解决性能瓶颈问题。

很多高级编程语言都宣称自己是简单的、容易入门的，并且具有普适性。但真正能具有这些特点的只有 Python。综上，本书面向零基础学习 Python 计算思维的人群，也面向将 Python

作为第一门高级编程语言的学生。本书向读者介绍了 Python 及其体系相关的基本知识概念与相关应用，并介绍了 Python 中许多最引人瞩目的特性，以便读者认识 Python 的特色和风格。学习完本书后，读者将能够阅读和编写 Python 模块或程序，并为以后使用 Python，继续学习诸多 Python 模块库做好准备。

1.8 小结

在本章中，我们开启了探索计算机科学与编程的奥秘旅程，为后续深入学习 Python 程序设计奠定了坚实的基础。本章从硬件（如 CPU、内存、硬盘）和软件（操作系统、应用程序）两个维度介绍了计算机的基本构成，解释了它们是如何协同工作以执行任务的；解释了各种数据是如何在计算机中进行存储的；解释了编程语言的角色及其在人机交互中的桥梁作用；对比了低级编程语言与高级编程语言的特点，强调了 Python 作为一种高级、易学且功能强大的编程语言的独特优势等。

完成本章的学习，则迈出了成为 Python 程序员的第一步，读者不仅对计算机的工作原理有了基本认识，而且还掌握了 Python 编程的入门知识。这些基础知识将作为构建未来复杂程序的基石。在后续章节中，将深入介绍 Python 的语法细节、函数的使用、模块与库的导入、面向对象的编程等更高级的主题，继续提升读者的编程技能。

习题 1

一、选择题

1. 程序通常被称为（　　）。

A. 系统软件　　B. 软件　　C. 应用软件　　D. 实用工具

2. （　　）被认为是世界上第一台通用计算机。

A. IBM　　B. Dell　　C. ENIAC　　D. Gateway

3. 在程序运行时，当前运行的程序与数据都存储在计算机的（　　）中。

A. 内存　　B. 中央处理器　　C. 辅存　　D. 微处理器

4. 在运行程序时，（　　）通常只用于临时存储。

A. ROM　　B. TMM　　C. RAM　　D. TVM

5. （　　）不是微处理器制造公司。

A. Intel（英特尔）　　B. Dell（戴尔）

C. AMD　　D. Motorola（摩托罗拉）

6. （　　）计算机语言使用助记符来编写程序。

A. 汇编　　B. Java　　C. Python　　D. Visual Basic

7. 中央处理器执行程序中的指令时，进行（　　）的指令周期过程。

A. 解析—读取—执行　　B. 解析—执行—读取

C. 读取—解析—执行　　D. 读取—执行—解析

8．（　　）被称为低级语言。

A．C++　　B．汇编语言　　C．Java　　D．Python

9．10110000 指令是用（　　）编写的。

A．汇编语言　　B．Java　　C．机器语言　　D．Python

10．在计算机存储器中存储负数的编码技术称为（　　）。

A．Unicode　　B．ASCII　　C．浮点符号　　D．二进制补码

11．（　　）编码方案包含一组 128 个数字编码，在计算机的内存中表示字符。

A．Unicode　　B．ASCII　　C．ENIAC　　D．二进制补码

12．计算机内存中最基本的存储单位是（　　）。

A．字节　　B．字节流　　C．开关　　D．位（比特）

13．一个字节中可以存储的最大值是（　　）。

A．255　　B．128　　C．8　　D．65535

14．磁盘驱动器通过（　　）将数据编码到一个旋转的圆盘上进行存储。

A．电编码　　B．磁编码　　C．数字编码　　D．光学编码

15．（　　）存储设备没有移动部件，其运行速度比传统磁盘驱动器快。

A．DVD　　B．固态硬盘 SSD　　C．CD　　D．软盘

16．（　　）不是典型计算机系统的主要组成部分。

A．中央处理器　　B．内存　　C．操作系统　　D．辅存

17．10011101 二进制数的十进制值是（　　）。

A．157　　B．8　　C．156　　D．28

18．（　　）不是程序设计范式。

A．面向对象　　B．函数式　　C．逻辑式　　D．冯诺依曼式

19．（　　）不是编译型语言的特点。

A．源代码可执行　　B．生成可执行文件　　C．运行速度较快　　D．跨平台

20．（　　）不是 Python 的集成开发环境。

A．Jupyter Notebook　　B．PyCharm　　C．WPS　　D．IDLE

二、判断题

1．软件开发人员是指经过培训的具有设计、开发和测试计算机程序技能的人。

2．计算机是指能为其用户执行不同类型任务的单一设备。

3．所有的程序通常都存储在 ROM 中，并在需要时加载到 RAM 中进行处理。

4．微处理器的指令集是唯一的，通常只能被同一品牌的微处理器理解。

5．中央处理器能理解用二进制机器语言写的指令。

6．被关闭的位用-1 表示。

7．辅助存储设备在计算机电源关闭的情况下仍可以长时间保存数据。

8．RAM 是一种易失性内存，在程序运行时用于临时存储。

9．Python 使用编译器，编译器是一个在高级语言中翻译和执行指令的程序。

10．IDLE 是除使用文本编辑器编写、执行和测试 Python 程序外的另一种方法。

第 2 章　Python 基础

视频分析

先举一个简单的例子。小明开了一家特色果汁店，每天都要记录各种水果的库存量、制作果汁的数量，以及顾客的订单信息。为了更高效地管理这一切，小明决定用 Python 来编写一个简单的管理系统。

```
#小明的果汁店管理系统
#数据类型与变量
apple_count = 50   #整型，表示苹果的库存数量
#常量 - 优惠日
DISCOUNT_DAY = "Sunday"  #字符串常量，表示优惠日是星期日
#注释 - 计算今日销售额的初始化
#下面的代码段用于计算今日销售额
today_sales = 0
#输入/输出函数演示
#询问顾客并接收输入
customer_choice = input("欢迎光临！请问您想要哪种果汁？苹果汁还是橙汁？")
print("好的，您选择了", customer_choice, "果汁。")
#假设处理订单后，增加今日销售额的逻辑（省略）
pass
#这里仅输出感谢信息，实际应用中应根据订单具体内容更新 today_sales
print("您的", customer_choice, "果汁已准备好，请慢用！祝您有美好的一天！")
```

在上面这个例子中，为了实现果汁店的数据管理，需要用到 Python 程序设计中的数据类型、变量与常量、注释和输入/输出函数等，这一章将逐一加以介绍。

2.1　Python 数据类型

在 Python 体系中，数据被划分为多种类型，每种类型对应特定的种类和操作规则。例如，整型数据（如 135、200）代表整数值，浮点型数据（如 12.34）表示带有小数部分的数值，而字符串类型数据（如"Hello world", "125"）则用于存储文本信息。各类数据类型均拥有其专属名称，如整型数据简称为 int。

Python 官方定义了六类标准数据类型，构成了语言的基础构建模块。

- Number（数字）。
- String（字符串）。
- List（列表）。

- Tuple（元组）。
- Set（集合）。
- Dictionary（字典）。

在此分类中，数据类型的可变性被明确区分：不可变数据类型包括 Number、String 和 Tuple，意味着一旦创建，其内容便不可更改；而可变数据类型——List、Dictionary 和 Set，则允许在创建后进行元素的增删改操作。

特别是，Number 数据类型细分为四种子类型。

（1）int：代表整数。

（2）float：表示浮点数，默认维持约 17 位小数的精度。

（3）bool：布尔类型，仅有 True 和 False 两个值，尽管在逻辑运算中它们等同于 1 和 0，但仍被视为关键字，并支持与数字进行算术运算。

（4）complex：复数类型，遵循数学中复数的标准表示法，使用 j 作为虚部标识符。

表 2-1 给出了 Python 中的数据类型的名称、说明及数据示例。

表 2-1　Python 中的数据类型

名称	说明	数据示例	名称	说明	数据示例
int	整数	12　25　128	list	列表	[1, 2, 'hello', 2.56]
float	浮点数	2.34　7.896	tuple	元组	(1, 2, 'hello', 2.56)
bool	布尔值（真假）	True 或 False	dict	字典	{"Mary":20, "Tom":19}
complex	复数	3+5j	set	集合	{"Mary", 20, 3,12}
str	字符串	"hello"　'1234'　'h'			

在 Python 程序设计的学习旅程中，type()函数扮演着数据侦探的角色，它允许开发者探索变量或值的本质——它们的数据类型。此函数的使用极为直接，只需要将待检测的对象作为参数传递给 type()函数，即可在交互式环境中或脚本中获得该对象的类型信息，代码如下：

```
>>>type(2)
<class 'int'>
>>>type(1.2)
<class 'float'>
>>> type("python")
<class 'str'>
>>>type("12.45")
<class 'str'>
```

本节聚焦于 Python 中最基础、最常用的四种数据类型：int（整数）、float（浮点数）、str（字符串）和 bool（布尔值）。理解这些类型是编程的基石。

（1）整数（int）：表示没有小数部分的数值，可以是正数、负数或零。

（2）浮点数（float）：用于表示包含小数部分的数值，Python 中的浮点数默认具有高精度。

（3）字符串（str）：字符串是由一个或多个字符组成的序列，可以使用单引号（'）、双引号（"）或三引号（"'或"""）来界定。三引号允许字符串跨多行。

（4）布尔值（bool）：布尔类型只有两个可能的值，即 True 和 False，常用于逻辑判断。

类型转换是编程中常见的需求，尤其是在处理不同数据源或进行数据操作时。Python 提供了多种内置函数来简化这一过程，确保数据能够以预期的格式进行操作。表 2-2 是几个关键的类型转换函数及其功能。

表 2-2 关键的类型转换函数及其功能

函数名	功能
float()	由字符串或整数创建新的浮点数（小数）
int()	由字符串或浮点数创建新的整数
str()	由数值或其他任意类型创建新的字符串

后续章节将会拓展至 Python 更为复杂的数据类型，如列表（list）、元组（tuple）、集合（set）及字典（dictionary），这些类型为处理集合数据提供了灵活而强大的工具。通过逐步深入，学习者将逐步掌握 Python 丰富的数据结构和操作方法，进一步提升编程能力。

2.2 Python 基本运算

2.2.1 算术运算

计算机最基本的功能之一就是进行数值计算，Python 支持的算术运算有 7 种，如表 2-3 所示。

表 2-3 算术运算

操作符	操作	例子	求值为	操作符	操作	例子	求值为
+	加法	3+5	8	//	整除/商数取整	22//8	2
−	减法	5−2	3	%	取模/取余数	22%8	6
*	乘法	2*8	16	**	指数	2**4	16
/	除法	22/8	2.75				

Python 中的算术运算操作符是有优先级的，从高到低的次序如下。

第一级：**。

第二级：*/ // %。

第三级：+ − 。

用括号括起来的数学表达式优先计算，同优先级的运算顺序是从左到右。当两个**运算符共享一个操作数时，执行顺序是从右到左。

数学表达式及其求值结果如表 2-4 所示。

表 2-4　数学表达式及其求值结果

数学表达式	求值结果	数学表达式	求值结果	数学表达式	求值结果
6 + 3 * 5	21	(6 + 2)* 3	24	9 + 12 * (8 − 3)	69
12 / 2 − 4	2.0	14//(11 − 4)	2	4 ** 3 ** 2	262144
9 + 14 * 2 − 6	31	9 % 2	1		

2.2.2　关系运算

Python 中的整数（int）、浮点数（float）和字符串（str）都可以比较大小。有 6 个关系运算符用于比较大小，这 6 个关系运算符如表 2-5 所示。

表 2-5　关系运算符

关系运算符	说明	关系运算符	说明	关系运算符	说明
==	是否相等	>	是否大于	>=	是否大于或等于
!=	是否不等	<	是否小于	<=	是否小于或等于

用关系运算符比较之后的结果是一个 bool 类型的值，若成立则为 True，若不成立则为 False。在 Python 的交互模式下，进行关系运算测试，代码如下：

```
>>> 5>4
True
>>> 'a'=='b'
False
```

2.2.3　逻辑运算

逻辑运算有三种，分别是 and、or、not，逻辑运算的运算结果是 bool 类型的值（True 或 False），如表 2-6 所示。

表 2-6　逻辑运算符

逻辑运算符	说明
and	当且仅当 and 两边的表达式都为真时，结果才为真
or	当且仅当 or 两边的表达式都为假时，结果才为假
not	运算符 not 是一个一元运算符，它的作用是取反

在 Python 的交互模式下，进行逻辑运算测试，示例如下：

```
>>> 5>4 and 8>7
True
>>> 9>8 or 8>9
True
>>> not 9>8
False
```

2.3　常量和变量

2.3.1　常量

常量是程序设计语言中的一个基本概念，代表在程序运行期间其值固定不变的量。它们用于存储那些不应该或者不需要被修改的数据，如数学常数（如圆周率 π）。

2.3.2　变量

变量是程序中用于引用计算机内存中特定位置所存储值的名称。通过变量，开发者得以便捷地操作和管理数据，增强了代码的可读性和灵活性。

具体来说，当定义一个变量（如 name），并给它赋值为字符串"张三"时，这一过程不仅创建了名为 name 的变量标识符，还在内存中为这个字符串分配了空间，并将变量名与该内存地址关联起来。在 Python 中，赋值操作使用等号=，表示将右侧的值（本例中为"张三"）存储到左侧变量名（name）所指向的内存位置上。

```
>>> name='张三'
>>> name
'张三'
```

再比如，定义变量 sum，并把表达式 2+3 的值赋给变量 sum。

```
>>> sum=2+3
>>> sum
5
```

如上所述，可以使用赋值语句来创建变量并使其关联特定值。赋值语句的基本结构遵循“变量 = 表达式”的格式，其中等号（=）作为赋值运算符，用于指定变量名与右侧表达式计算结果之间的绑定关系。赋值操作要求变量位于等号左侧，表达式（可以是简单值、复杂表达式或其他变量）位于右侧。变量在首次赋值前不可使用，体现了先声明后使用的原则。

Python 的变量具有动态类型特性，意味着同一变量可以在不同时间点引用不同类型的数据。这赋予了 Python 高度的灵活性，但同时也要求开发者对变量当前所持有的数据类型保持警觉，以避免潜在的类型错误。

Python 鼓励简洁明了的代码风格，常规情况下，每行书写一条语句。若需在同一行放置多条语句，则必须以分号（;）分隔，例如：

```
>>> a=1;b=2
```

Python 还支持同时为多个变量赋值，变量间以逗号分隔，例如：

```
>>>a,b,c=1,2,3
```

这一特性简化了某些操作，如交换变量值，仅需要一行简洁的代码即可实现。

```
>>>a,b=b,a
```

变量命名规则如下。

（1）字符组成：变量名应由字母、数字和下画线组成，且首字符不得为数字。

（2）下画线的使用：为提高可读性，推荐使用下画线分隔单词，如 student_age 而非 student age。

（3）大小写敏感：Python 区分大小写，Name、name、NAME 被视为三个不同的变量。

（4）避免使用关键字或内置函数名：确保变量名不与 Python 的关键字（如表 2-7 所示）或内置函数名冲突，以免引发语法错误。

（5）命名规范：变量名应简短且富有描述性，如 age 优于 s，student_name 比 s_n 更能明确表达其意。

（6）易混淆字符警告：避免使用容易与数字混淆的字符，如 l（与 1 相似）和 O（与 0 相似）作为变量名开头，以减少视觉误解。

表 2-7　Python 的关键字

关键字					
False	async	del	from	lambda	return
None	await	elif	global	nonlocal	try
True	break	else	if	not	while
and	class	except	import	or	with
as	continue	finally	in	pass	yield
assert	def	for	is	raise	

2.4　输入/输出及处理

计算机程序执行的处理通常分为以下三步。

（1）接收输入。

（2）对输入进行某种处理。

（3）产生输出。

2.4.1　print()函数显示输出

函数在 Python 编程中扮演着核心角色，它们封装了一段具有特定功能的代码，使得代码可以重复利用，同时提高程序的模块化和可读性。Python 自带了许多内置函数，这些函数不需要导入任何模块就可以直接使用，极大地丰富了语言的功能并简化了开发过程。

print()函数是 Python 中最基本、最常用的内置函数之一，其主要职责是将信息输出到控制台（终端或命令行界面）。其基本调用格式为 print(参数)，这里的参数可以非常灵活，包括但不限于

- 基本数据类型：直接输出整数、浮点数、字符串等。
- 变量：输出变量存储的值。

● 表达式：计算后的结果。

● 多个参数：通过逗号分隔，可以在一次调用中输出多个值，各值之间默认以空格分隔。

● 定制输出格式：通过指定分隔符（sep 参数）、结束字符（end 参数）等定制输出样式。

示例如下。

（1）输出单一值：

```
>>>print("Hello, World!")      #输出字符串
Hello, World!
>>>print(3.14)                 #输出浮点数
3.14
```

（2）输出变量：

```
>>>message = ‘Goodbye!’
>>>print(message)
Goodbye!
>>> dialogue = '''Tom said,"Let's go"'''  #输出的内容包含单引号或双引号
>>>print(dialogue)
Tom said,"Let's go"
```

（3）同时输出多个值：

```
>>>print("Hello", "Python", 2023)
Hello Python 2023
```

print()函数输出多项内容时，各项内容之间用逗号隔开。输出时，各项内容之间会有一个空格。

（4）定制输出格式：

```
>>> print('one','two','three',sep='')
Onetwothree
>>> print('one','two','three',sep='##')
one##two##three
>>> print('one','two','three',sep='*')
one*two*three
>>>print("Result:", 123, sep=" --- ", end="\n\n")
Result---123

```

print()函数的参数 sep 用来定义多项输出内容之间的分隔符，参数 end 用来定义输出内容的结束符。其中，'\n'代表换行符，参数 end 的默认值是一个'\n'。

如果不希望在一行的输出结束符进行换行，那么可以给 print()函数传递一个特殊的参数 end=''。例如：

```
>>>print('昨天', end='')
>>>print('今天', end='')
>>>print('明天')
昨天今天明天
```

2.4.2　input()函数接收输入

input()函数是 Python 中用于接收用户由键盘输入的内置函数。它的工作原理是暂停程序的执行，等待用户输入一些文本，按下回车键后，程序会继续执行，并将用户输入的内容作为字符串返回。即使用户输入的是看似数值的内容，如“123”，input()函数也会将其视为字符串类型"123"。

如果程序需要将这些输入作为数值来处理（例如进行数学运算），则需要利用类型转换函数，如 int()或 float()函数，将字符串转换为相应的数值类型。下面给出几个使用 input()函数及类型转换的典型示例，例如：

```
#简单获取用户输入并打印
message = input("请输入一些文字：")
print("你输入的是：", message)    #获取数值输入并进行数学运算
num1 = int(input("请输入第一个数字："))
num2 = int(input("请输入第二个数字："))
sum = num1 + num2
print("两数之和为：", sum)
radius = float(input("请输入圆的半径："))     #获取浮点数输入
area = 3.14 * radius ** 2
print("圆的面积为：", area)
expression=eval(input('请输入表达式 3+4 并计算：'))
print('3+4=',expression)
```

内置函数 eval()可以将字符串对象转化为有效的表达式参与求值运算并返回计算结果。

在 Python 中，如果想从用户输入中读取一行包含多个以空格分隔的字符串，并希望将这些字符串分别处理，则可以结合使用 input()函数和字符串的 split()方法。下面是一个示例代码，演示了如何实现这一操作：

```
#提示用户输入多个以空格分隔的字符串
myString = input("请输入三个以空格分隔的字符串：")
#使用 split()方法以空格分隔字符串，得到三个字符串对象
str1,str2,str3 = myString.split()
#打印出分隔后的每个字符串
print(str1,str2,str3,sep='\n')
#提示用户输入多个以逗号分隔的整数
myInteger = input("请输入三个以逗号分隔的整数：")
#使用 split()方法以逗号分隔字符串，得到三个整数对象
a,b,c = map(int,myInteger.split(', '))
#打印出分隔后的每个整数
print(a,b,c,sep='\n')
#如果多个数值之间以逗号分隔，则上一功能也可以用如下代码分隔
a1,b1,c1 = eval(myInteger)
#打印出分隔后的每个整数
print(a1,b1,c1,sep='\n')
```

2.4.3　应用实例

【例 2-1】编写一个计算人的身体质量指数 BMI 的程序。用户输入身高和体重的值，计算并输出身体质量指数 BMI 的值。

```
'''
这是一个计算人的身体质量指数 BMI 的程序。
说明：身体质量指数（BMI）是关于体重指标的健康测量。可以通过以千克为单位的体重除以以米为单位的身高的平方，得到 BMI 的值。
'''
print("请问你叫什么名字？")
name = input()
print("你好！" + name)
height = float(input("请输入你的身高（m):"))
weight = float(input("请输入你的体重(kg):"))
bmi = weight / height ** 2
print("你的 BMI 的值为：", bmi)
```

运行结果为：

```
请问你叫什么名字？
张三
你好！张三
请输入你的身高（m):1.61
请输入你的体重(kg):54
你的 BMI 的值为：20.832529609197174
```

【例 2-2】编写一个程序，提示用户输入球的半径，计算并输出球的体积。（注：球体积的计算公式为 $V=\frac{4}{3}\pi r^3$）

```
#这是一个求球体积的程序。
radius = float(input('请输入球的半径：'))
pi = 3.14
volume = 4 / 3 * pi * radius ** 3
print('球的体积为：', volume)
```

运行结果为：

```
请输入球的半径：3
球的体积为： 113.03999999999999
```

【例 2-3】在同一行依次输入三个值 a,b,c，用空格分开，输出 b^2-4ac 的值。

```
a, b, c = map(int, input().split(' '))
print(b ** 2 - 4 * a * c)
```

运行结果为：（输入 2 空格 5 空格 3 进行测试）

```
2 5 3
1
```

2.4.4　格式化输出

在【例 2-1】和【例 2-2】中，运行结果包含了不必要的长串小数。为了实现运行结果的精确控制，可以用 Python 提供的三种格式化输出技术来实现这一需求：百分号（%）格式化、format()方法，以及 f-string（格式化的字符串文本）。

每种格式化输出技术各有特点，都能满足限制输出小数位数的需求。对于新项目或支持较新 Python 版本的环境，推荐使用 f-string，因为它提供了简洁且易于阅读的语法。而对于需要保持向后兼容的代码，format()函数或百分号（%）格式化方式是更安全的选择。下面介绍每种格式化输出技术的详细说明和示例。

1．百分号（%）格式化方式

百分号（%）格式化方式是 Python 中最早支持的格式化方式，类似于 C 语言中的 printf 风格。

1）基本格式化符号

（1）%s：用于字符串或任何可转换为字符串的对象。

```
>>> print("名字: %s" % "张三")
名字: 张三
```

（2）%d：用于整数。

```
>>> print("年龄: %d" % 25)
年龄: 25
```

（3）%f：用于浮点数，默认保留 6 位小数。

```
>>> print("成绩: %f" % 98.6)
成绩: 98.600000
```

若要限制小数位数，则在%f 后加点和数字，如%.2f 保留 2 位小数。

```
>>> print("成绩: %.2f" % 98.6)
成绩: 98.60
```

（4）%x 和%X：分别用于以小写和大写形式输出十六进制整数。

```
>>> print("十六进制: %x" % 255)
十六进制: ff
```

（5）%o：用于八进制整数。

```
>>> print("八进制: %o" % 255)
八进制: 377
```

2）高级用法

（1）宽度和对齐方式：可以在类型代码前指定宽度和对齐方式。默认为右对齐，加-表示左对齐，例如：

```
>>> print("编号: %5d" % 42)  #右对齐，总宽度为 5
编号:    42
>>> print("编号: %-5d" % 42)  #左对齐，总宽度为 5
编号: 42
```

（2）精度：对于浮点数，可以在%f 之后指定精度（小数点后的位数），例如：

```
>>> print("价格: %.2f" % 3.14159)
价格: 3.14
```

【例 2-4】定义一个人的基本信息（包括姓名、年龄和身高），并以格式化方式输出这些信息。

```
1  name = "Alice"
2  age = 30
3  height = 1.75
4  print("姓名: %s, 年龄: %d, 身高: %.2f 米" % (name, age, height))
```

运行结果为：

```
姓名: Alice, 年龄: 30, 身高: 1.75 米
```

尽管百分号（%）格式化方式依然可用，但考虑到可读性和易用性，现代 Python 编程更倾向于使用 format()函数和 f-string。不过，了解百分号（%）格式化方式对于阅读老代码或某些特定场景仍然很有帮助。

2．format()函数

format()函数提供了更强大的字符串格式化能力，自 Python 2.6 起被引入。该函数需要给出两个核心部分：待格式化的数据值，以及指示输出格式的格式限定符。

1）基础应用：精确控制浮点数显示

在使用 format()函数时，第二个参数——格式限定符扮演着关键角色。例如：

```
>>>print(format(12345.6789,'.2f'))
12345.68
```

'.2f'指定输出为浮点数形式，并保留 2 位小数。

2）科学计数法与逗号分隔

（1）科学计数法：通过将'f'替换为'e'或'E'，可以实现科学计数法的展示。例如：

```
>>>print(format(12345.6789,'e'))
1.234568e+04
>>>print(format(12345.6789,'.2e'))
1.23e+04
```

（2）插入逗号分隔符：在格式限定符中嵌入','，可使数字以千位分隔的形式展现，例如：

```
>>>print(format(12345.6789,',.2f'))
12,345.68
```

3）控制定位与宽度

在格式限定符中预设最小宽度，可以用来指定显示数值的最小宽度，例如：

```
>>>print('The number is',format(12345.6789,'12,.2f'))
The number is    12,345.68
```

其中，is 和 12,345.68 之间有 4 个空格，','占用一个字符宽度。

4）百分数格式

利用'%'作为类型限定符，可以将数值转换为百分比形式，例如：

```
>>>print(format(0.5,'%'))
50.000000%
```

```
>>>print(format(0.5,'.0%'))
50%
```

5）整数格式化

整数的格式化采用'd'作为类型代码，允许设置宽度和加入逗号分隔，例如：

```
>>>print(format(123456,'10,d'))
123,456
```

在 123,456 前面有 3 个空格。

6）参数化字符串格式化

format()函数还支持通过花括号{}在字符串中占位，并通过传入的参数按序或按名称填充。例如：

```
>>> name='张三'
>>> age='20'
>>> print('{}今年{}岁'.format(name,age))
张三今年 20 岁
```

更进一步，通过指定参数序号，可以灵活调整输出顺序，例如：

```
>>> print('{1}的首都是{0},我是{1}人'.format('北京','中国'))
中国的首都是北京,我是中国人
```

3. f-string（格式化的字符串文本）

Python 3.6 及以上版本引入了 f-string，提供了一种更为直观的格式化方式。在字符串前加上'f'或'F'，并在花括号内直接嵌入变量名或表达式的占位符。例如：

```
value = 3.14
print(f"结果为 {value}")
```

运行结果为：

```
结果为 3.14
```

在这个例子中，{value}就是一个占位符。

1）占位符表达式

在前面的 f-string 例子中，我们使用占位符来显示变量的值。除变量名外，占位符还可以包含合法的表达式，这些表达式会在运行时被求值，并替换为它们的字符串表示形式。例如：

```
name='Alice'
age = 30
print(f"My name is {name} and I am {age-5} years old.")
```

运行结果为：

```
My name is Alice and I am 25 years old.
```

2）格式化数值

直接在占位符内使用':nf'来指定浮点数的小数位数，还可以通过指定小数点后的位数来间接实现四舍五入效果，或使用':d'来格式化整数。

```
value = 3.14159
print(f"The value is {value:.2f}.")
```

运行结果为：

```
The value is 3.14
```

3）插入逗号分隔符

使用','作为千位分隔符，使数字更易读。

```
number = 123456789
print(f"Number with commas: {number:,}")
```

运行结果为：

```
Number with commas: 123,456,789
```

4）百分数形式

使用%后跟'.nf'来格式化为百分比，自动乘以 100 并附上百分号。

```
percentage = 0.25
print(f"{percentage:.0%} complete.")
```

运行结果为：

```
25% complete.
```

5）科学计数法

使用 e 或 E 来表示科学计数法，还可以选择性地加上精度说明。

```
sci_num = 123456789
print(f"Scientific notation: {sci_num:.2e}")
```

运行结果为：

```
Scientific notation: 1.23e+08
```

6）指定最小宽度和对齐方式

使用数字指定输出的最小宽度，不足部分通常用空格填充。默认情况下，数字是向右对齐，字符串是向左对齐。如果想改变默认的数值对齐方式，可以使用对齐指示符，<是左对齐指示符，>是右对齐指示符，^是居中对齐指示符。

```
width = 10
num = 42
print(f"Width specified: {num:<{width}}.")
```

运行结果为：

```
Width specified: 42        .    #42 后面填充 8 个空格
```

7）指示符的顺序

在 f-string 中，当需要使用多个指示符时，必须按正确顺序书写指示符：

```
[对齐][宽度][,][.][精度][数值类型]
```

如果指示符顺序错误，则导致运行错误，例如：

```
1 num = 123.456
2 print(f"Custom order: {num:<10.2f}.")
```

运行结果为：

```
Custom order: 123.46    .  #123.46 后面填充 4 个空格
```

如果上面的第二行代码改为

```
print(f"Custom order: {num:10<.2f}.")
```

则运行结果为：

```
ValueError: Invalid format specifier
```

2.5　注释

注释是对程序中某一段或若干行代码的解释说明文本。注释用来解释相应位置程序段是如何工作的。在程序的执行过程中，Python 解释器将忽略注释。例如，在前面程序案例中看到#后面的内容，或者是用一对三引号引起来的内容都是注释。

Python 中的注释有行注释和段注释。

1．行注释#

在 Python 中，注释前面必须放一个#。Python 解释器看到#后，它将忽略掉从#开始到本行结束的所有内容。程序员通常把注释写在代码行末尾。出现在代码行末尾的注释称为行末注释。它是专门解释所在行的代码。

2．段注释'''

Python 的段注释使用一对三引号（'''或"""）把需要注释的段落引起来。

使用 PyCharm 这样的集成开发环境（IDE）时，选中需要注释的语句，再按 Ctrl+/组合键可以把所选中的语句一起注释。再按一次 Ctrl+/组合键，可以取消刚才的注释。

在程序中写上相关的注释是十分必要的，在将来需要修改或调试程序时，这些注释肯定会节省很多时间。如果没有良好的注释，则庞大而复杂的程序很难被读懂。

2.6　turtle 简介

在 Python 中集成了一个名为 turtle 的图形库，turtle 源自一种教育理念，旨在通过模拟一只虚拟“乌龟”的运动来教授基本的程序设计概念。turtle 的历史可追溯至 20 世纪 60 年代末，它由美国麻省理工学院（MIT）的 Seymour Papert 教授提出，他利用实体机器龟作为教学辅助工具。Python 中的 turtle 模块是对这一理念的软件实现，它在屏幕上展现一个光标形象——“龟图”，并允许用户通过 Python 指令操控其移动与绘图行为。

2.6.1　模块导入

若要启用 turtle 系统，则需在程序中导入 turtle 模块。标准导入方式如下：

```
import turtle
```

为了简化后续调用，可赋予 turtle 模块一个别名：

```
import turtle as t
```

或者，采用从 turtle 模块中导入所有函数方式，以直接调用函数而不需要前缀模块名：

```
from turtle import *
```

注意，因这种导入方式可能会导致命名空间冲突，故在编写复杂程序时应谨慎使用。

2.6.2　画布配置

画布是进行绘图的空间，其默认设置于屏幕中央，坐标原点位于画布中央。画布的定制可通过以下命令实现：

（1）turtle.screensize(canvwidth, canvheight, bg)：此命令用于设定画布的尺寸与背景色。例如：

```
turtle.screensize(500, 600, 'red')  #设定画布为500像素×600像素，背景为红色
```

调用无参数的 turtle.screensize()会返回默认画布尺寸（400 像素×300 像素）。

（2）turtle.setup(width, height, startx=None, starty=None)：此命令控制画布窗口的尺寸及屏幕上的初始位置。参数 width 和 height 可以是像素值或相对于屏幕比例的数值，而 startx 和 starty 定义画布窗口左上角的屏幕坐标，默认为居中。示例代码如下：

```
turtle.setup(width=0.6, height=0.4)  #设置画布窗口占屏60%宽，40%高
turtle.setup(width=400, height=300, startx=200, starty=200)  #画布窗口绝对定位
```

2.6.3　画笔操作

位于坐标原点的“乌龟”是绘图的主体，它代表画笔，具有位置和方向属性。默认情况下，画笔形态为箭头，但可以通过 turtle.shape("turtle")指令将其更改为乌龟形状。

画笔属性的命令如表 2-8 所示。

表 2-8　画笔属性的命令

命令	说明
turtle.pensize()	用于设定画笔线条的宽度
turtle.pencolor()	不带参数调用时，返回当前画笔颜色；若传入参数（如颜色名称字符串"green"或 RGB 三元组(0.9, 0.8, 0.1)），则改变画笔颜色
turtle.speed(speed)	控制画笔移动速度，速度级别为 0～10 的整数，数值增大意味着移动速度加快

2.6.4　turtle 中的绘图命令

1．画笔运动命令

画笔运动命令如表 2-9 所示。

表 2-9　画笔运动命令

命令	说明
turtle.forward(distance)	向当前画笔方向移动 distance 像素长度
turtle.backward(distance)	向当前画笔反方向移动 distance 像素长度
turtle.setheading(angle)	将机器龟的朝向设置为特定的角度。通常，机器龟的初始朝向是 0 度
turtle.heading()	获取机器龟的当前朝向
turtle.right(degree)	顺时针移动 degree 度（角度）
turtle.left(degree)	逆时针移动 degree 度

续表

命令	说明
turtle.pendown()	移动时需绘制图形，缺省时默认绘制图形
turtle.pendup()	抬笔，移动时不绘制图形，用于在另一个地方绘制
turtle.isdown()	返回当前 turtle 是否被放下
turtle.goto(x,y)	将画笔移动到坐标为 x,y 的位置
turtle.setx(x)	将当前画笔的 x 坐标移动到指定位置
turtle.sety(y)	将当前画笔的 y 坐标移动到指定位置
turtle.pos()	获取机器龟当前位置
turtle.xcor()	获取机器龟位置的 x 坐标
turtle.ycor()	获取机器龟位置的 y 坐标
turtle.speed(speed)	画笔绘制的速度，范围[0,10]内的整数
turtle.circle(radius)	画圆，半径为正（负），表示圆心在画笔的左边（右边）画圆
turtle.dot(size,color)	用于在当前位置绘制一个点，size 为点的半径（>=1 的整数），color 为颜色字符串或颜色三元组

2. 画笔控制命令

画笔控制命令如表 2-10 所示。

表 2-10 画笔控制命令

命令	说明
turtle.pensize(width)	绘制图形时的宽度
turtle.pencolor(colorstring)	设置画笔颜色
turtle.bgcolor(colorstring)	修改图形窗口的背景颜色
turtle.fillcolor(colorstring)	绘制图形的填充颜色
turtle.color(color1,color2)	同时设置 pencolor=color1, fillcolor=color2
turtle.filling()	返回当前是否在填充状态
turtle.begin_fill()	准备开始填充图形
turtle.end_fill()	填充完成
turtle.hideturtle()	隐藏画笔形状
turtle.showturtle()	显示画笔形状

3. 全局控制命令

全局控制命令如表 2-11 所示。

表 2-11 全局控制命令

命令	说明
turtle.clear()	清除 turtle 窗口，但 turtle 的位置和状态不改变，也不改变画笔颜色和图形窗口的背景颜色

续表

命令	说明
turtle.reset()	清空窗口，重置 turtle 状态为起始状态，将画笔颜色重置为黑色，让机器龟重新回到屏幕中心的初始位置。该命令不重置图形窗口的背景颜色
turtle.clearscreen()	清除 turtle 窗口，将画笔颜色重置为黑色，将图形窗口的背景颜色重置为白色，让机器龟重新回到屏幕中心的初始位置
turtle.undo()	撤销上一个 turtle 动作
turtle.isinvisible()	返回当前 turtle 是否可见
turtle.stamp()	复制当前图形
turtle.done()	保持图形窗口的开放状态。如果在命令行状态下运行机器龟图形程序，则需要在最后一行增加 turtle.done()语句，以防止程序结束时图形窗口被关掉消失不见。其他情况不需要添加
turtle.write(s[, font=("font-name", font_size,"font_type")])	写文本，s 为文本内容，font 为字体参数，其后为字体名称，大小和类型；font 是可选项，font 的参数也是可选项，如 turtle.write("我很高兴",font=("宋体",30,"bold"))

2.6.5　turtle 绘图实例

【例 2-5】绘制五角星，并在下面书写“爱国心”。

```
import turtle
turtle.setup(400, 400)
turtle.speed(1) #设置画笔速度
turtle.penup()
turtle.goto(-60, 60)
turtle.pendown()
turtle.pencolor('red')
turtle.fillcolor('red')
turtle.begin_fill()
turtle.forward(100)
turtle.right(144)
turtle.forward(100)
turtle.right(144)
turtle.forward(100)
turtle.right(144)
turtle.forward(100)
turtle.right(144)
turtle.forward(100)
turtle.end_fill()
turtle.penup()
turtle.goto(-10,-60)
turtle.pendown()
font_style = ("Arial", 24, "bold")
turtle.write("爱国心", align="center", font=font_style)
```

```
turtle.hideturtle()
turtle.done()
```

运行结果如图 2-1 所示。

图 2-1　绘制五角星

【例 2-6】设置画布大小为 300 像素×300 像素，绘制彩色环形图案，并在中央显示文字“CUZ”。

```
import turtle
turtle.setup(300, 300)
turtle.hideturtle()
turtle.dot(200, "red")
turtle.dot(180, "orange")
turtle.dot(160, "yellow")
turtle.dot(140, "violet")
turtle.dot(120, "blue")
turtle.dot(100, "indigo")
turtle.dot(80, "green")
turtle.dot(60, "white")
turtle.write("CUZ", align="center", font=('Verdana', 12, 'bold'))
turtle.done()
```

运行结果如图 2-2 所示。

图 2-2　绘制彩色环

【例 2-7】绘制一个贪吃蛇形状的图案。

```
from turtle import *
setup(600, 350, 200, 200)
penup()
fd(-250)
pendown()
pensize(20)
pencolor("purple")
seth(-40)
circle(40, 80)
circle(-40, 80)
circle(40, 80 / 2)
fd(40)
circle(16, 180)
fd(40 * 2 / 3)
done()
```

运行结果如图 2-3 所示。

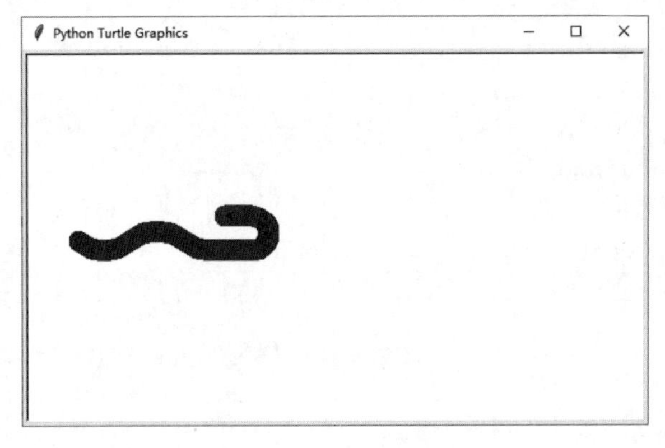

图 2-3　绘制贪吃蛇

2.7　小结

本章通过小明的果汁店管理系统案例，介绍了 Python 编程的基础知识，包括数据类型、变量、常量、基本运算、输入/输出、注释及 turtle 的使用，为读者提供了一个全面的 Python 入门指南。

习题 2

一、选择题

1．在 print 语句中，可以将（　　）参数设置为空格或空字符串，以阻止输出前进到新行。

A．stop　　B．end　　C．separator　　D．newLine

2．下列（　　）函数读取由键盘输入的数据，并将该数据以字符串形式返回给程序。

A．input()　　B．output()　　C．eval_input()　　D．str_input()

3．在 Python 中，（　　）数学运算符用于求 5 的 3 次幂。

A．%　　B．**　　C．^　　D．/

4．在 value1=2.0 和 value2=12 的情况下，以下命令的输出是（　　）。

```
print(value1 * value2)
```

A．24　　B．value1 * value2　　C．24.0　　D．2.0 * 12

5．Python 中的字符串文本必须用（　　）括/引起来。

A．圆括号　　B．单引号

C．双引号　　D．单引号或双引号均可

6．（　　）用来标记字符串的开始和结束。

A．print(format(20, '.0%'))　　B．print(format(0.2, '.0%'))

C．print(format(0.2 * 100, '.0%'))　　D．print(format(0.2, '%'))

7．在 Python 中，对一行程序语句进行注释的开始符号是（　　）。

A．**　　B．&　　C．#　　D．%

8．当对数字 76.15854 应用.3f 格式限定符时，结果是（　　）。

A．76.1　　B．76.158　　C．76　　D．76.15854

9．（　　）是代表存储在计算机内存中的某个数值的名字。

A．常量　　B．变量　　C．数据类型　　D．库

10．当+运算符与两个字符串一起使用时，它执行字符串（　　）。

A．求和　　B．连接　　C．合并　　D．复制

二、判断题

1．在一个数学表达式中，当两个**运算符共享一个操作数时，执行顺序为从左到右。

2．在 Python 语言中，变量名中可以出现空格。

3．布尔类型的值只有两个，分别是 True 和 False。

4．计算机程序执行通常分为三个步骤：接收输入、对输入进行某种处理、产生输出。

5．当使用 print 语句输出时，Python 将所有浮点数字格式化为小数点后 2 位。

6．根据整数除法的规则，一个整数除以另一个整数得到的结果是一个实数。

7．在一行语句中同时对多个变量进行赋值时，各个变量名之间要用空格隔开。

8．语句 print(format(123,'10d'))中的 10 代表的是 123 打印出来时占 10 个字符的宽度。

9．语句 print('{}是{}的老师，{}是最受欢迎的老师'.format('王丽','张三'))，该语句执行时会出现错误。

10．表达式“12” + “13”求值的结果为 25。

三、编程题

1．编写一个程序分行显示如下信息。

你的姓名

你的性别和年龄

你的学校及所学专业

2．编写一个程序，输出显示如下图形。

*

**

***

****

*****

3．求与摄氏度 35℃对应的华氏度，计算公式：Fahrenheit $=\frac{9}{5}\times 35+32$。

4．编写程序显示公式 $\frac{3.5\times 4.5-2.5\times 2}{3.8-2}$ 的结果。

5．编写一个程序，提示用户输入圆的半径，计算并输出圆的面积，结果保留两位小数。

6．编写一个程序，接收在同一行中输入两个浮点数（两个数以空格分隔），计算并输出这两个数的和，结果保留两位小数。

7．制作 3 个人食用的面条所需配料：150mL 的水，6g 盐，300g 面粉。编写一个程序，请用户先输入食用面条的人数，然后显示输出对应每种配料所需的数量。

8．编写一个程序，统计班级的到课率，请用户在同一行中输入某班级到课人数和缺课人数（中间用逗号分隔），计算并输出该班的到课率（到课率=到课人数/班级总人数）。

9．使用 turtle 编写程序，绘制一个边长为 150 像素的正方形（内部不填充颜色），再绘制一个以该正方形为中心的半径为 100 像素的圆，圆内用绿色填充。

10．使用 turtle 编写程序，绘制一面五星红旗。

第 3 章　程序基本结构

视频分析

3.1　程序控制结构

程序控制结构主要用于控制程序执行流程。它们决定程序是按特定顺序执行语句，还是根据条件执行不同的代码块或者重复执行某些操作。程序控制结构主要包括顺序结构、选择结构（分支结构）和循环结构三大基本类型，这是结构化程序设计的基础。

1. 程序流程图

程序流程图（简称流程图）是独立于程序设计语言用来表示程序运行顺序的框图。基本程序流程图如图 3-1 所示，其中的椭圆形符号表示一个程序的开始或结束，箭头表示程序执行方向，矩形表示活动的步骤；菱形表示判断条件（根据判断结果选择不同的执行内容）；平行四边形表示数据的输入或者输出。

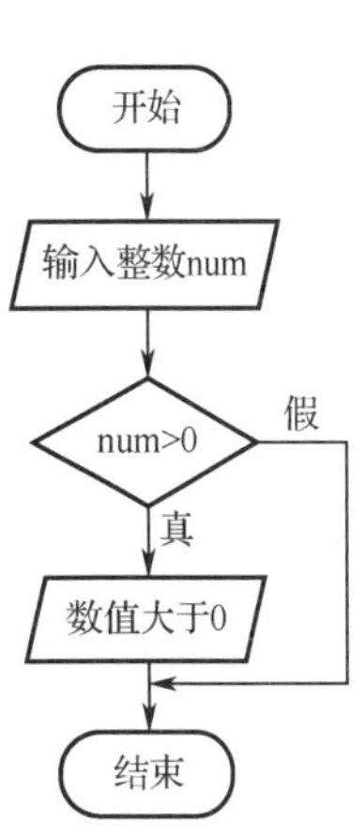

图 3-1　基本程序流程图

图 3-1 表示的是从键盘输入一个整数 num，并判断其是否大于 0，程序可以分为以下两个步骤。

（1）设置整型变量 num，用来接收用户输入的值。

（2）判断 num 值，如果 num 值大于 0，则输出“数值大于零”并且结束程序运行；如果 num 值不大于 0，则直接结束程序。

2. 顺序结构

顺序结构是最简单的控制结果，它是按照语句的排列顺序从上向下依次执行的一种结构。

【例 3-1】复利思维的本质是：“找准方向，持续积累”。复利公式为 $A = P\times(1+r)^n$，其中 P 为初始值，r 为每天增长率或衰退率，n 为天数，A 为经过 n 天后的累计增长量。假设 P 为 1，如果每天进步或退步 0.1%，计算一年 365 天后的效果，采用了绝对值来表示退步的程度。

```
initial_value = 1     #初始值为 1 倍
#进步情况
rate_positive = 0.1  #每天进步 1%
days = 365  #一年 365 天
progress_positive = initial_value * ((1 + rate_positive / 100) ** days)
print("每天进步 0.1%，一年后的进步倍数：", progress_positive)

#退步情况
rate_negative = -0.1  #每天退步 1%
```

```
    #注意处理退步情况时，最终倍数可能小于 1，因此使用 abs 显示其绝对值以体现“退步了多少倍”，或者直接展示最终的值，这里选择展示绝对值以保持正面比较
    progress_negative = abs(initial_value * ((1 + rate_negative / 100) ** days))
    print("每天退步 0.1%，一年后的退步倍数（绝对值）：", progress_negative
```

输出结果：

```
每天进步 0.1%，一年后的进步倍数： 1.4402513134295205
每天退步 0.1%，一年后的退步倍数（绝对值）： 0.6940698870404745
```

3.2　选择结构

选择结构是指在对给定的条件进行判断后，选择执行不同的语句块。选择结构分为单分支选择结构、双分支选择结构和多分支选择结构。单分支选择结构只有一个判断条件，符合条件就执行对应语句块。双分支选择结构是根据条件选择执行对应的语句块。在多分支选择结构中，程序会按顺序遍历设定的多个条件，一旦匹配到某个条件为真，即执行与之关联的代码块，之后的条件不再继续检查。若所有预设条件均不满足，则执行 else 子句中规定的操作，从而实现根据不同的条件分支执行不同代码逻辑的功能。

3.2.1　单分支选择结构

单分支选择结构只有一个可以选择的条件，如果条件满足则执行相应的语句块；如果条件不满足，则退出选择结构。单分支选择结构的语句格式如下：

```
if 条件:
    语句块
```

说明：if 后面的条件是布尔表达式，再加上冒号，如果布尔表达式为 True，则执行语句块的代码。另外，语句块前面一定有缩进，缩进是 Python 语法的一部分，用缩进来明确代码的逻辑层次。单分支选择结构流程图如图 3-2 所示。

【例 3-2】输入一个 0～100 的整数，如果该数值大于 60 分，则输出“及格了”，程序结构流程图如图 3-3 所示。

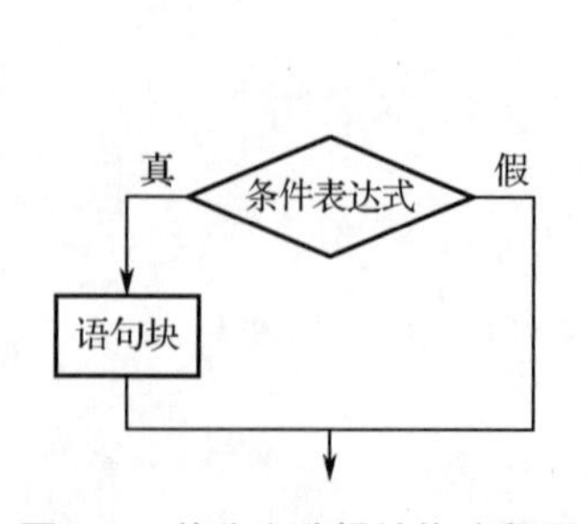

图 3-2　单分支选择结构流程图

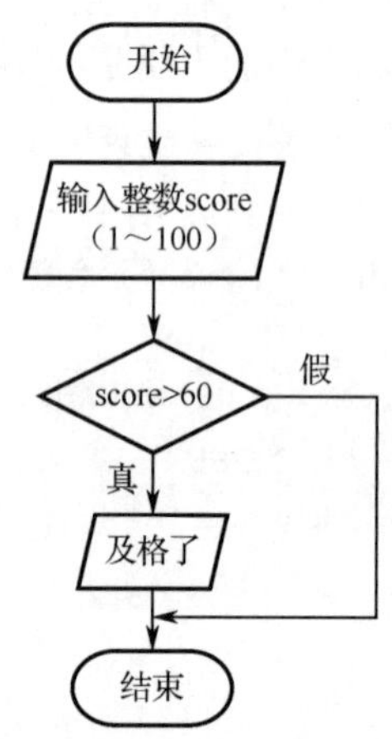

图 3-3　程序结构流程图

```
score = int(input("请输入分数: "))
if score >= 60:
    print("及格了")
```

【例 3-3】输入两个整数，判断最大数并输出。

```
num1 = int(input("请输入第 1 个整数: "))
num2 = int(input("请输入第 2 个整数: "))
max = num1
if num1 < num2:
    max = num2
print("最大数为", max)
```

【例 3-4】输入三个整数，比较后输出最大数。可以使用多个 if 语句实现。

```
num1, num2, num3 = map(int, input().split())
max_value = num1
if max_value < num2:
    max_value = num2
if max_value < num3:
    max_value = num3
print("最大数为", max_value)
```

3.2.2　双分支选择结构 if…else 语句

双分支选择结构格式如下，如果符合 if 判断条件则执行对应的语句块，若不符合则执行 else 对应的语句块。双分支选择结构的语句格式如下：

```
if 条件:
    语句块 1
else:
    语句块 2
```

说明：if 后面的条件是布尔表达式，再加上冒号，如果 if 后面的布尔表达式为 True，则执行语句块 1 的代码；如果为 False，则执行语句块 2 的代码。语句块 1 和语句块 2 的前面都有缩进。双分支选择结构流程图如图 3-4 所示。

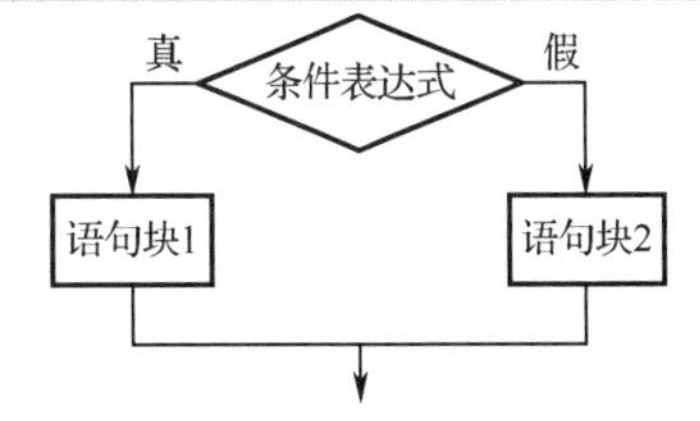

图 3-4　双分支选择结构流程图

对于【例 3-3】还可以用双分支语句实现两个整数的比较并把最大数输出。

```
num1 = int(input("请输入第 1 个整数: "))
num2 = int(input("请输入第 2 个整数: "))
if num1 > num2:
    max_value = num1
else:
    max_value = num2
print("最大数为", max_value)
```

【例 3-5】根据输入的年份判断闰年，如果输入的年份是 4 的倍数且不是 100 的倍数，或者是 400 的倍数即闰年，则输出 366 天；如果不是闰年则输出 365 天。

```
year = int(input("请输入年份："))
if  (year % 4 == 0 and year % 100 != 0)  or  year % 400 == 0:
    print(year,"年是 366 天")
else:
    print(year, "年是 365 天")
```

在本例中，if 判断条件中的布尔表达式由两大部分组成，表达式 year % 4 == 0 and year % 100 != 0 为真，或者 year % 400 == 0 为真，都会得到 366 天的结果。

3.2.3　多分支选择结构 if…elif…else 语句

多分支选择结构中的条件判断语句从上到下地依次进行，如果某个判断表达式为真，则执行对应的语句块，后面的判断条件及对应语句不再执行。如果所有条件都不满足，则执行 else 子句中的代码（如果存在的话）。多分支选择结构的语句格式如下：

```
if 条件 1:
    语句块 1
elif 条件 2:
    语句块 2
elif 条件 3:
    语句块 3
#可以有一条或多条 elif 语句
else:
    语句块
```

注：elif 是 else if 的缩写。和之前的分支语句一样，写代码时要注意冒号和缩进问题。若多个条件被满足，则只执行第一个被满足条件下的语句块，其余的都不执行。如果前面所有条件都不被满足，则执行 else 下的语句块，它总是放在条件结构的最后。

【例 3-6】根据用户输入的垃圾名称，为其提供正确的垃圾分类投放建议。程序运行结束后，输出呼吁全社会共同参与垃圾分类，守护地球家园的信息。

```
Garbage_Name = input("请输入垃圾名称：")
#使用多个 if...elif 结构判断垃圾类型
if Garbage_Name == 'apple core':
    print("您应该将苹果核投入厨余垃圾桶内！")
elif Garbage_Name == 'plastic bottle':
    print("您应该将废旧电池投入有害垃圾桶内！")
elif Garbage_Name == 'wet paper':
    print("您应该将湿纸巾投入湿（或厨余）垃圾桶内！")
elif Garbage_Name == 'newspaper':
    print("您应该将报纸投入可回收物垃圾桶内！")
elif Garbage_Name == 'broken glass':
    print("您应该将碎玻璃投入其他垃圾桶内！")
else:
    print("未知垃圾类型，请查阅垃圾分类指南或联系相关部门咨询。")
#输出结束语，强调环保理念
print("感谢您的参与，垃圾分类人人有责，让我们共同守护地球家园！")
```

3.2.4　嵌套选择语句

在条件分支语句中，if 语句还可以包含另一个 if 语句，这种结构通常称为嵌套结构。同样，if...else 和 if...elif...else 结构也可以相互嵌套，并可以连续使用多个 if 和 elif 语句。嵌套语法的形式灵活多样，这种结构常用于解决更为复杂的问题，并根据问题的需求进行灵活应用。嵌套选择语句格式如下：

```
if 条件 1:
    if 条件 2:
        语句块 1
    elif 条件 3:
        语句块 2
    else:
        语句块 3
else:
    语句块 4
```

注：可以使用 if、elif、else 来构造更深层次的条件判断，形成嵌套结构。在嵌套 if 语句中，最重要的是 else 的匹配。else 总是根据它自己所处的缩进和同列的最近那个 if 匹配。编写嵌套的 if 语句时应遵守下列规则：确保每个 else 从句都与它对应的 if 从句对齐；确保每个语句块内的语句都保持一致的缩进。

【例 3-7】假设你是一名电视台节目编排人员，根据给定的不同时间段确定播放何种类型的电视节目。

```
currtime = input("请输入当前时间：")
if  currtime == "19:00":
    program = '新闻联播'
elif  currtime == "19:45":
    program = '焦点访谈'
elif currtime == "20:00":
    program = '电视连续剧'
elif currtime == "22:00":
    program = '晚间新闻'
else:
    program = '常规节目'
print("当前时间段播放的节目是：",program)
```

【例 3-8】在学校的思想政治教育评估系统中，需要对学生的思想品德表现进行综合评价，并给予相应的鼓励措施。评价依据学生的三项指标：学习成绩、社会实践参与度、团队合作能力。评价规则如下：若学生的学习成绩为"A"，则进入下一级评价；若社会实践参与度为"高"，则检查团队合作能力；若社会实践参与度为"低"，则直接评为"学习标兵"，鼓励其加强社会实践；若学生的学习成绩不是"A"，则根据其他指标给出相应的鼓励和建议。

```
study = "A"  #学习成绩：'A', 'B', 'C'...
social_practice = "高"  #社会实践参与度：'高', '中', '低'
teamwork_ability = "优秀"  #团队合作能力：'优秀', '良好', '一般'
```

```
if study == "A":
    if social_practice == "高":
        if teamwork_ability == "优秀":
            print("评为'杰出学生'，奖励奖学金。")
        elif teamwork_ability == "良好":
            print("评为'优秀学生'，给予表彰证书。")
    else:  #社会实践参与度为"低"
        print("评为'学习标兵'，鼓励加强社会实践。")
else:
    print("学习成绩非'A'，请继续努力，同时关注社会实践与团队合作能力的提升。")
```

3.3　循环结构

循环结构是可以重复执行一条语句或一段代码，直至满足特定条件才会停止运行的一种控制结构。采用循环结构进行编程减少了程序重复书写的工作量，提高了程序的执行效率。for 循环和 while 循环语句是常用的两种循环结构。

3.3.1　for 循环

for 循环用于遍历一个迭代对象的所有元素，循环迭代执行的次数是确定的。

1. 常见的 for 循环

常见的 for 循环格式如下：

```
for 变量 in 循环序列:
    语句块
```

注：通过 for 循环依次将循环序列中的每个元素值取出，并赋值给变量，每个元素都会执行一次语句块里的内容，这里的语句块也叫循环体。循环序列可以是任何可迭代的对象，包括列表、元组、字符串、字典、集合等。

【例 3-9】按顺序分别输出周一至周日对应的英文名称。

```
for day in ["Sunday", "Monday", "Tuesday", "Wednesday", "Thursday", "Friday", "Saturday"]:
    print(day)
```

运行结果为：

```
Sunday
Monday
Tuesday
Wednesday
Thursday
Friday
Saturday
```

该程序也可以写成如下形式：

```
    week = ["Sunday", "Monday", "Tuesday", "Wednesday", "Thursday", "Friday",
"Saturday"]
    for day in week:
        print(day)
```

【例 3-10】求出 1～5 的和并输出。

```
sum = 0
for i in [1,2,3,4,5]:
    sum += i
print("sum from 1 to 5 is:",sum)
```

【例 3-11】假设记录了一周内每天家庭消耗的某种食材量（以克为单位），编写程序计算一周内总共消耗了多少食材，提倡勤俭节约的生活习惯。

```
food = [200, 250, 300, 220, 280, 310, 270]  #假设这是 7 天内消耗的食材量
total = 0
for consumption in food:
    total += consumption
print("一周内总共消耗了{}克食材。".format(total))
```

2. 带 range()函数的 for 循环

在 for 循环中还可以使用 range()函数生成一个整数序列，通过索引来遍历序列，而不是直接遍历元素。带 range()函数的 for 循环格式如下：

```
for 变量 in range([start], end, [step]):
    语句块
```

注：range()函数接收可选的 start 起始值、end 终止值（不包含 end）和 step 步长参数。end 参数是必须存在的，可以选择是否存在参数 start 和 step。range(end)是返回一个产生整数序列的迭代对象。

range(end)：从 0 开始到 end 结束（不包含 end）。

range(start,end)：从 start 值开始到 end 结束（不包含 end）。

range(start, end, step)：从 start 值开始到 end 结束（不包含 end），且序列中相邻两个元素之间的步长为 step。

下面举例说明：

range(6)生成的是从 0 开始到 6 的整数序列，不包括 6：[0, 1, 2, 3, 4, 5]。

range(1, 6)生成的是从 1 开始到 6 的整数序列，不包括 6：[1, 2, 3, 4, 5]。

range(1, 9, 2)生成的是从 1 开始，每次增加 2，直到但不包括 9 的序列：[1, 3, 5, 7]。

【例 3-12】求出 1～20 的和并输出。

```
sum = 0
for i in range(1,20+1):
    sum += i
print(“sum from 1 to 20 is:”,sum)
```

【例 3-13】求出 1～20 的偶数和并输出。

第一种方法：没有步长参数。

```
sum = 0
```

```
for i in range(1, 20+1):
    #判断当前数字是否为偶数
    if i % 2 == 0:
        #如果是偶数，则将其加到总和上
        sum += i
print("1 到 20 的偶数和是：", sum)
```

第二种方法：设置步长是 2，从 2 开始做累加计算。

```
sum = 0
for i in range(2, 20+1, 2):
sum += i
print("1 到 20 的偶数和是：", sum)
```

【例 3-14】求 5 的阶乘。

```
result = 1
for i in range(1,5+1):
    result = result * i
```

【例 3-15】输入一个数，判断是否为素数。

```
1 number = int (input("请输入一个整数："))
2 if number <= 1:
3     print("该数不是素数")
4 else:
5     is_prime = True
6 for i in range(2, number):
7     if number % i == 0:
8         is_prime = False
9         break
10 if is_prime:
11     print(f"{number}是素数")
12 else:
13     print(f"{number}不是素数")
```

事实上，判断素数并不需要从 2 找到 number－1，由于整数的因子成对出现，我们只需要从 2 找到 $\sqrt{\text{number}}$ 即可。因此第 6 行代码可以优化为：

```
for i in range(2, int(number ** 0.5)):
```

3．循环结构拓展 for...else

for...else 格式如下：

```
for 变量 in 循环序列:
    语句块
else:
    循环正常结束后要执行的语句块
```

在这个结构中，else 子句中的语句块，只有在 for 循环没有因为 break 语句而提前终止的情况下才会被执行。如果是 break 终止循环的情况，则 else 下方的代码将不执行，其他编程语言不具备这种结构。

【例 3-16】查找指定的一个目标数字是否在序列 numbers 中。

```
numbers = [1, 2, 3, 4, 5]
target = 6
for num in numbers:
    if num == target:
        print(f"找到了目标数字 {target}!")
        break
else:
    print(f"列表 {numbers} 中未找到目标数字 {target}.")
```

3.3.2 while 循环

while 循环根据指定条件来决定是否继续执行循环体。只要条件为真（条件表达式的值为 True），就会就重复执行循环体内的代码。一个循环体单次执行被称为循环的一次迭代。

1. while 循环

while 循环格式如下：

```
while 条件:
    语句块
```

注：while 后面的条件是布尔表达式，再加上冒号。如果布尔表达式为 True，则执行语句块的代码。如果条件表达式永远为 True，则无限循环。语句块前有缩进。

while 循环流程图如图 3-5 所示。

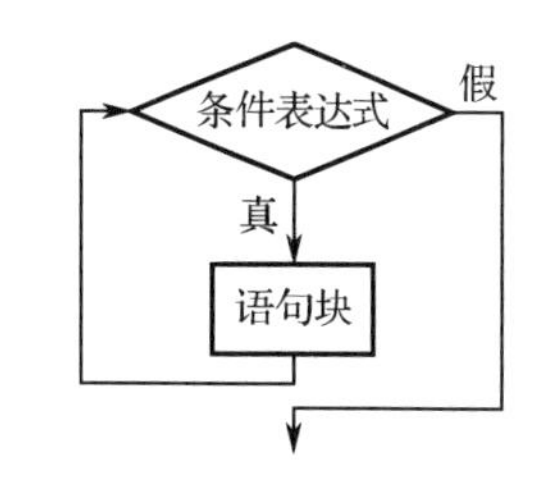

图 3-5　while 循环流程图

【例 3-17】对应【例 3-10】求出 1～5 的和并输出，用 while 循环实现。

```
sum = 0
count = 1
while count <= 5:
    sum += count
    count += 1
print("sum from 1 to 5 is:", sum)
```

【例 3-18】对应【例 3-13】求出 1～20 的偶数和并输出，用 while 循环实现。

第一种方法：

```
sum = 0
num = 1
while num <= 20:
    if num % 2 == 0:
       sum = sum + num
    num = num + 1
print("1 到 20 的偶数和是: ", sum)
```

第二种方法：

```
sum = 0
num = 2
while num <= 20:
```

```
    sum = sum + num
    num = num + 2
print("1到20的偶数和是：", sum)
```

【例3-19】假设一个家庭决定减少碳排放，计划每天减少用电量（以千瓦·时为单位），直到达成一个月（30天）内减少50千瓦·时的目标。编写程序，跟踪家庭每日的节能行为，并在达成目标时输出鼓励信息，倡导低碳生活。

```
total = 0
day = 0
while total < 50:  #目标是减少50千瓦·时
    energy_saved = float(input("请输入今天节约的电量（千瓦·时）："))
    total += energy_saved
    day += 1
print("\n经过{}天的共同努力，家庭成功减少了{}千瓦·时的电力消耗，实现了本月的节能目标，为环保做出了贡献！".format(day, total))
```

【例3-20】假设学生正在进行训练计划，每天以逐渐增长的里程数进行跑步锻炼。编写程序，当学生连续跑步的总里程累加到100公里时，程序将会输出一条激励信息，以赞扬其展现的坚韧不拔和持之以恒的精神品质。

```
distance = 0
days = 0
while distance < 100:
    daily = int(input("请输入今天跑步的公里数："))
    distance = distance + daily
    days += 1
    if distance >= 100:
        print("\n祝贺您！经过连续{}天的不懈努力，您的跑步总里程已达到100公里！您的坚持与毅力令人敬佩！".format(days))
```

【例3-21】首先提示用户输入一个学生的分数，若用户输入的分数不在0～100的范围内，程序将提示用户重新输入。程序将根据符合要求分数的高低输出不同的提示。

```
score = int(input("请输入分数："))
while score < 0 or score > 100:
    score = int(input("请重新输入分数："))
if score >= 90:
    print(str(score) + "分是优秀！")
elif score >= 80:
    print(str(score) + "分是良好！")
elif score >= 70:
    print(str(score) + "分是中等！")
elif score >= 60:
    print(str(score) + "分是及格！")
else:
    print("很遗憾！" + str(score) + "分不及格！")
```

2．循环结构拓展 while…else

while…else 格式如下：

```
while 条件:
    语句块 1
else:
    语句块 2
```

while 后面的条件是布尔表达式，如果条件为 True，则执行语句块 1；如果条件为 False，则执行 else 后面的语句块 2。

注：当 while 循环因为条件变为假而正常结束时（没有被 break 语句中断），则执行 else 块中的代码。以下是一个使用 while...else 格式的例子。

【例 3-22】若用户三次输入登录密码都是错误的，则提示账号被锁定。

```
number = 0
correct = "secret"
while number < 3:
    number = number + 1
    password = input("请输入密码：")
    if password == correct:
        print("密码正确！")
        break
else:
    print("密码不正确次数超过 3 次，账号被锁定。")
```

3.3.3　嵌套循环语句

嵌套循环是指在一个循环体内部包含另一个循环。在外部循环的每次迭代中，执行内部循环的所有迭代。在某些情况下，嵌套循环可以与嵌套条件判断配合使用，以根据多个条件执行不同的操作。这可以用于实现复杂的逻辑和控制流程。

简单举例如下：

```
sentence = ['I', 'love', 'Python', '!']
for word in sentence:
    for letter in word:
        print(letter, end=' ')
```

运行结果为：

```
I l o v e P y t h o n !
```

【例 3-23】用嵌套循环写一个九九乘法表。

第一种方法：运行结果如图 3-6 所示。

```
for row in range(1, 10): #行数
    for col in range(1, 10):
        result = row * col
        print(f"{row} x {col} = {result}", end="\t")
    print()
```

```
1 * 1 = 1
2 * 1 = 2	2 * 2 = 4
3 * 1 = 3	3 * 2 = 6	3 * 3 = 9
4 * 1 = 4	4 * 2 = 8	4 * 3 = 12	4 * 4 = 16
5 * 1 = 5	5 * 2 = 10	5 * 3 = 15	5 * 4 = 20	5 * 5 = 25
6 * 1 = 6	6 * 2 = 12	6 * 3 = 18	6 * 4 = 24	6 * 5 = 30	6 * 6 = 36
7 * 1 = 7	7 * 2 = 14	7 * 3 = 21	7 * 4 = 28	7 * 5 = 35	7 * 6 = 42	7 * 7 = 49
8 * 1 = 8	8 * 2 = 16	8 * 3 = 24	8 * 4 = 32	8 * 5 = 40	8 * 6 = 48	8 * 7 = 56	8 * 8 = 64
9 * 1 = 9	9 * 2 = 18	9 * 3 = 27	9 * 4 = 36	9 * 5 = 45	9 * 6 = 54	9 * 7 = 63	9 * 8 = 72	9 * 9 = 81
```

图 3-6　运行结果

第二种方法：运行结果如图 3-7 所示。

```
for row in range(1,10): #行数
    for col in range(1,row+1):
        print(row,'*',col,'=',row*col,end='\t')
print()
```

```
1 x 1 = 1	1 x 2 = 2	1 x 3 = 3	1 x 4 = 4	1 x 5 = 5	1 x 6 = 6	1 x 7 = 7	1 x 8 = 8	1 x 9 = 9
2 x 1 = 2	2 x 2 = 4	2 x 3 = 6	2 x 4 = 8	2 x 5 = 10	2 x 6 = 12	2 x 7 = 14	2 x 8 = 16	2 x 9 = 18
3 x 1 = 3	3 x 2 = 6	3 x 3 = 9	3 x 4 = 12	3 x 5 = 15	3 x 6 = 18	3 x 7 = 21	3 x 8 = 24	3 x 9 = 27
4 x 1 = 4	4 x 2 = 8	4 x 3 = 12	4 x 4 = 16	4 x 5 = 20	4 x 6 = 24	4 x 7 = 28	4 x 8 = 32	4 x 9 = 36
5 x 1 = 5	5 x 2 = 10	5 x 3 = 15	5 x 4 = 20	5 x 5 = 25	5 x 6 = 30	5 x 7 = 35	5 x 8 = 40	5 x 9 = 45
6 x 1 = 6	6 x 2 = 12	6 x 3 = 18	6 x 4 = 24	6 x 5 = 30	6 x 6 = 36	6 x 7 = 42	6 x 8 = 48	6 x 9 = 54
7 x 1 = 7	7 x 2 = 14	7 x 3 = 21	7 x 4 = 28	7 x 5 = 35	7 x 6 = 42	7 x 7 = 49	7 x 8 = 56	7 x 9 = 63
8 x 1 = 8	8 x 2 = 16	8 x 3 = 24	8 x 4 = 32	8 x 5 = 40	8 x 6 = 48	8 x 7 = 56	8 x 8 = 64	8 x 9 = 72
9 x 1 = 9	9 x 2 = 18	9 x 3 = 27	9 x 4 = 36	9 x 5 = 45	9 x 6 = 54	9 x 7 = 63	9 x 8 = 72	9 x 9 = 81
```

图 3-7　运行结果

第三种方法：使用 while 循环实现乘法表，运行结果如图 3-6 所示。

```
row = 1
while row <= 9:
    col = 1
    while col <= row:
        result = row * col
        print(f"{row} x {col} = {result}", end="\t")
        col = col +1
    print()
    row = row +1
```

3.3.4　跳转语句

跳出 while 和 for 循环的关键字是 break 与 continue。

break：用于跳出整个循环。不管是否满足循环条件，所有的循环语句都不再执行，包括相应的循环 else 子句（如果存在）。

continue：在循环体内部使用 continue 语句，用于跳出本次循环剩余语句，即本次循环不再执行，直接进入下一轮循环的条件判断，如果循环的条件满足，则继续执行。

break 和 continue 流程图如图 3-8 所示。

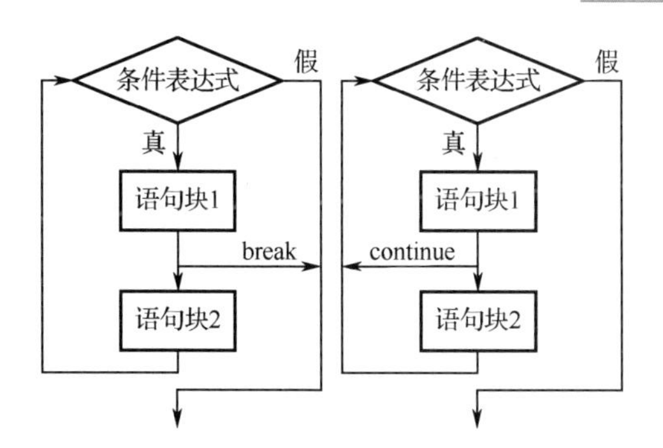

图 3-8　break 和 continue 流程图

【例 3-24】在序列中查找并打印第一个偶数。

```
for num in [3, 5, 8, 9, 12, 15]:
    if num % 2 == 0:  #检查是否为偶数
        print(f"找到的第一个偶数是：{num}")
        break  #找到后立即停止循环
correct = "Python"
```

【例 3-25】密码验证系统：输入密码，若错误则持续输入，直到正确跳出循环。

```
while True:
    password = input("请输入密码：")
    if password == correct:
        print("密码正确！已登录...")
        break  #当密码正确时跳出循环
    else:
        print("密码错误，请重新输入。")#当密码正确时，之后的代码将被执行
```

【例 3-26】从序列中筛选出所有的非负数并将其打印出来。

```
for number in [-3, 0, 5, -7, 10, -2]:
    if number < 0:  #检查数是否为负数
        continue  #对于负数，程序会跳过 print 语句，直接进入下一轮循环
    #当数不是负数时，执行以下代码
    print(f"找到正数或零：{number}")
```

运行结果为：

```
找到正数或零：0
找到正数或零：5
找到正数或零：10
```

3.4　程序控制结构在 turtle 中的应用

在 turtle 中，程序控制结构被广泛应用于绘制各种复杂的图形和动画。

【例 3-27】用 for 循环绘制一个正方形。

```
import turtle
#初始化 turtle 屏幕
```

```
window = turtle.Screen()
window.title("Turtle Graphics without Functions")
#创建 turtle 画笔
my_turtle = turtle.Turtle()
#设置画笔属性
my_turtle.pensize(3)
my_turtle.pencolor("blue")
#绘制正方形的逻辑直接嵌入主程序中
for i in range(4):
    my_turtle.forward(100)  #每条边长为 100 像素
    my_turtle.right(90)     #每次转向 90°
#结束绘制，等待用户关闭窗口
turtle.done()
```

【例 3-28】用 for 循环绘制一个逐渐扩大的螺旋图案。

```
from turtle import *
for i in range(500):#this "for" loop will repeat these functions 500 times
    speed(50)
    forward(i)
    left(91)
mainloop()
```

【例 3-29】根据用户输入的边数来决定绘制图形的形状。

```
import turtle
window = turtle.Screen()
brad = turtle.Turtle()
#请求用户输入
shape_sides = int(input("请输入边数（3 为三角形，4 为正方形，5 为五边形）："))
#根据用户输入使用选择结构
if shape_sides == 3:
    color = "red"
    shape_name = "三角形"
elif shape_sides == 4:
    color = "blue"
    shape_name = "正方形"
elif shape_sides == 5:
    color = "green"
    shape_name = "五边形"
#绘制形状
if shape_sides > 0:
    brad.color(color)
    angle = 360 / shape_sides
    for _ in range(shape_sides):
        brad.forward(100)
        brad.right(angle)
```

```
print(f"已经绘制了一个{shape_name}。")
#结束 turtle 绘图
turtle.done()
```

3.5　小结

本章主要介绍了程序的三种控制结构，即顺序结构、选择结构和循环结构；通过学习，针对不同的问题采用不同的结构进行程序编写；对三种结构都用相关案例进行讲解，并将控制结构与 turtle 结合。

习题 3

一、选择题

1．在 Python 的 while 循环中，（　　）描述了 break 语句的作用。

A．跳过当前循环迭代的剩余部分，继续下一次迭代

B．立即终止循环，并从循环体后的下一条语句继续执行

C．无条件地结束整个程序的执行

D．用于初始化循环变量

2．在 Python 中，关于 if...elif...else 结构，以下描述中正确的是（　　）。

A．一个 if 语句后面只能跟一个 elif 语句

B．elif 子句可以有任意数量，根据条件依次检查

C．else 子句是必需的，每个 if 语句都必须有对应的 else

D．if 和 elif 后面的条件不需要用括号括起来，直接跟冒号

3．（　　）可以正确实现“如果 x 是正数，则打印'Positive'”的逻辑。

A．if x > 0 print("Positive")　　B．if x > 0: print("Positive")

C．if x >= 0 print("Positive")　　D．if x < 0: print("Positive")

4．（　　）关键字用于在 Python 的条件语句中表示“否则如果”。

A．else if　　B．elif　　C．else:　　D．otherwise

5．在 Python 中，用于实现条件判断的基本结构是（　　）。

A．for 循环　　B．if 语句　　C．while 循环　　D．switch 语句

6．关于嵌套的 if 语句，以下描述中正确的是（　　）。

A．外层 if 条件无论是真还是假，内层 if 都会被检查

B．内层 if 条件的真假与外层无关，独立判断

C．嵌套的层数有限制，最多只能嵌套 3 层

D．每个 else 总是与它上面最近的未配对的 if 相匹配

7．在 Python 中，（　　）关键字在条件语句中表示“否则”。

A．else　　B．elif　　C．then　　D．otherwise

8. 在 Python 中，关于 if 语句的嵌套，以下描述中正确的是（　　）。
   A. 嵌套的 if 语句内部不能包含另一个 if 语句
   B. 每层 if 语句的条件判断是相互独立的
   C. 一个 if 语句内部只能嵌套一层 if 语句
   D. 嵌套的层数没有限制，但过多嵌套会降低代码可读性
9. 运行代码将输出（　　）。

```
x = 10
if x > 5:
    if x % 2 == 0:
        print("x是大于5的偶数")
    else:
        print("x是大于5的奇数")
```

   A. x是大于5的偶数　　B. x是大于5的奇数
   C. 无输出　　D. 代码存在语法错误
10. 在设计复杂的逻辑判断时，过度使用 if 嵌套可能出现的结果是（　　）。
   A. 提高代码的可读性和维护性　　B. 降低代码的执行效率
   C. 使代码难以理解和调试　　D. 限制了程序的功能性
11. 阅读以下代码并选择正确的输出结果（　　）。

```
score = 85
if score >= 90:
    grade = 'A'
elif score >= 80:
    grade = 'B'
elif score >= 70:
    grade = 'C'
else:
    grade = 'D'
print(grade)
```

   A. A　　B. B　　C. C　　D. D

二、判断题

1. for i in range(1, 20, 5)，循环次数为4。
2. 如果仅用于控制循环次数，则使用 for i in range(20)和 for i in range(20, 40)的作用是等价的。
3. for i in range(5)：循环体中 i 的循环终值是4。
4. 在 Python 中，if 判断语句后，可以没有 elif 和 else。
5. 在 Python 中，选择结构的嵌套是指在一个 if 语句或 elif 语句内部再包含一个或多个 if 语句，形成层次结构。
6. 在嵌套的 if...else 结构中，一个 else 块总是与它最近的未配对的 if 语句关联。
7. 在 Python 中，while 循环的条件必须是一个布尔表达式，只有当该表达式为 True 时，循环体内的代码才会被执行。

8．Python 中的 while True：创建了一个无限循环，除非循环内部有 break 语句来终止它。

三、编程题

1．编写一段 Python 代码，要求用户先输入两个整数，然后计算并输出这两个整数的和、差、积和商（除数不为 0 的情况）。如果除数为 0，则提示用户不能进行除法运算。

2．编写一段 Python 代码，实现一个简单的顺序结构（如循环或条件判断），计算并输出 1～100 的所有整数之和。

第 4 章　函数和模块

视频分析

4.1　函数的基本概念

函数是程序中执行特定任务的一组语句，是可重复使用的程序段。函数是模块化程序设计的基本单位，使用函数具有以下优点。

（1）代码重用：把代码中执行相同操作的部分定义成函数，在需要时进行函数调用，避免在程序中多次编写相同的代码，提高代码的效率和可维护性。

（2）模块化：通过将功能分解为小的、独立的函数，可以提高代码的模块化程度，使得程序结构更加清晰，易于理解和管理。

（3）提高可读性：函数命名能表达其功能，阅读代码的人能够更快地理解代码的目的，而不必深入细节。

（4）易于维护和调试：当功能封装在函数中时，某个具体功能的修改只需改动相关函数，不会影响到程序的其他部分，降低了维护成本。

Python 有常用的内置函数，如 abs()、eval()等，也有 Python 标准库函数，如 math 库中的 sqrt()等，这些函数可以直接调用，也可根据实际需求创建用户自定义函数。

定义函数时，需要注意函数的三个要素：输入、输出和处理。

4.1.1　函数的定义

定义函数的一般形式：

```
def 函数名([参数列表]):
    函数体
```

说明：第一行称为函数头，标志着定义函数的开始。函数头以关键字 def 开始，函数名遵守 Python 的标识符命名规范，做到见名知义。圆括号内的参数称为形式参数（简称形参），若有多个参数则用逗号隔开。圆括号后面要有冒号，且函数体由语句块组成，所有语句要具有相同缩进。函数的输入体现在参数表中，输出则体现在返回值中。但并不是所有的函数都有返回值，有的函数只完成相应的动作而没有返回值。

【例 4-1】定义函数 print_star()，输入整数 m 和 n 为函数的形参，打印输出 m 行 n 列的*。

```
#定义函数 print_star
def print_star(m, n):
    for i in range(m):
        print('*' * n)
```

【例 4-2】定义函数 reverse()，输入正整数 n 为函数的形参，逆序输出该整数各位数字。

```
#定义函数 reverse
def reverse(n):
    while n != 0:
        print(n % 10, end='')
        n //= 10
```

4.1.2　函数的调用

如果要执行一个函数，则必须调用它。调用函数时，函数名后面提供的值或变量称为实际参数（简称实参）。调用函数的一般形式：

```
函数名(实参表)
```

调用函数时，如果该函数有参数，则首先发生参数传递，参数值由实参传给形参，而后解释器跳转到该函数，并执行对应语句块中的语句。当语句块结束时，解释器跳回到当初调用该函数的位置，并在该处恢复执行。

【例 4-3】对【例 4-1】进行函数调用。

```
def print_star(m, n):
    for i in range(m):
        print('*' * n)
print_star(3,2)
```

运行结果为：

```
**
**
**
```

【例 4-4】对【例 4-2】进行函数调用。

```
def reverse(n):
    while n != 0:
        print(n % 10, end='')
        n //= 10
reverse (102030405)
```

运行结果为：

```
504030201
```

【例 4-5】定义函数 print_message()，打印两行信息：I am from China!和 Welcome to Beijing!

```
#定义函数 print_message()
def print_message():
     print("I am from China!")
     print("Welcome to Python!")
#调用函数 print_message
print_message()
```

运行结果为：

```
I am from China!
Welcome to Python!
```

【例 4-6】定义一个函数来显示一道思政选择题，并让用户输入答案，最后判断用户回答是否正确。

```
def question():
    #显示一道思政选择题并判断用户答案是否正确。
    question = "中国特色社会主义进入新时代，我国社会主要矛盾已经转化为：\n" \
              "A. 人民日益增长的物质文化需要同落后的社会生产之间的矛盾。\n" \
              "B. 人民日益增长的美好生活需要和不平衡不充分发展之间的矛盾。\n" \
               "请输入您的答案(A/B): "
    correct_answer = 'B'
    user_answer = input(question).strip().upper()
    if user_answer == correct_answer:
        print("恭喜您，回答正确！")
    else:
        print("很遗憾，回答错误。正确答案是：", correct_answer)
#调用函数展示题目
question()
```

4.2　参数传递

函数的参数表体现了函数的输入数据类型、个数和顺序。调用函数时，可使用的参数类型有位置参数、关键字参数、默认参数和不定长参数。

4.2.1　位置参数

位置参数也称必须参数，它指参数必须以正确的顺序传入函数，调用时参数的数量必须和声明时参数的数量一致。如果不一致，则执行时会出错。例如：

```
def print_me( str ):
    print (str)
#调用 print_me()函数，不加参数会报错
print_me()
```

运行结果为：

```
Traceback (most recent call last):
  File "C:\programming\Python\test.py", line 6, in <module>
print_me()
TypeError: print_me() missing 1 required positional argument: 'str'
```

4.2.2　关键字参数

关键字参数是指在函数调用时通过“参数名 = 参数值”的方式完成参数传递。使用关键字参数允许在函数调用时参数的顺序与函数的声明时不一致，Python 解释器根据参数名来匹配参数值。

【例 4-7】定义函数 print_info()，该函数有两个形参：name 和 age，函数输出相关信息。

```
def print_info( name, age ):
    print ("名字: ", name)
```

```
    print ("年龄: ", age)
print_info( age=18, name="Python" )
```

以上实例在函数 print_info()调用时使用参数名且参数顺序与声明时不一致，但需要注意的是，位置参数只能出现在关键字参数之前，不管是在形参还是在实参中。

运行结果为：

```
名字：Python
年龄：18
```

4.2.3　默认参数

为了简化函数的调用，Python 提供了默认参数机制。调用函数时，如果没有传递参数，则会使用默认参数。

【例 4-8】编写一个函数 print_info()，该函数有两个形参：name 和 age，其中 age 参数有默认值 35。函数打印出传入的名字和年龄。

```
def print_info( name, age = 35 ):
    print ("名字: ", name)
    print ("年龄: ", age)
#调用 print_info()函数
print_info( age=50, name="lsy" )
print ("------------------------")
print_info( name="lsy" )
```

在调用函数 print_info()时，默认参数 age 省略不写。运行结果为：

```
名字：lsy
年龄：50
------------------------
名字：lsy
年龄：35
```

在定义函数时，通常将参数值变化小的设置为默认参数。在函数初始化过程中，如果函数有默认参数，则每次调用函数时，默认参数指向的对象是相同的，因此它们的值也是相同的。默认参数一般是不可变对象。如果为可变对象，则在多次调用函数时，默认参数都指向同一对象。在函数内如果改变了默认参数的值，则会在下一次调用时使用上一次默认参数的结果。

4.2.4　不定长参数*

如果一个函数能处理比声明时更多的参数，那么这些参数就称为不定长参数。不定长参数在声明时不会命名。

不定长参数有两种导入形式：元组或字典。加了一个*号的参数会以元组的形式导入，存放所有未命名的参数。语法格式如下：

```
def 函数名([参数列表,] *不定长参数的声明 ):
    函数体
    return [表达式]
```

【例 4-9】函数 print_info()接收一个参数 arg1 及任意数量的可变参数 vartuple，分别输出必需参数和可变参数的值。

```
def print_info( arg1, *vartuple ):
    print ("输出: ")
    print (arg1)
    print (vartuple)
#调用 print_info()函数
print_info( 70, 60, 50 )
```

运行结果为：

```
输出:
70
(60,50)
```

如果函数调用时没有指定参数，则它就是一个空元组，也可以不向函数传递未命名的变量。

加了两个星号**的参数会以字典的形式导入。其语法格式如下：

```
def 函数名([参数列表,] **字典变量名 ):
    函数体
     return [表达式]
```

【例 4-10】函数 print_info()接受一个参数 arg1 及任意数量的关键字参数 vardict。分别输出必需参数和关键字参数值。

```
def print_info( arg1, **vardict ):
    print ("输出: ")
    print (arg1)
    print (vardict)
#调用 print_info()函数
print_info(1, a=2,b=3)
```

运行结果为：

```
输出:
1
{‘a’:2,’b’:3}
```

4.2.5　命名关键字参数

声明函数时，参数中的星号*可以单独出现，表示接收任意数量的位置参数。例如：

```
def f(a,b,*,c):
    return a+b+c
```

若单独出现星号，则*右侧参数必须用关键字传入。此时，这些参数也叫命名关键字参数。例如：

```
>>> def f(a,b,*,c):
...     return a+b+c
...
>>> f(1,2,3)   #报错
```

```
Traceback (most recent call last):
  File "<stdin>", line 1, in <module>
TypeError: f() takes 2 positional arguments but 3 were given
>>> f(1,2,c=3) #正常
6
>>>
```

Python 函数的几种参数可以任意组合，但必须按照顺序写，否则会报错，顺序为（位置参数，默认参数，可变参数，命名关键字参数，关键字参数）。

在 Python 3.8 中新增了一个函数形参语法/用来指明其左侧形参必须使用指定位置参数，不能使用关键字参数的形式。在以下的例子中，形参 a 和 b 必须使用指定位置参数，c 或 d 可以是位置形参或关键字形参，而 e 或 f 要求为关键字形参：

```
def f(a, b, /, c, d, *, e, f):
    print(a, b, c, d, e, f)
```

以下使用方法是正确的：

```
f(10, 20, 30, d=40, e=50, f=60)
```

以下使用方法是错误的：

```
f(10, b=20, c=30, d=40, e=50, f=60)    #b 不能使用关键字参数的形式
f(10, 20, 30, 40, 50, f=60)            #e 必须使用关键字参数的形式
```

4.3　返回值

编写一个有返回值的函数与编写其他函数的方式一样，但有返回值的函数必须用一个 return 语句将值返回到调用它的程序部分。return 语句有如下形式：

```
return 表达式
```

其中，表达式可以是任意值、变量或具有值的表达式。

【例 4-11】函数 is_odd(n)用来判断一个整数 n 是否为奇数。

```
def is_odd(n):
    return n % 2 != 0
print(is_odd(7))
```

运行结果为：

```
True
```

此外，在 Python 中，函数并不局限于只返回一个值，可以在 return 语句后使用逗号分隔的多个表达式。一般格式如下：

```
return expression1,expression2,…
```

【例 4-12】函数 get_name()不接收任何参数，提示用户输入他们的名字和姓氏，并返回这两个值。

```
def get_name():
    first=input("Enter your first name:")
    last=input("Enter your last name:")
    return first,last
```

```
first_name,last_name=get_name()
print('Your name:',first_name,last_name)
```

在赋值语句中调用该函数时，需要在赋值号左边使用两个变量。在 return 语句中列出的值，按照它们出现的顺序依次赋给赋值号左边的变量。需要注意的是，赋值号左边的变量个数必须与函数返回值的个数相同。

【例 4-13】函数 maximum()求出三个整数中的最大值并返回。

```
def maximum(a, b, c):
    maxi = a
    if maxi < b:
        maxi = b
    if maxi < c:
        maxi = c
    return maxi
x, y, z = map(int, input().split())
print(maximum(x, y, z))
```

运行结果为：

```
52 23 63
63
```

【例 4-14】对【例 3-14】进行修改，创建函数 is_prime()判断一个正整数是否为素数（返回布尔值即可）。

```
def is_prime(n):
    for i in range(2, int(n ** 0.5) + 1):
        if n % i == 0:
            return False
    return n != 1
```

【例 4-15】函数 gcd_lcm()用于求两个正整数的最大公约数和最小公倍数。

根据最大公约数和最小公倍数性质，两个正整数的最大公约数和最小公倍数的乘积等于这两个正整数的乘积。因此，函数定义代码可以写为：

```
def gcd_lcm(m, n):
    for i in range(m, 0, -1):
        if m % i == 0 and n % i == 0:
            gcd = i
            break
    return gcd, m * n // gcd
```

4.4　结构化程序设计

结构化程序设计由著名计算机科学家艾兹赫尔・韦伯・戴克斯特拉于 1969 年提出。此后，专家学者又对此进行了更广泛深入的研究，设计了 Pascal、C 等结构化程序设计语言。

结构化程序设计强调程序设计的风格和程序结构的规范化，提倡清晰的结构，其基本思路是将一个复杂问题的求解过程划分为若干阶段，每个阶段要处理的问题都易于理解和处理。它包含自顶向下的问题分析方法、模块化设计和结构化编码三个步骤。

4.4.1　自顶向下的问题分析方法

自顶向下的问题分析方法是指把大的复杂的问题分解为小问题后再解决。面对一个复杂的问题，首先进行上层整体分析，按组织或功能将问题分解成子问题，如果子问题仍然十分复杂，则做进一步分解，直到处理对象相对简单、容易解决为止。当所有子问题都得到了解决后，整个问题也就解决了。在这个过程中，每次的分解都是对上一层问题进行细化和逐步求精，最终形成一种类似树形的层次结构来描述分析的过程。

例如，开发一个学生成绩统计程序，输入一批学生的 5 门课程的成绩，要求输出每个学生的平均分和每门课程的平均分，找出平均分最高的学生。

按自顶向下、逐步细化的方法分析上述问题，按功能将其分解为 4 个子问题：成绩输入、数据计算、数据查找（查找最高分）和输出成绩，其中数据计算又分解为计算学生平均分和计算课程平均分两个子问题，其层次结构如图 4-1 所示。

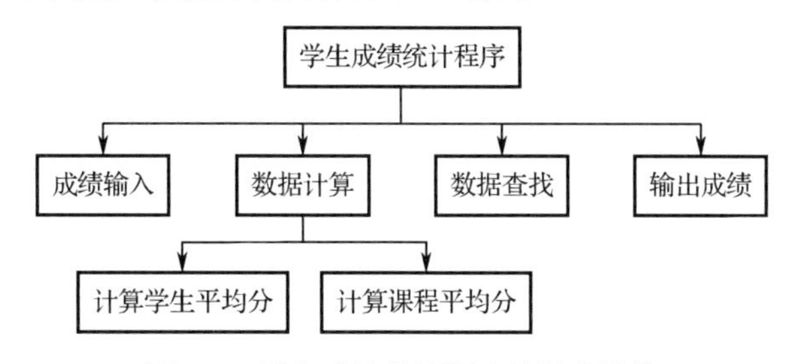

图 4-1　学生成绩统计程序的层次结构

按照自顶向下的方法分析问题，有助于后续的模块化设计与测试，以及系统的集成。

4.4.2　模块化设计

经过问题分析，设计好层次结构图后，就进入模块化设计阶段了。在这个阶段，需要把模块组织成良好的层次系统，顶层模块调用下层模块以实现程序的完整功能，每个下层模块再调用其下一层的模块，底层的模块完成最具体的功能。

设计模块化时要遵循模块独立性的原则，模块之间的联系应尽量简单。模块化设计使程序结构清晰，易于设计和理解；有利于大型软件的开发，程序员可以分工编写不同的模块。在 Python 中，这里的模块一般通过函数来实现，一个模块对应一个函数。函数中包含的语句一般不要超过 50 行。根据图 4-1，对学生成绩统计程序进行以下模块化设计。

【例 4-16】编写程序实现以下功能：定义一个 main()函数，该函数调用 input_stu()、calc_data()、highest()和 output_stu()4 个函数。input_stu()函数用于输入学生的数据；calc_data()函数用于调用 avr_stu()函数和 avr_cor()函数；highest()函数用于计算学生的最高分；output_stu()函数用于输出学生的数据；avr_stu()函数用于计算学生的平均分；avr_cor()函数用于计算课程的平均分。

```
def main():
  input_stu()
```

```
    calc_data()
    highest()
    output_stu()
def input_stu():
    pass
def calc_data():
    avr_stu()
    avr_cor()
def highest():
    pass
def output_stu():
    pass
def avr_stu():
    pass
def avr_cor():
    pass
main()
```

以上程序中的 pass 是空语句，其主要作用就是占据位置搭建代码框架，让代码整体完整，后续再实现具体代码。总共设计了 7 个函数，每个函数完成一项功能，代表一个模块。

4.4.3　结构化编码

结构化编码主要原则如下。

（1）经模块化设计后，每个模块都可以独立编码。编程时应选择顺序、选择和循环这三种控制结构。对于复杂问题则可以通过这三种控制结构的组合嵌套实现。

（2）在对变量、函数等命名时，要见名知义，有助于对变量含义或函数功能的理解。

（3）在程序中添加必要的注释，增加程序可读性。

（4）要有良好的程序视觉组织，利用好缩进格式，一行写一条语句。

（5）程序要清晰易懂，语句结构要简单直接。在效率要求不太高的场合，在不影响功能的前提下，做到结构清晰第一，效率第二。

（6）有良好交互性，尽量采取统一整齐的格式。

4.5　全局变量和局部变量

定义在函数内部的变量拥有局部作用域，定义在函数外的拥有全局作用域。

局部变量只能在其被声明的函数内部访问，而全局变量可以在整个程序范围内访问。局部变量不能被函数中出现在它之前的代码访问。全局变量可以被定义它之后的代码或者之前的函数中的代码访问。

【例 4-17】函数 sum()接收 arg1 和 arg2 两个参数，并返回它们的和。在函数内部，定义一个局部变量 total，用于存储参数的和，并打印该局部变量的值；在函数外部打印全局变量 total 的值。

```
total = 0 #这是一个全局变量
#可写函数说明
def sum( arg1, arg2 ): #返回两个参数的和."
    total = arg1 + arg2 #total在这里是局部变量.
    print ("函数内是局部变量 : ", total)
    return total
#调用sum函数
sum( 10, 20 )
print ("函数外是全局变量 : ", total)
```

运行结果为：

```
函数内是局部变量：30
函数外是全局变量：0
```

在内部作用域中修改外部作用域的变量时，要用到 global 和 nonlocal 关键字。global 关键字声明的是外部的全局变量，而 nonlocal 关键字声明的是外部的局部变量。

【例 4-18】定义 outer()和 inner()两个函数，在 outer()函数中定义了一个局部变量 num，并定义 inner()函数。在 inner()函数定义中使用 nonlocal 关键字声明 num；并将 num 的值修改为 100 后，将其值输出。接下来在函数 outer()中调用 inner()函数，并再次打印 num 的值。

```
def outer():
    num = 10
    def inner():
        nonlocal num #nonlocal关键字声明
        num = 100
        print(num)
    inner()
    print(num)
outer()
```

nonlocal 关键字使内部函数能够访问并修改外部函数的局部变量，而非创建一个新的局部变量。运行结果为：

```
100
100
```

再来看一个例子：

```
a = 10
def test():
    a = a + 1
    print(a)
test()
```

以上程序执行会报错。因为 test()函数中的 a 使用的是局部，未定义，无法修改。需要把 a 声明为全局变量或者用函数参数。

```
a = 10
def test():
    global a
    a = a + 1
    print(a)
test()
```

```
a = 10
def test(a):
    a = a + 1
    print(a)
test(a)
```

4.6 内置函数

内置函数是 Python 提供的可以直接使用的函数，一般使用频率比较频繁或者是元操作，如 print()和 input()等函数。截至 Python 3.6.2，一共提供了 68 个内置函数。表 4-1 对这 68 个内置函数做了简单的分类。

表 4-1 内置函数一览表

数字相关函数				
bool()	int()	float()	complex()	
bin()	otc()	hex()	max()	min()
abs()	divmode()	round()	pow()	sum()
数据结构相关函数				
list()	tuple()	reversed()	slice()	str()
format()	bytes()	ord()	chr()	ascii()
repr()	dict()	set()	frozenset()	len()
sorted()	enumerate()	all()	any()	zip()
filter()	map()	bytearray()		
面向对象相关函数				
object()	classmethod()	staticmethod()	isinstance()	issubclass()
property()	setattr()	getattr()	hasattr()	delattr()
super()	vars()	type()		
作用域相关函数				
locals()	globals()			
迭代器/生成器相关函数				
range()	next()	iter()		
字符串类型代码执行函数				
eval()	exec()	compile()		
输入输出				
input()	print()			
内存相关函数				
hash()	id()			
其他函数				
open()	__import__()	help()	callable()	dir()
memoryview()				

4.7　模块

模块是一个包含函数定义和语句的文件，通常以.py 作为文件扩展名。把计算任务分享成不同模块的程序设计方法称为模块化编程。使用模块可以将复杂任务分解为若干个子任务，并实现代码的重用功能。模块共有三种：标准库、第三方模块和自定义模块。

4.7.1　导入模块和函数

使用模块的方式是通过 import 语句。例如，要使用 math 模块中的函数，写作 import math，之后就可以通过 math.函数名来调用该模块内的函数。这也是使用 Python 标准库的方法。具体语法格式如下：

```
import 模块 1[,模块 2[,...模块 N]]
```

当解释器遇到 import 语句时，如果之后的模块在当前的搜索路径中就会被导入。搜索路径是一个解释器会先进行搜索的所有目录的列表。如果想导入模块 support，则需要把命令放在脚本的顶端，

【例 4-19】编写一个 Python 程序，将文件命名为 using_sys.py。引入 Python 标准库中的 sys 模块，并打印出命令行参数及 Python 路径。

```
#文件名: using_sys.py
import sys
print('命令行参数如下:')
for i in sys.argv:
    print(i)
print('Python 路径为: ', sys.path, '\n')
```

用 import sys 引入 sys.py 模块；sys.argv 是一个包含命令行参数的列表。sys.path 是包含 Python 解释器自动查找所需模块的路径的列表，称为搜索路径。它由一系列目录名组成，也可通过定义环境变量的方式来确定搜索路径。搜索路径是在 Python 编译或安装时确定的，它被存储在 sys 模块的 path 变量中。如果第一项是空字符串则表示当前目录，即执行 Python 解释器的目录。

运行结果为：

```
$ python using_sys.py 参数 1 参数 2
```

命令行参数如下：

```
using_sys.py
```

Python 路径为：

```
 ['/root', '/usr/lib/python312',
'/usr/lib/python312/plat-x86_64- linux-gnu',
'/usr/lib/python312/lib-dynload',
 '/usr/local/lib/python312/dist-packages',
 '/usr/lib/python3/dist-packages']
```

4.7.2　指定别名

如果模块名字太长，则用 as 指定简短的别名。语法如下：

```
import 模块名 as 别名
```

例如：

```
import cat as c
c.eat('fish')
```

from 语句可以从模块中将指定部分导入到当前命名空间中。语法如下：

```
from 模块名 import 函数名 1[,函数名 2,…, 函数名 N]
```

上述声明只把模块中名为函数名 1 到函数名 N 的部分函数导入，在当前命名空间中可以直接使用导入的这部分函数。也可以使用星号(*)操作符，导入模块中的所有函数。语法如下：

```
from cat import *
eat('fish')
```

4.7.3　自定义模块

当自定义函数频繁被调用时，可以把这些自定义函数放到一个模块中。在下次使用该模块中的自定义函数时，直接导入模块就可以使用函数了。

导入自定义模块有以下三种方式。

1. 直接导入

这种导入方式的前提是，执行文件和自定义模块都放在同一个目录下。在执行文件中可直接调用自定义模块的函数。

2. 通过 sys 模块导入

如果执行文件和导入模块不在同一个目录下，则用直接导入方式找不到自定义模块。

在可执行文件中导入自定义模块的步骤如下。

（1）先导入 sys 模块。

（2）通过 sys.path.append(path)函数导入自定义模块所在目录。

（3）导入自定义模块。

执行文件代码如下：

```
import sys
#自定义模块 mymodule 在 mymodule 目录下，与执行文件不在同一目录下
sys.path.append("F:\programming\python\mymodule")
import mymodule
mymodule.print_message()
```

3. 通过 pth 文件导入

这种导入方式利用系统变量，Python 会通过扫描 path 变量的路径来导入模块，可以在系统 path 里添加，这里推荐使用 pth 文件添加。

先创建一个 mymodule.pth 文件，里面内容就是 mymodule 模块所在目录：

```
F:\programming\python\mymodule
```

将 mymodule.pth 文件放到 Python 安装目录\python\Lib\site-packages 目录下。此时，执行文件中就可以直接导入 mymodule，其写法与前面类似：

```
import mymodule
mymodule.print_message()
```

相同名字的函数和变量可以分别存在不同的模块中，因此，在定义自己的模块时，不必考虑名字会与其他模块冲突，但也要注意不要与内置函数名字冲突。

import 模块的查找模块顺序如下：

（1）先从当前目录下找。

（2）若在当前目录下找不到，则从 sys.path 的路径找。

（3）若在上述两个目录下都找不到，则报错。

每次 import（导入）时，都会开辟相应的内存空间存放被 import 的内容。一个模块可以在当前位置 import 多次，但只有第一次导入会执行内容，其他的都为引用内存。

【例 4-20】自定义一个模块 support.py，在另一个模块 test.py 中调用 support.py 相关函数。

```
#Filename: support.py
def print_func( par ):
    print ("Hello : ", par)
```

在 test.py 导入 support 模块，并使用 support 模块名称来访问模块中的函数。

```
#Filename: test.py
import support
#调用模块里包含的函数
support.print_func("lsy")
```

运行结果为：

```
Hello :lsy
```

不管执行多少次 import，一个模块只会被导入一次。这样可以防止导入模块被重复执行。如果经常使用一个函数，则可以赋给它一个本地的名称，即对导入的函数重新命令：

```
print_f = support.print_func
print_f("lsy")
```

4.7.4　常用模块介绍

Python 除了提供关键字和内置函数，更多的功能是通过模块来提供的。常用模块如表 4-2 所示。

表 4-2　常用模块

序号	模块名	描述
1	os	对操作系统进行处理，包括文件目录操作，文件操作的时间及系统环境变量的存取
2	glob	提供一个函数用于从目录通配符搜索中生成文件列表
3	sys	有关 python 运行环境的变量和函数
4	time	提供与时间相关的函数

续表

序号	模块名	描述
5	datetime	重新封装了 time 模块，提供更多接口
6	re	为高级字符串处理提供了正则表达式工具
7	math	为浮点运算提供了对底层 C 函数库的访问
8	random	用来获得随机数
9	json 和 pickle	专门处理 json 格式的模块
10	ElementTree	Python 的 XML 处理模块，它提供了一个轻量级的对象模型。在 Python 2.5 以后成为 Python 标准库的一部分
11	hashlib	提供字符加密功能，将 md5 和 sha 模块整合到一起，支持 md5、sha1、sha224、sha256、ha384、sha512 等算法
12	urllib.request	用于处理从 urls 接收的数据
13	smtplib	用于发送电子邮件
14	zlib，gzip，bz2，zipfile，以及 tarfile	数据压缩
15	logging	内置的标准模块，主要用于输出运行日志，可以设置输出日志的等级、日志保存路径、日志文件回滚等
16	subprocess	Python 2.4 中新增的一个模块，它允许用户生成新的进程，连接到它们的 input/output/error 管道，并获取它们的返回码
17	configparser	用来解析配置文件的模块，并且内置方法和字典非常接近
18	shutil	对 os 中文件操作的补充，高级的文件、文件夹、压缩包处理模块
19	paramiko	用于做远程控制的模块，使用该模块可以对远程服务器进行命令或文件操作
20	doctest 和 unittest	doctest 模块提供了扫描模块并根据程序中内嵌的文档字符串执行测试的工具。unittest 模块较难使用，但它可以在一个独立的文件里提供一个更全面的测试集
21	timeit	了解解决同一问题的不同方法之间的性能差异

Python 标准库中的 math 模块包含许多用于数学运算的有用函数。下面重点介绍 math 模块。表 4-3 列出了 math 模块中的一些函数。这些函数除了 ceil()、floor()和 gcd()等函数返回整数，其他大部分函数返回一个浮点数。

表 4-3 math 模块中的一些函数

序号	函数	说明
1	ceil(x)	返回大于或等于 x 的最小整数
2	floor(x)	返回小于或等于 x 的最大整数
3	cos(x)	返回 x 的余弦，x 必须是弧度
4	sin(x)	返回 x 的正弦，x 必须是弧度
5	tan(x)	返回 x 的正切，x 必须是弧度
6	acos(x)	返回 x 的反余弦（弧度）
7	asin(x)	返回 x 的反正弦（弧度）
8	atan(x)	返回 x 的反正切（弧度）

续表

序号	函数	说明
9	degrees(x)	把 x 从弧度转换为角度
10	radians(x)	把 x 从角度转换为弧度
11	exp(x)	返回 e 的 x 次方
12	pow(x,y)	返回 x 的 y 次方
13	log(x)	返回 x 的以 e 为底的自然对数
14	log10(x)	返回 x 的以 10 为底的自然对数
15	sqrt(x)	返回 x 的平方根
16	fabs(x)	返回 x 的绝对值
17	gcd(x,y)	返回 x 和 y 的最大公约数

此外，math 模块还定义 pi 和 e 两个变量，它们被赋值为数学常量 π 和 e。下面举例说明模块函数和常量的使用。

【例 4-21】使用 math 模块编写程序，提示用户输入球的半径，计算球的体积，并将结果保留两位小数进行打印。

```
import math
def main():
   radius=float(input("Enter the radius of a ball:"))
   volume=4/3*math.pi*math.pow(radius,3)
   print("The volume of the ball is {:.2f}".format(volume))
main()
```

运行结果为：

```
Enter the radius of a ball: 5
The volume of the ball is 523.60
```

【例 4-22】已知三角形三边长，求三角形的面积。输入三角形三边长，求该三角形面积。

```
import math
def area(a, b, c):
#判断输入的三条边能否组成三角形。
    if a > 0 and b > 0 and c > 0 and a + b > c and b + c > a and c + a > b:
        l = (a + b + c) / 2
        return math.sqrt(l * (l - a) * (l - b) * (l - c))
    else:
        return -1
x, y, z = map(float, input().split())
print(area(x, y, z))
```

Python 还有许多的第三方模块，读者可自行查阅详细资料。

4.8　递归

一个函数如果直接或间接地调用了函数本身，则称该函数为递归函数。递归函数分为直接递归函数和间接递归函数。递归在算法中非常重要，在数据结构中，排序算法、排列组合、链表、树和图的许多操作都需要用递归来完成。递归函数的效率一般不高，但代码逻辑比较清晰。

对于递归函数需要注意以下两个问题。

（1）递归出口：决定递归何时终止，避免出现无限递归导致的程序错误。因为每调用一次函数，就要开辟一块内存用以保持现场（局部变量的值），无限递归会消耗过量内存从而引起程序异常。

（2）递推关系：指明较大规模的原问题和较小规模的子问题之间的递推关系。它体现了把一个较大规模的问题降低到较小规模的同一问题从而解决问题的分治思想。

在写递归函数时，要保证递归出口的判断语句最先被执行，并确保递归出口条件有可能达到。有时，递推关系并不是那么明显，分析出较大规模的原问题与较小规模的子问题之间的递推关系，是递归函数的关键所在。

4.8.1 递归的两个过程

递归函数的运行包含两个过程：递-“去”的过程和归-“回”的过程。

【例 4-23】编写递归函数 recursive()，该函数接收一个整数参数 n。在函数中，首先打印 n 和"<===1===>"，然后如果 n 大于 0，则调用自身递归，传入参数 n-1。在递归结束后，再次打印 n 和"<===2===>"。

```
def recursive(n):
    print(n, "<===1====>")
    if n > 0:
        recursive(n - 1)
    print(n,"<===2====>")
recursive(5)
```

运行结果为：

```
5 <===1====>
4 <===1====>
3 <===1====>
2 <===1====>
1 <===1====>
0 <===1====>
0 <===2====>
1 <===2====>
2 <===2====>
3 <===2====>
4 <===2====>
5 <===2====>
```

上述递归函数的递归出口条件为 n<=0。递归函数执行时，首先是递“去”的过程。如果函数执行时没有满足递归出口条件，则会一直在函数内部带着更新的参数，调用函数自身。其次是归“回”的过程。当函数执行满足递归出口条件时，它会把该函数剩下的语句执行完

毕，然后返回到上层函数调用处。

递归函数每调用一次函数，都会单独开辟一份栈空间。递归函数的递去过程在不停地开辟栈空间，而归回过程在不停地释放栈空间。如果递归函数不能及时归回，则开辟的栈空间有可能溢出而导致程序运行出错。每层递归的数据都是独立不共享的。

4.8.2　编写递归函数

从递归的执行过程可以看出，在编写递归函数时，首先需要考虑递归的出口条件。在递去的过程中，递归函数会不断地改变参数的值并调用自身，直到参数的值符合递归出口条件为止，此时不再调用自身而直接返回。一般需要把递归出口条件判断的代码写在递归函数的最前面。其次，根据问题的内在逻辑，即较大规模的原问题和较小规模的子问题之间的递推关系，写出函数的递推关系代码。编写递归函数的难点在于发现大小问题之间的递推关系。

下面编写阶乘的递归函数代码。

【例 4-24】用递归函数实现正整数的阶乘。

分析：求 n!，要先求较小规模的(n-1)!，二者之间的递推关系为 n!=n*(n-1)!。随着问题规模逐渐减小，当 n 为 1 或者 0 时，为递归的出口条件，其阶乘为 1。

```
def fact(n):
    if n <= 1:
        return 1
    return n *fact(n - 1)
```

【例 4-25】用递归函数实现正整数的逆序输出。

分析：假设输入一个 4 位数的整数 4389，要将其逆序输出，要先打印个位数 9，然后再把剩下的数 438 逆序输出。这种递推关系可以把较大规模的原问题（4 位数的逆序输出）转变成了较小规模的同一子问题（3 位数的逆序输出）。当正整数的位数为 1 时，其逆序等于自身，此时直接返回输入整数即可。

```
def reverse(n):
    if n // 10 == 0:
        print(n)
    else:
        print(n % 10, end='')
        reverse(n//10)
```

思考：如果要让正整数顺序输出，该如何修改上述代码？

【例 4-26】输入一个十进制正整数，将其转化为二进制数输出。

分析：要把一个十进制正整数转化为相应的二进制数，在第 1 章中得知具体的笔算过程就是不停地用 2 去除该整数，把所得的商写在底下，所得的余数写在一旁。一直除到商为 0 为止，此时把右边的余数从底向上串联起来就是该整数所对应的二进制数。从这个计算过程可以这样思考：假设十进制数为 23，要将其转化为二进制数，其实就是把 11 转化为二进制数 1011，再加上 23 除 2 的余数 1，也就是 10111。要把一个给定的十进制正整数 n 转化为相应的二进制数，其实就是把 n//2 转化为二进制数，再在该二进制数后连上 n%2。这就把较大规模的原问题转变成了较小规模的同一子问题。当 n 除 2 的商为 0 时，直接返回 n。

```
def ten2(n):
    if n // 2 == 0:
        print(n, end='')
    else:
        ten2(n // 2)
        print(n % 2, end='')
```

思考：如果要把十进制数转化为八进制数或十六进制数，则该如何修改上述代码？

【例 4-27】汉诺塔问题源于印度古老传说的益智游戏。大梵天创造世界时做了三根金刚石柱子，在一根柱子上从下往上按照大小顺序摞着 64 片黄金圆盘。大梵天命令婆罗门把圆盘从下面开始按大小顺序重新摆放在另一根柱子上。并且规定，在小圆盘上不能放大圆盘，在三根柱子之间一次只能移动一个圆盘。

题目分析：我们可以把问题简化描述为 n 个圆盘和 3 根柱子（A、B、C）。起初，n 个圆盘都在 A 柱上，现在需要把圆盘一个一个地从 A 柱移到 C 柱。在移动过程中，可以使用 B 柱并保证小圆盘始终在大圆盘上面。

我们先从最简单的情况开始分析，然后再总结出一般规律。

（1）当 n=1 时，即此时 A 柱上只有 1 个圆盘，那么直接将其移动到 C 柱即可。移动过程就是 A--------->C。

（2）当 n=2 时，此时 A 柱上有 2 个圆盘，如图 4-2 所示，要把这 2 个圆盘移到 C 柱，需要借助 B 柱作为过渡。

首先，将 A 柱最上面的小圆盘 2 先移到 B 柱，如图 4-3 所示。

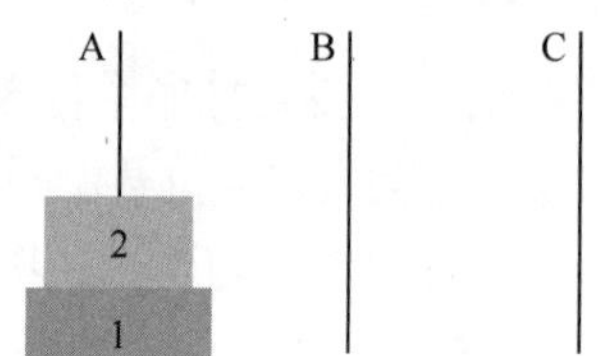

图 4-2　A 柱上有 2 个圆盘

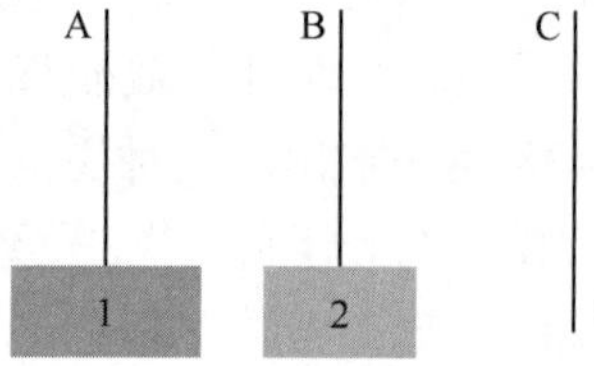

图 4-3　将 A 柱上的小圆盘 2 先移到 B 柱

然后，将 A 柱剩下的大圆盘 1 移到 C 柱，如图 4-4 所示。

最后，将 B 柱的小圆盘 2 移到 C 柱，如图 4-5 所示。

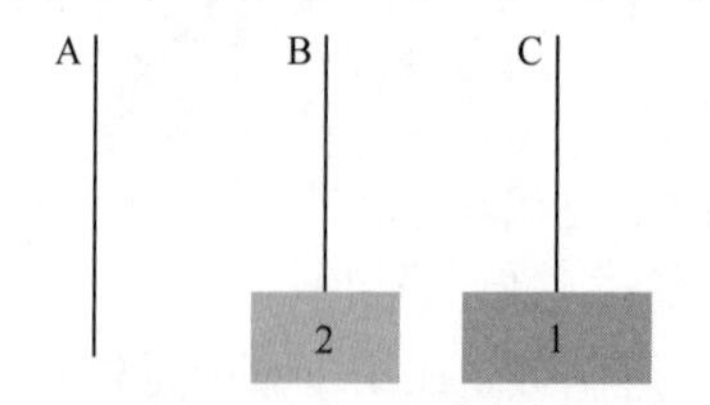

图 4-4　将 A 柱的大圆盘 1 移到 C 柱

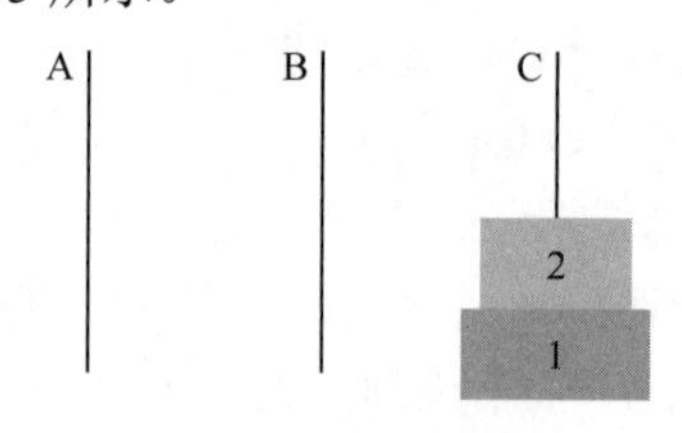

图 4-5　将 B 柱的小圆盘 2 移到 C 柱

完整的移动过程为：

A--------->B

A--------->C

B--------->C

（3）当 n=3 时，此时 A 柱有 3 个圆盘。根据 2 个圆盘的移动方法，先将 A 柱最上面的 2

个圆盘先移到 B 柱（通过 3 次移动实现），然后将 A 柱剩下的圆盘移到 C 柱，最后再将 B 柱的 2 个圆盘移到 C 柱即可。

在实现 3 个圆盘移动的基础上，可以移动 4 个圆盘。以此类推，只要会移动 n-1 个圆盘，即可实现移动 n 个圆盘。总结如下。

原问题：A 柱的 n 个圆盘，在 B 柱的帮助下，移到 C 柱。可以分为以下三个步骤。

（1）A 柱的 n-1 个圆盘，在 C 柱的帮助下，移到 B 柱。

（2）A 柱剩下的 1 个圆盘，直接移到 C 柱。

（3）B 柱的 n-1 个圆盘，在 A 柱的帮助下，移到 C 柱。

上述步骤把较大规模的原问题（n 个圆盘的移动），转变成了较小规模的同一子问题（n-1 个圆盘的移动）。该问题的递归出口即 n 为 1 时，1 个圆盘的移动问题。具体代码如下：

```
def hanoi(n, A, B, C):
    if n == 1:
        print(A + '--------->' + C)
    else:
        hanoi(n - 1, A, C, B)
        print(A + '--------->' + C)
        hanoi(n - 1, B, A, C)
```

当调用上述函数，给 n 赋值 3 时，运行结果为：

```
A--------->C
A--------->B
C--------->B
A--------->C
B--------->A
B--------->C
A--------->C
```

4.9　函数在 turtle 中的应用

本节介绍函数在 turtle 中的应用。先介绍定义普通图形绘制函数，以及自定义模块的使用。

【例 4-28】为一个 100 像素宽的正方形填充蓝色。

```
import turtle
turtle.fillcolor('blue')
turtle.begin_fill()
for count in range(4):
    turtle.forward(100)
    turtle.left(90)
turtle.end_fill()
```

如果要在屏幕上不同位置绘制多个蓝色正方形，则可以编写一个在指定位置绘制一个正方形的函数，通过在不同位置调用函数，可增加代码可重用性，减少代码量。

【例 4-29】在指定位置绘制并用指定颜色填充正方形的函数 square()具有以下参数：x 和

y 分别表示正方形左下角坐标(x,y)；width 表示以像素为单位的正方形边长；color 表示以字符串填充色名称。

```
import turtle
def square(x,y,width,color):
    turtle.penup()
    turtle.goto(x,y)
    turtle.fillcolor(color)
    turtle.pendown()
    turtle.begin_fill()
    for count in range(4):
        turtle.forward(width)
        turtle.left(90)
    turtle.end_fill()
def main():
    turtle.hideturtle()
    square(100,0,50,'red')
    square(-150,-100,200,'blue')
    square(-200,150,75,'green')
main()
```

在 main()函数中，调用了 square()函数三次，在不同位置绘制了 3 个位置、大小、颜色各异的正方形。

【例 4-30】创建函数 circle()完成圆的绘制。该函数具有以下参数：x 和 y 表示圆心坐标(x,y)；radius 表示以像素为单位的圆半径；color 表示以字符串填充色名称。

```
import turtle
def circle(x,y,radius,color):
    turtle.penup()
    turtle.goto(x,y-radius)
    turtle.fillcolor(color)
    turtle.pendown()
    turtle.begin_fill()
    turtle.circle(radius)
    turtle.end_fill()
def main():
    turtle.hideturtle()
    circle(0,0,100,'red')
    circle(-150,-75,50,'blue')
    circle(-200,150,75,'green')
main()
```

【例 4-31】创建 line()函数完成线段的绘制。该函数具有以下参数：startX 和 startY 表示线段起点坐标(startX,startY)；endX 和 endY 表示线段终点坐标(endX,endY)；color 表示以字符串填充色名称。

```
import turtle
```

```
def main():
    turtle.hideturtle()
    line(0,100,-100,-100,'red')
    line(0,100,100,-100,'blue')
    line(-100,-100,100,-100,'green')
def line(startX,startY,endX,endY,color):
    turtle.penup()
    turtle.goto(startX,startY)
    turtle.pendown()
    turtle.pencolor(color)
    turtle.goto(endX,endY)
main()
```

【例 4-32】把【例 4-29】、【例 4-30】和【例 4-31】中定义的 square()、circle()和 line()函数放在 my_graphics.py 模块中，并在另一个模块中进行调用。

```
#Filename: my_graphics.py
import turtle
def square(x,y,width,color):
    turtle.penup()
    turtle.goto(x,y)
    turtle.fillcolor(color)
    turtle.pendown()
    turtle.begin_fill()
    for count in range(4):
        turtle.forward(width)
        turtle.left(90)
    turtle.end_fill()

def circle(x,y,radius,color):
    turtle.penup()
    turtle.goto(x,y-radius)
    turtle.fillcolor(color)
    turtle.pendown()
    turtle.begin_fill()
    turtle.circle(radius)
    turtle.end_fill()

def line(startX,startY,endX,endY,color):
    turtle.penup()
    turtle.goto(startX,startY)
    turtle.pendown()
    turtle.pencolor(color)
    turtle.goto(endX,endY)
```

在 graphics_mod_demo.py 文件中调用 my_graphics 模块及相关函数。

```
import turtle
import my_graphics
def main():
    turtle.hideturtle()
    my_graphics.square(-100,-100,200,'gray')

    my_graphics.circle(0,100,50,'blue')
    my_graphics.circle(-100,-100,50,'red')
    my_graphics.circle(100,-100,50,'green')

    my_graphics.line(0,100,-100,-100,'black')
    my_graphics.line(0,100,100,-100,'black')
    my_graphics.line(-100,-100,100,-100,'black')
main()
```

下面是用 turtle 实现汉诺塔的图形化演示例子。

（1）画一个屏幕界面，并用到 turtle 的 Turtle 和 Screen 类。

```
from turtle import Turtle, Screen
screen = Screen()
screen.mainloop()
```

加上 screen.mainloop()是要让屏幕界面一直显示不会消失。定义几个全局变量，用来设置圆盘个数，最左边柱子的水平位置和柱子之间的间隔。

```
from turtle import Turtle, Screen
plate_num = 4   #圆盘个数
pillar_pos = -200    #最左边柱子的水平位置
pillar_span = 200    #柱子之间的间隔
screen = Screen()
screen.mainloop()
```

（2）定义函数 create_pillar(n, pos)，用来创建柱子，参数 n 表示柱子上可以放置的圆盘个数，pos 表示柱子的水平 x 坐标。

```
def create_pillar(n, pos):
    pillar = Turtle(shape='square', visible=False)
pillar.penup()
pillar.shapesize(n * 1.25, 0.75, 1)
pillar.sety(12.5 * n)
pillar.x = pos
pillar.plist = []        #每根柱子有一个列表实现的栈，用来存取圆盘
pillar.setx(pillar.x)
pillar.showturtle()
    return pillar
```

在执行程序中调用三次 create_pillar()，在界面上画出三根柱子。

```
plate_num = 4  #圆盘个数
pillar_pos = -200  #最左边柱子的水平位置
```

```
    pillar_span = 200  #柱子之间的间隔
    screen = Screen()
    p1 = create_pillar(plate_num, pillar_pos)
    p2 = create_pillar(plate_num, pillar_pos + pillar_span)
    p3 = create_pillar(plate_num, pillar_pos + 2 * pillar_span)
    screen.mainloop()
```

（3）定义函数 create_plate(n)，用来创建圆盘，参数 n 表示第 n 个圆盘，n 越大，圆盘宽度越大。

```
    def create_plate(n):
        plate = Turtle(shape='square', visible=False)
    plate.penup()
    plate.sety(300)
    plate.shapesize(1, 1.5 * n, 2)  #表示垂直方向缩放为 1，水平方向缩放为 1.5*n，外轮廓宽
度为 2
    plate.fillcolor(1, 1, 1)
    plate.showturtle()
        return plate
```

（4）定义函数 push_plate(pillar,plate)把圆盘 plate 放到柱子 pillar 上，也就是把圆盘 plate 存放到柱子定义的栈中。

```
    def push_plate(pillar, plate):
    plate.setx(pillar.x)
    plate.sety(10 + len(pillar.plist) * 25)
    pillar.plist.append(plate)  #把圆盘存放到柱子里定义的栈中
```

定义函数 pop_plate(pillar)把柱子 pillar 最上面的圆盘取出。

```
    def pop_plate(pillar):
        plate = pillar.plist.pop()
    plate.sety(300)
        return plate
```

在执行程序中，用循环执行 plate_num 次，创建 plate_num 个圆盘并放到 p1 柱子上。

```
    plate_num = 4  #圆盘个数
    pillar_pos = -200  #最左边柱子的水平位置
    pillar_span = 200  #柱子之间的间隔
    screen = Screen()
    p1 = create_pillar(plate_num, pillar_pos)
    p2 = create_pillar(plate_num, pillar_pos + pillar_span)
    p3 = create_pillar(plate_num, pillar_pos + 2 * pillar_span)
    for i in range(plate_num):
    push_plate(p1, create_plate(plate_num - i))
    screen.mainloop()
```

（5）定义函数 move_plate(from_pillar,to_pillar)，实现从柱子 from_pillar 移动最上面的圆盘到柱子 to_pillar 上：

```
    def move_plate(from_pillar, to_pillar):
```

```
        plate = pop_plate(from_pillar)
    push_plate(to_pillar, plate)
```

定义函数 hanoi(n,pillar1,pillar2,pillar3)，把柱子 pillar1 上的 n 个圆盘，在柱子 pillar2 的帮助下移到柱子 pillar3 上：

```
def hanoi(n, pillar1, pillar2, pillar3):
    if n == 1:
move_plate(pillar1, pillar3)
    else:
hanoi(n - 1, pillar1, pillar3, pillar2)
move_plate(pillar1, pillar3)
hanoi(n - 1, pillar2, pillar1, pillar3)
```

完整的代码如下所示：

```
from turtle import Turtle, Screen
def create_plate(n):
    plate = Turtle(shape='square', visible=False)
    plate.penup()
    plate.sety(300)
    plate.shapesize(1, 1.5 * n, 2)  #表示垂直方向缩放为 1，水平方向缩放为 1.5*n，外轮
廓宽度为 2
    plate.fillcolor(1, 1, 1)
    plate.showturtle()
    return plate
def create_pillar(n, pos):
    pillar = Turtle(shape='square', visible=False)
    pillar.penup()
    pillar.shapesize(n * 1.25, 0.75, 1)
    pillar.sety(12.5 * n)
    pillar.x = pos
    pillar.plist = []  #每根柱子有一个列表实现的栈，用来存取圆盘
    pillar.setx(pillar.x)
    pillar.showturtle()
    return pillar
def push_plate(pillar, plate):
    plate.setx(pillar.x)
    plate.sety(10 + len(pillar.plist) * 25)
    pillar.plist.append(plate)  #把圆盘存放到柱子里定义的栈中
def pop_plate(pillar):
    plate = pillar.plist.pop()
    plate.sety(300)
    return plate
def move_plate(from_pillar, to_pillar):
    plate = pop_plate(from_pillar)
    push_plate(to_pillar, plate)
```

```
def hanoi(n, pillar1, pillar2, pillar3):
    if n == 1:
        move_plate(pillar1, pillar3)
    else:
        hanoi(n - 1, pillar1, pillar3, pillar2)
        move_plate(pillar1, pillar3)
        hanoi(n - 1, pillar2, pillar1, pillar3)

plate_num = 4  #圆盘个数
pillar_pos = -200  #最左边柱子的水平位置
pillar_span = 200  #柱子之间的间隔
screen = Screen()
p1 = create_pillar(plate_num, pillar_pos)
p2 = create_pillar(plate_num, pillar_pos + pillar_span)
p3 = create_pillar(plate_num, pillar_pos + 2 * pillar_span)
for i in range(plate_num):
    push_plate(p1, create_plate(plate_num - i))
hanoi(plate_num, p1, p2, p3)
screen.mainloop()
```

4.10　小结

在大型项目中，很多代码段需要重复使用。函数是抽象代码的重要技术之一，可以避免代码冗余，易于维护。本章首先讲述了函数的定义和调用等基本概念；然后详细介绍了函数的参数传递和返回值，通过学生成绩统计程序的例子介绍了结构化程序设计的思想，还介绍了全局变量和局部变量的概念、内置函数和模块的使用，以及如何定义递归函数；最后用汉诺塔的例子介绍了在 turtle 中如何使用函数。

习题 4

一、选择题

1．在程序中用于执行特定任务的一组语句是（　　）。

A．语句块　　B．参数　　C．函数　　D．表达式

2．函数定义的第一行称为（　　）。

A．函数体　　B．介绍　　C．初始化　　D．函数头

3．（　　）是在函数内部创建的变量。

A．全局变量　　B．局部变量

C．隐藏变量　　D．以上都不是，在函数内部不能创建变量

4．（　　）是变量可被访问的程序部分。

A．声明空间　　B．可见区域　　C．作用域　　D．模式

5．（　　）是传递到函数内部的数据。

A．实参　　B．形参　　C．头部　　D．报文

6．（　　）是在函数调用时用来接收数据的特殊变量。

A．实参　　B．形参　　C．头部　　D．报文

7．对程序中所有函数可见的变量是（　　）。

A．局部变量　　B．通用变量　　C．程序内变量　　D．全局变量

8．应当尽量避免在程序中使用（　　）变量。

A．局部　　B．全局　　C．引用　　D．参数

9．若函数定义为 def greet(username):，则对该函数的调用不合法的是（　　）。

A．greet("Jucy")　　B．greet('Jucy')

C．greet()　　D．greet(username='Jucy')

10．下面程序段的输出是（　　）。

```
 a = 1
def fun(a):
    a = 2 + a
    print(a)
fun(a)
print(a)
```

A．3
1　　B．4
1　　C．3
3　　D．1
2

11．（　　）是指预先编写的内置于编程语言中的函数。

A．内置函数　　B．库函数　　C．定制函数　　D．自助函数

12．下面（　　）函数是数学模块中的函数。

A．derivative　　B．factor　　C．sqrt　　D．differentiate

13．（　　）语句使得函数终止并向调用它的程序返回一个值。

A．end　　B．send　　C．exit　　D．return

14．不是内置函数的是（　　）。

A．dir　　B．__doc__　　C．print　　D．range

15．执行下列语句后的显示结果是（　　）。

```
>>>from math import sqrt
>>>print(sqrt(3)*sqrt(3) == 3)
```

A．3　　B．True

C．False　　D．sqrt(3)*sqrt(3) == 3

16．若定义 def power(x,n=2)，则下列调用中不正确的是（　　）。

A．power(6)　　B．power(6,2)　　C．power(6,3)　　D．power

17．（　　）函数返回 True 或 False。

A．Binary　　B．true-false　　C．Boolean　　D．logical

18．对程序中所有函数可见的变量是（　　）。

A．局部变量　　B．通用变量　　C．程序内变量　　D．全局变量

19．递归函数 f(n)=f(n−1)+n(n>1)的递归出口是（　　）。

A．f(1)=0　　B．f(1)=1　　C．f(0)=1　　D．f(n)=n

20．在函数调用 func(exp1,exp2+exp3,exp4*exp5)中，实参个数为（　　）个。

A．3　　B．4　　C．5　　D．语法错误

二、判断题

1．在 Python 中，函数可以返回多个值。
2．可以指定函数调用中的实参传给哪个形参。
3．一个函数内的语句可以访问另一个函数内的局部变量。
4．在 Python 中，既可以定义嵌套函数，也可以定义递归函数。
5．在函数调用中不能同时拥有关键字参数和非关键字参数。
6．形参在函数内外均可见。
7．一些库函数内置在 Python 解释器中。
8．在 Python 中不能接收多个参数的函数。
9．在递归函数调用过程中共享一块栈空间。
10．使用循环的算法通常会比等效的递归算法运行得更快。

三、填空题

1．函数直接或间接调用自身完成某任务，成为函数的________。
2．函数代码块以关键字________开头，函数若有返回值则需用关键字________返回。
3．下面程序的运行结果是________。

```
a = 10
b = 30
def func(a,b):
    a = a + b
    return a
b = func(a,b)
print(a,b)
```

4．引入 foo 模块中的 fun 函数的语句是________。
5．在 Python 中，局部变量会________同名的全局变量。

四、编程题

1．编写一个程序，要求用户输入距离的公里数，将其转换为英里数，转换公式为：Miles=Kilometers×0.6214

2．编写程序来完成简单的数学测验，该程序显示两个随机数的和。例如：

247
+ 129

该程序允许学生输入答案。如果答案正确，则显示祝贺信息。如果答案不正确，则显示正确答案。

3．编写一个名为 max 的函数，接收三个整数作为参数，并返回三者中的最大值。例如，如

果 7、6 和 12 作为参数传递给函数，则该函数返回 12。在程序中使用该函数，提示用户输入三个整数。该程序将显示三个数中的最大值。

4. 素数是仅可以被自身和 1 整除的数字。例如，5 是素数，因为它只能被 1 和 5 整除，但 6 就不是素数，因为它可以被 1、2、3 和 6 整除。编写一个名为 is_prime 的布尔函数，将一个整数作为参数，如果该参数是素数则返回 True，否则返回 False。在程序中使用函数提示用户输入一个数字，然后显示一个消息表明这个数字是否为素数。
5. 使用函数统计指定数字的个数：读入一个整数，统计并输出该数中“2”的个数。要求定义并调用函数 count_digit(number,digit)，它的功能是统计整数 number 中数字 digit 的个数。例如，count_digit(12292,2)的返回值为 3。
6. 使用函数输出水仙花数：输入两个正整数 m 和 n(1<=m,n<=1000)，输出 m～n 之间所有满足各位数字的立方和等于它本身的数。要求定义并调用函数 isDaffodils(number)判断 number 的各位数字之立方和是否等于它本身。
7. 利用辗转相除法定义两个递归函数分别求两个整数的最大公约数和最小公倍数，并在程序中使用这两个函数。
8. 定义一个函数求正整数的数根。所谓正整数的数根即该数各位数字的和，如果和不为 1 位数，则继续该过程，直到得到一个 1 位数为止。如 23458 各位数字的和为 22 不是一个 1 位数，则继续求 22 的各位数字和，最终结果为 4，4 就是 23458 的数根。
9. 楼梯有 *N* 个台阶，上楼既可以一步上一个台阶，也可以一步上两个台阶。编一程序，计算共有多少种不同的走法。
10. 使用本章介绍的 square 函数编写一个 turtle 图形程序，用一个循环（或多个循环）绘制如图 4-6 所示的棋盘图案。

图 4-6 棋盘图案

第 5 章　结构化数据类型

视频分析

在计算机科学中，数据结构是用来在计算机上存储和组织数据的一种特殊方式，以便有效地应用于特定的场合。前面提到的数值类型 int、float 都是标量类型，这种类型的对象没有可以访问的内部结构；而 str、tuple、list、range 和 dict 都是结构化的、非标量的类型。这些结构化的数据类型是可包含其他对象的对象，因此也可称为容器。

容器是 Python 支持的一种数据结构，两种主要的容器是序列（如字符串、列表和元组）和映射（如字典）。在序列中，每个元素都有编号；而在映射中，每个元素都有名称（也叫键）。集合也是一种容器，但它既不是序列也不是映射。根据其值是否可变，这些对象又可分为可变对象和不可变对象。列表、字典是可变对象，而字符串、元组和集合是不可变对象。

序列是 Python 中最基本的数据结构。序列中的每个元素都有编号，即其位置或索引，其中第一个元素的索引为 0，第二个元素的索引为 1，依此类推。对于所有的序列都包括求长度、索引、分片、相加、相乘和成员资格检查等操作。另外，Python 还提供了一些内置函数，可用于确定序列的长度，以及找出序列中最大和最小的元素。

5.1　字符串

字符串是一种序列，是一个有序的字符集合，用来存储与表示基于文本和字节的信息。大部分标准序列操作，如索引、分片、乘法、成员资格检查、求长度、求最小值和最大值等都适用于字符串。字符串是 str 类的对象，是不可变对象，因此所有改变字符串值的操作（如元素赋值和分片赋值）都是非法的。

5.1.1　字符串字面量

Python 允许字符串包括在单引号或双引号内，也允许在三个引号（单引号或双引号）内包括多行字符串字面量。采用不同的引号可以让另外一种引号被包含在其中。

可以使用反斜杠引入特殊的字符编码，或者称为转义序列。使用转义序列可以在字符串中嵌入不容易通过键盘输入的字符（如\n 表示换行，\t 表示制表符）。对于这些特殊字符的编写，Python 提供了常用的转义字符序列，如表 5-1 所示。

Python 也支持原始字符串字面量，即去掉反斜线转义机制。这样的字符串字面量是以字母“r”开头的。用 print 输出相应的字符串如表 5-2 所示。

表 5-1　常用的转义字符序列

转义	意义	转义	意义	转义	意义
\\	反斜杠	\n	换行	\0	空字符；二进制的 0 字符
\'	单引号	\r	回车	\N{id}	Unicode 数据库 ID
\"	双引号	\t	水平制表符	\uhhhh	16 位十六进制的 Unicode 字符
\a	响铃	\v	垂直制表符	\Uhhhhhhhh	32 位十六进制的 Unicode 字符
\b	退格	\xhh	十六进制值 hh 的字符		
\f	换页	\ooo	八进制值 ooo 的字符		

表 5-2　用 print 输出相应的字符串

使用	操作	输出结果
单引号	print(' Good ')	Good
双引号	print(" Hello World! ")	Hello World!
内含单引号	print("It's fine! ")	It's fine!
三引号	print("One needs to clean the mirror before taking a look at oneself ")	One needs to clean the mirror before taking a look at oneself
内含转义符	print("c:\\new\\test.py")	c:\new\test.py
原始字符串	print("c:\new\test.py")	c:\new\test.py

5.1.2　字符串的基本操作

字符串的基本操作有创建字符串、索引、分片、连接、重复等。

1. 创建字符串

可以使用 str()函数或直接使用字符串值创建字符串，例如：

```
s1 = str() 或者 s1 = " "                    #创建一个空字符串
s2 = str("Welcome") 或者 s2 = "Welcome"     #创建一个内容为"Welcome"的字符串
```

一个字符串对象具有不可变性，也就是说一旦创建了一个字符串对象，就不能在原位置改变其内容。每个字符串操作都被定义为生成新的字符串作为其结果，具有相同内容的字符串对象指向同一个字符串对象。例如：

```
s3 = "Welcome"
s4 = "Hello"
```

s2 和 s3 指向同一个对象，图 5-1 是上述 s1、s2、s3 和 s4 四个变量的引用示意图。

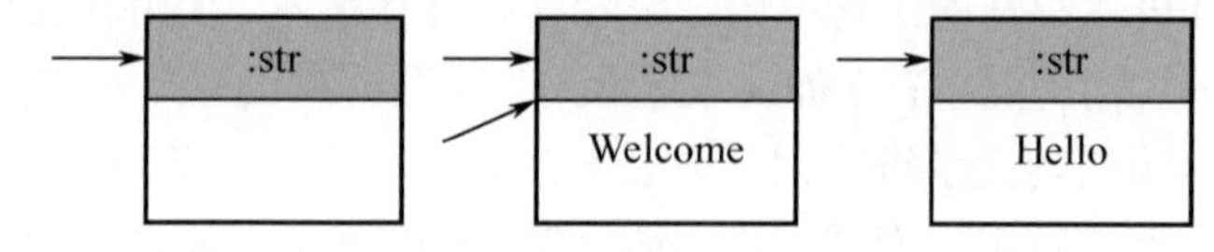

图 5-1　具有相同内容的字符串指向同一个对象

2. 索引

字符串是字符的有序集合。因此可以通过位置访问它们的元素。在 Python 中，字符串中的字符是通过索引来获取的，可以使用下标运算符[ ]访问字符串中的任何一个字符。

假设 s ="Hello World!"，s 中每个字符对应的位置及其索引如图 5-2 所示。

下标值	−12	−11	−10	−9	−8	−7	−6	−5	−4	−3	−2	−1
	0	1	2	3	4	5	6	7	8	9	10	11
s →	H	e	l	l	o		W	o	r	l	d	!

图 5-2　s 中每个字符对应的位置及其索引

下标的开始值是 0，也就是说一个字符串的下标范围是 0 到 len(s)-1，其中 len(s)是字符串的长度。Python 也允许负数作为下标，它表示相对于字符串末尾字符的位置，最后一个从-1 开始，依次往前类推。若 i 为 1 到 len(s)的整数，则 s[-i]和 s[len(s)-i]获取的是同一个元素。

如下所示，s[0],s[1],s[11],s[-4],s[len(s)-4]分别获取了字符'H'，'e'，'!'，'r'，'r'。

```
>>> s='Hello World!'
>>> s[0],s[1],s[11],s[-4],s[len(s)-4]
('H', 'e', '!', 'r', 'r')
```

【例 5-1】从键盘输入一串字符，将大写字母变为小写字母，小写字母变为大写字母，其他字符不变。输出变换后的字符串。

```
s = input("请输入字符串：")
news =''
for i in range(0, len(s)):
    offset = ord('a') - ord('A')
    if 'a'<=s[i]<='z':
        news = news + chr(ord(s[i]) - offset)
    elif 'A'<=s[i]<='Z':
        news = news + chr(ord(s[i]) + offset)
    else:
        news = news + s[i]
print("转换后的字符串为："+news)
```

运行结果为：

```
请输入字符串：hello WORLD!hello WORLD!hello W
转换后的字符串为：HELLO world!
```

【例 5-2】输入一个字符串，头尾间隔交错输出。

```
s = input("请输入字符串：")
print("转换后的字符串为：",end="")
for i in range (0, len(s)//2):
    print(s[i]+s[-(i+1)], end="")
if len(s) % 2 == 0:
    print()
else:
    print(s[i+1])
```

运行结果为：

```
请输入字符串：abcdefghijk
```

```
转换后的字符串为：akbjcidhegf
```

运行结果为：

```
请输入字符串：abcdefghij
转换后的字符串为：ajbichdgef
```

3．分片

s 为字符串，分片运算符 s[start : end]返回字符串 s 从下标 start 到 end-1 的一个子串，start 省略，默认起始下标为 0，end 可以省略，默认结束下标是最后一个下标，start 和 end 也都可以使用负数。在 Python 交互环境下，执行以下代码：

```
>>> s = "Welcome to Python"
>>>s[1 : 4]
'elc'
>>>s[8 : 10]
'to'
>>>s[ : 10]
'Welcome to'
>>>s[11 : ]
'Python'
>>>s[ : ]
'Welcome to Python'
>>>s[0 : -1]
'Welcome to Pytho'
>>>s[-6 : ]
'Python'
>>>s[-6 : -4]
'Py'
>>>s[-6 : -8]
''
>>>s[ : -5]
'Welcome to P'
```

也可以使用加步长的分片操作，s[start:end:step]表示从下标 start 开始到下标 end-1 为止，每隔 step 个元素索引一次。

```
>>> s = 'Hello World!'
>>>s[0:12:2]
'HloWrd'
>>> s[0:len(s)-1:2]
'HloWrd'
>>> s[::2]
'HloWrd'
>>> s[::-1]
'!dlroWolleH'
```

4．连接运算符'+'和重复运算符'*'

连接运算符'+'可连接两个字符串，重复运算符'*'连接相同的字符串多次。

```
>>> s1 = "Welcome"
>>> s2 = "Python"
>>> s3 = s1 +" to " + s2
>>> s3
'Welcome to Python'
>>> a = 10
>>> b = 15
>>> str(a) + " + " + str(b) + " = " + str(a+b)
'10 + 15 = 25'
>>> s1 = "Welcome"
>>> s1*3
'WelcomeWelcomeWelcome'
>>> 3*s1
'WelcomeWelcomeWelcome'
```

5. in 和 not in 运算符

可以使用 in 和 not in 运算符来测试一个字符串是否在另一个字符串中，结果返回 True 或者 False。

```
>>> s = "Welcome to Python"
>>> s1 = "Python"
>>> s2 = "python"
>>> s3 = "come"
>>> s4 = "Java"
>>> s1 in s
True
>>> s2 in s
False
>>> s3 in s
True
>>> s4 not in s
True
```

6. 比较运算符

可以使用比较运算符>、>=、<=、==、!=对字符串进行比较。Python 是通过比较字符串中对应字符的 ASCII 码进行比较的。首先从第一个字符开始比较，直至两个字符不同或一个字符串已经结束为止。例如，"abcde">"abc"先从第一个字符'a'开始比较，其次是'b'，再次是'c'，至此，后一个字符串已经结束，因此长度长的字符串较大，结果返回 True。

"bc">"abc"：前一个字符串的第一个字符'b'和后一个字符串的第一个字符'a'进行比较，'b'比'a'的 ASCII 码要大，比较结束，结果返回 True。

"abc">"Abcd"：'a'的 ASCII 码是 97，'A'的 ASCII 码是 65，'a'比'A'大，比较结束，结果返回 True。

"123">"ABCDEF"：'1'的 ASCII 码是 49，小于'A'的 ASCII 码，比较结束，结果返回 False。

7. 迭代字符串

一个字符串是可迭代的，用 for 循环遍历字符串。

【例 5-3】打印字符串 "Welcome" 中每个字符对应的 ASCII 码。

```
s = "Welcome"
#输出 s 中每个字符对应的 ASCII 码
for x in s:
    print(ord(x), end="  ")
```

运行结果为:

```
87  101  108  99  111  109  101
```

8. 字符串处理函数

在 Python 中，内置函数对字符串进行处理。假设 s = "Hello World!"，字符串的内置函数应用如表 5-3 所示。

表 5-3　字符串的内置函数应用

函数名	说明	示例	输出结果
len	返回一个字符串中的字符个数	len(s)	'12'
max	返回字符串中的最大字符	max(s)	'r'
min	返回字符串中的最小字符	min(s)	' '
int	将字符串转换为数字	int("520")	'520'
float	将字符串转换为浮点数	float("3.14")	'3.14'
str	将数字转换为其字符串表示	str(114)	'114'
ord	将单个字符转换为 ASCII 码	ord('a')	'97'
chr	将 ASCII 码转换为对应的字符	chr(65)	'A'

5.1.3　字符串方法

在 Python 中，表达式和内置函数可以在不同的类型之间工作，但方法通常特定于对象类型，如字符串方法只对字符串对象起作用。常用的字符串方法如表 5-4～表 5-8 所示。

表 5-4　测试字符串方法

方法	说明
isalnum(): bool	如果这个字符串中的字符是字母或数字且至少有一个字符，则返回 True
isalpha():bool	如果这个字符串中的字符是字母且至少有一个字符，则返回 True
isdigit():bool	如果这个字符串中字符是数字，则返回 True
isidentifier():bool	如果这个字符串是 Python 标志符，则返回 True
isupper():bool	如果这个字符串中的所有字符全是大写的且至少有一个字符，则返回 True
isspace():bool	如果这个字符串中只有空格，则返回 True

表 5-5　搜索子串方法

方法	说明
endswith(s1:str):bool	如果字符串以子串 s1 结尾，则返回 True
startswith(s1:str):bool	如果字符串以子串 s1 开始，则返回 True
find(s1):int	返回 s1 在这个字符串的最低下标，如果字符串中不存在 s1，则返回-1
rfind(s1):int	返回 s1 在这个字符串的最高下标。如果字符串中不存在 s1，则返回-1
count(substring):int	返回这个子串在字符串中出现的无覆盖的次数

表 5-6　转换字符串方法

方法	说明
captalize():str	返回这个复制的字符串并只大写第一个字符
lower():str	返回这个复制的字符串并将所有字母转换为小写的
upper():str	返回这个复制的字符串并将所有字母转换为大写的
title():str	返回这个复制的字符串并将每个单词的首字母大写
swapcase():str	返回这个复制的字符串，并将小写字母转换成大写，将大写字母转换成小写
replace(old,new):str	返回一个新字符串，用一个新字符串替换旧字符串所有出现的地方
join(L):str	将列表中的字符串连在一起并在元素间用分隔符隔开

表 5-7　删除字符串中的空白字符方法

方法	说明
lstrip():str	返回去掉前端空白字符的字符串
rstrip():str	返回去掉末端空白字符的字符串
strip():str	返回去掉两端空白字符的字符串

字符"　"、" \t "、"\f "、"r"和"n"都被称为空白字符。

表 5-8　格式化字符串方法

方法	说明
center(width):str	返回在给定宽度域上居中的字符串副本
ljust(width):str	返回在给定宽度域上左对齐的字符串文本
rjust(width):str	返回在给定宽度域上右对齐的字符串文本
format(items):str	格式化一个字符串

使用字符串方法的一般格式：字符串对象.方法名（参数）。

【例 5-4】凯撒密码是一种加密技术。在该技术中，消息中的每一个字母都由字母表上向后偏移固定数值位置的字母代替。这个“固定数”被称为密钥，它的值从 1 到 25。例如，如果密钥为 4，则字母 A 替换成 E、B 替换为 F、C 替换为 G，以此类推。字母表尾部的字符 W、X、Y、Z 替换为 A、B、C、D。

```
s = input("输入明文：")
key = int(input("输入密钥（1-25 之间的数字）："))
result = ''

#对输入的明文字符串中的字符逐个进行判断
for x in s:
    #如果这个字符是字母则进行转换
    if x.isalpha():
        #获取该字符的 ASCII 码
        start = ord('a') if x.islower() else ord('A')
        #将该字符加上密钥数字后转换为字符
        result += chr((ord(x) - start + key) % 26 + start)
    else:
        result += x
print(result)
```

运行结果为：

```
输入明文：VsbPdqxdo (Wrsvhfuhw)
输入密钥（1-25 之间的数字）：4
ZwfThubhs (Avwzljyla)
```

【例 5-5】字符串 filename = "hello.py"表示一个文件的文件名，如果该文件是 Python 文件，则提取文件名。

```
filename = "hello.py"
if filename.endswith(".py"):        #判断字符串是否以".py"结尾
index = filename.find(".py")        #获取子串".py"在原字符串中的最低下标
fname = filename[:index]            #分片获取文件名
print("去掉后缀的文件名为：",fname)
```

运行结果为：

```
去掉后缀的文件名为：hello
```

下面介绍字符串方法中常用的两个方法。

1. join()方法

join()方法是将一个字符串列表连接起来组成一个字符串，例如：

```
print(','.join(['cats','rats','bats']))
```

将'cats'、'rats'和'bats'三个字符串之间用“,”作为分隔符，返回一个字符串为'cats, rats, bats'。执行下面代码：

```
print('-'.join(['2024','10','01']))
```

三个字符串之间以'-'作为分隔符，返回一个字符串为'2024-10-01'。

2. split()方法

（1）split()方法是将字符串根据指定的分隔符拆分成多个子字符串（简称子串），并将这些子字符串存储在一个列表中返回。

例如：

```
print('2024-10-01'.split('-'))
```

'-'作为分隔符，将字符串'2024-10-01'拆分成三个部分：'2024'、'10'和'01'。这三个部分被组成一个列表：['2024', '10', '01']

如果分隔符在字符串的开始或结束，split()会在这些位置进行拆分，因此结果列表中可能会有空字符串元素。

（2）对多行字符串按行进行拆分，并打印出一个列表，其中每项都是原字符串中的一行。

例如：

```
paradox='''Beautifulisbetterthanugly.
Explicitisbetterthanimplicit.
Simpleisbetterthancomplex.
Complexisbetterthancomplicated.
Flatisbetterthannested.
Sparseisbetterthandense.'''
print(paradox.split("\n"))
```

每句之间用换行符\n 分隔。使用 split("\n")方法会依据换行符将字符串拆分成多个子字符串。返回列表：

```
['Beautiful is better than ugly.',
 'Explicit is better than implicit.',
 'Simple is better than complex.',
 'Complex is better than complicated.',
 'Flat is better than nested.',
 'Sparse is better than dense.']
```

【例 5-6】对一段多行文本的每行添加行号后输出。

```
hello = '''def main():
    print("Hello world!")
main()'''
#使用 split()方法将多行文本的每行拆分到列表中
lines = hello.split("\n")
#将列表中的每项添加一个行号
for i in range(len(lines)):
   lines[i] = str(i + 1) + " " + lines[ i ]
#使用换行符连接列表中的每项（文本的每行）
helloPy = "\n".join(lines)
print(helloPy)
```

运行结果为：

```
def main():
print("Hello world!")
main()
```

5.1.4　字符串应用

【例 5-7】回文是指一个字符串在顺读和倒读时都一样。判断一个字符串是否为回文。

（1）用递归函数实现，代码如下：

```
#判断一个字符串是否为回文
#假设 s 是字符串
def isPalindrom(s):
    #去掉所有非字母的字符返回一个都是小写的字符串
    def toChars(s):
            #将所有的字母都转换为小写字母
        s=s.lower()
        #获取字符串中所有字母组成字符串
        letters=''
        for c in s:
            if c in 'abcdefghijklmnopqrstuvwxyz':
                letters=letters+c
        return letters
    def isPal(s):
        print("isPal called with",s)
        if len(s) <= 1:
            print("About to return True from base case")
            return True
        else:
            #短路求值，若不满足第一个条件则不再调用 isPal()
            answer = s[0] == s[-1] and isPal(s[1:-1])
            print("About to return", answer, "for",s)
            return answer
   return is Pal(toChars(s))

def testIsPalindrom():
    print("TrydogGod")
    print(isPalindrom("dogGod"))
    print("TrydogGood")
    print(isPalindrom("dogGood"))

testIsPalindrom()
```

运行结果为：

```
Try dogGod
isPal called with doggod
isPal called with oggo
isPal called with gg
isPal called with
About to return True from base case
About to return True for gg
About to return True for oggo
About to return True for doggod
```

```
True
Try dogGood
isPal called with doggood
isPal called with oggoo
isPal called with ggo
About to return False for ggo
About to return False for oggoo
About to return False for doggood
False
```

（2）用字符串join()方法实现，代码如下：

```
def is_palindrome(s:str) :
#忽略标点符号、大写字母和空格
#使用列表推导式生成新的字符串
    s = "".join([character for character in s.lower() if character.isalnum()])
    return s == s[::-1]
def main():
    print('"a man a plan a canal panama" is palindrome:',is_palindrome("a man a plan a canal panama".replace(" ", "")))
    print('"Hello" is palindrome:',is_palindrome("Hello"))
    print('"Able was I ere I saw Elba" is palindrome:',is_palindrome("Able was I ere I saw Elba"))
    print('"racecar" is palindrome:', is_palindrome("racecar"))
    print('"Mr. Owl ate my metal worm?" is palindrome:',is_palindrome("Mr. Owl ate my metal worm?"))
main()
```

运行结果为：

```
"a man a plan a canal panama" is palindrome: True
"Hello" is palindrome: False
"Able was I ere I saw Elba" is palindrome: True
"racecar" is palindrome: True
"Mr. Owl ate my metal worm?" is palindrome: True
```

【例5-8】随机生成一个任意长度的字符串作为密码，其中可包含字母、数字和标点符号，默认为8位。

```
"""可随机生成长度为N的密码的密码生成器"""
from random import choice, shuffle
from string import ascii_letters,digits, punctuation
#传入参数为密码长度
def password_generator(length=8):
    #字母、数字和标点符号生成的元组
    chars = ascii_letters+ digits + punctuation
    #随机选择一个字符，并组成一个长度为length的字符串作为结果返回
    return "".join(choice(chars) for x in range(length))
def main():
```

```
    length=int(input("输入要生成的密码长度：").strip())
    print("生成的密码：",password_generator(length))
    print("提示：若需使用该密码，请保存！")
if__name__=="__main__":
    main()
```

5.2　列表

5.2.1　列表简介

列表（list）与字符串类似，是一种由多个值组成的序列。与字符串不同，列表可以包含任何种类的对象：数字、字符串，甚至其他列表。列表都是可变对象，支持在原位置修改的操作，可以通过指定的偏移量和分片、列表方法调用、删除语句等方法来实现。列表中的值称为元素（element）或项（item）。字符串中的每个值都是字符，但在列表中，值可以是任何数据类型。如下所示：

（1）序列[10, 20, 30, 40]是包含 4 个整数的元素列表。

（2）序列['crunchy␣frog', 'ram␣bladder', 'lark␣vomit']是包含 3 个字符串的列表。

（3）序列['spam',　2.0,　5,　[10, 20]]是包含一个字符串、一个浮点数、一个整数和另一个列表，即包含了多种类型的值的列表。

5.2.2　列表运算

创建列表后，可对列表中的元素进行运算。列表运算符有下标运算符、列表截取、+、*和 in/not in 运算符。对列表中的元素还可以使用 for 循环进行遍历。可以使用比较运算符（>、>=、<、<=、==、!=）对列表进行比较。

1. 创建列表

既可以使用 list 类的构造方法，也可以使用[ ]来表示。在 Python 交互环境下，执行以下代码：

```
>>> list1 = list()                        #创建了一个空列表
[ ]
>>> list2 = list([2, 3, 4])               #创建了一个元素为 2,3,4 的列表
[2, 3, 4]
>>> list3 = (['one', 'two', 'three'])     #创建了一个元素为字符串的列表
['one', 'two', 'three']
>>> list4 = list(range(2, 5))             #创建了一个元素为 2,3,4 的列表
[2, 3, 4]
>>> list5 = list("hello")                 #创建了一个元素为字符 h,e,l,l,o 的列表
['h', 'e', 'l', 'l', 'o']
>>> list6 = [ ]                           #创建了一个空列表
[ ]
```

```
>>> list7 = [2, 3, 4]                      #创建了一个元素为 2,3,4 的列表
[2, 3, 4]
>>> list8 =['red', 'blue', 'green']        #创建了一个元素为字符串的列表
['red', 'blue', 'green']
```

可以使用列表推导创建顺序元素的列表。列表推导是通过对序列中的每项应用一个表达式来构建一个新列表的方式。

一个列表推导由多个方括号组成，方括号内包含后跟一个 for 子句的表达式，之后是 0 或多个 for 或 if 子句。列表推导可以产生一个由表达式求值结果组成的列表。

列表推导语句的语法格式如下：

```
[<表达式> for <项> in <序列/迭代器> if <条件>]
```

语句的计算结果为一个列表，通过<表达式>到<序列/迭代器>的满足<条件>的项来生成新列表的项。

```
list1 = [x for x in range(5)]
>>> list1
[0, 1, 2, 3, 4]
>>> list2 = [2*x for x in list1]
>>> list2
[0, 2, 4, 6, 8]
>>> list3 = [x for x in range(10) if x % 2 == 0]
>>> list3
[0, 2, 4, 6, 8]
list4 = [x+2 for x in [y for y in range(1, 10) if y % 2 != 0]]
>>> list4
[3, 5, 7, 9, 11]
list5 = [x+y for x in [10,20] for y in list1]
>>> list5
[10, 11, 12, 13, 14, 20, 21, 22, 23, 24]
>>>res  = [c*4 for c in 'SPAM']
>>> res
['SSSS', 'PPPP', 'AAAA', 'MMMM']
>>>list_char = ["a", "p", "t", "i", "y", "l"]
>>> vowel = ["a", "i", "o", "u"]
>>>only_vowel = [item for item in list_char if item in vowel]
>>>only_vowel
['a', 'i']
```

列表中还可以包含另一个列表，其元素存放的是对该列表的一个引用。例如，定义列表：

```
Techs = ['MIT', 'Caltech']
Ivys = ['Havrad', 'Yale', 'Brown']
Univs = [Techs, Ivys]
Univs1 = [['MIT', 'Caltech'], ['Havrad', 'Yale', 'Brown']]
```

用 print 语句输出每个列表对象的 id 值，id 值相同表示引用的是同一个地址。列表变量引用示例如表 5-9 所示。

表 5-9　列表变量引用示例

语句	输出结果
print("Techs id: ",id(Techs))	Techs id:　3118590716288
print("Ivys id: ",id(Ivys))	Ivys id:　3118592153344
print("Univs id: " , id(Univs))	Univs id:　3118592159616
print("Univs[0] id: " , id(Univs[0]))	Univs[0] id:　3118590716288
print("Univs[1] id: " , id(Univs[1]))	Univs[1] id:　3118592153344
print("Univs1 id: " , id(Univs1))	Univs1 id:　3118592160064
print("Univs1[0] id: " , id(Univs1[0]))	Univs1[0] id:　3118592159552
print("Univs1[1] id: " , id(Univs1[1]))	Univs1[1] id:　3118592159680

实际绑定示意图如图 5-3 所示。

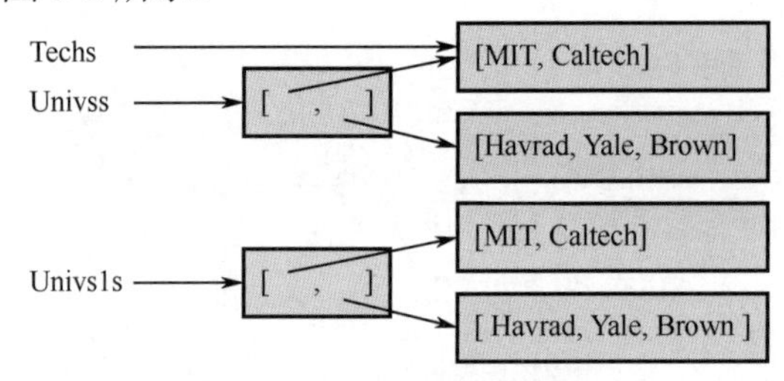

图 5-3　实际绑定示意图

2．列表常用运算符和操作

列表常用操作如表 5-10 所示。

表 5-10　列表常用操作

操作	描述
x in s	如果元素 x 在列表 s 中则返回 true
x not in s	如果元素 x 不在列表 s 中则返回 true
s1 + s2	连接两个列表 s1 和 s2，返回一个新的列表
s*n, n*s	连接 n 个列表 s 并返回一个新的列表
s[i]	获取列表 s 的第 i 个元素
s[i:j]	获取列表 s 从下标 i 到 j-1 的片段
len(s)	求列表 s 的长度，即 s 中的元素个数
min(s)	求列表 s 中的最小元素
max(s)	求列表 s 中的最大元素
sum(s)	求列表 s 中的所有元素之和
for loop	在 for 循环中从左到右反转元素
>、>=、<、<=、==、!=	比较两个列表的运算符
del s[i]	删除列表 s 的第 i 个元素
del s[i:j]	删除列表 s 的第 i 个到 j-1 个元素
s[i:j]	删除列表 s 的第 i 个到 j-1 个元素
s[i] = value	将列表 s 的第 i 个元素修改为 value
s[i:j] = L	列表 s 的第 i 个到 j-1 个元素赋值为列表 L 中的值

列表分片的基本形式是 s[start:end]，起始于索引 start，结束于索引 end，但不包括 end 位置的元素。

```
s = ['a', 'b', 'c', 'd', 'e', 'f', 'g', 'h']
print(s[3:5])
print(s[1:7])
```

运行结果为：

```
['d', 'e']
['b', 'c', 'd', 'e', 'f', 'g']
```

如果是从头开始分片列表，则可以省略冒号左侧的下标 0。如果一直取到列表末尾，则可以省略冒号右侧的下标。用负数作下标则表示从列表末尾往前算。下面举例说明：

```
print(s[:])
print(s[:5])
print(s[:-1])
print(s[4:])
print(s[-3:])
print(s[2:5])
print(s[2:-1])
print(s[-3:-1])
```

运行结果为：

```
['a', 'b', 'c', 'd', 'e', 'f', 'g', 'h']
['a', 'b', 'c', 'd', 'e']
['a', 'b', 'c', 'd', 'e', 'f', 'g']
['e', 'f', 'g', 'h']
['f', 'g', 'h']
['c', 'd', 'e']
['c', 'd', 'e', 'f', 'g']
['f', 'g']
```

直接访问列表元素时，下标不能越界，但分片时所用的下标可以越界。如果起点与终点所确定的范围超出了列表的边界，则系统会自动忽略不存在的元素。

```
print(s[:20])
print(s[-20:])
```

运行结果为：

```
['a', 'b', 'c', 'd', 'e', 'f', 'g', 'h']
['a', 'b', 'c', 'd', 'e', 'f', 'g', 'h']
```

可以用分片对列表的元素片段进行修改。分片的长度可以与数值个数不相等。

```
print("修改前列表 s:",s,",长度是：",len(s))
s[2:6]=['x','y','z']
print("修改后列表 s:",s,",长度是：",len(s))
s[2:3]=['t']*4
print("修改后列表 s:",s,",长度是：",len(s))
```

运行结果为：

```
修改前列表 s: ['a', 'b', 'c', 'd', 'e', 'f', 'g', 'h'] ，长度是： 8
```

```
修改后列表s: ['a', 'b', 'x', 'y', 'z', 'g', 'h'] , 长度是: 7
修改后列表s: ['a', 'b', 't', 't', 't', 'y', 'z', 'g', 'h'] , 长度是: 9
```

3. 将字符串分成列表

可以使用 split()方法将字符串分成一个列表。

s.split(d)：使用 d 作为分隔符拆分字符串 s，返回一个字符串列表。如果 d 被省略，则使用任意空白字符串拆分子字符串。例如：

```
>>> "apple#banana#cherry#orange".split('#')     #使用'#'拆分字符串
['apple', 'banana', 'cherry', 'orange']
>>> "Hello there".split(' ')                    #使用空格拆分字符串
['Hello', 'there']
>>>items = "Welcome to python!"
>>> list1 = items.split()                       #默认使用空格拆分字符串
>>> list1
['Welcome', 'to', 'python!']
>>> "12:43:39".split(":")                       #使用':'拆分字符串
['12', '43', '39']
>>> list2 = "2021/3/14".split("/")              #使用'/'拆分字符串
>>> list2
['2021', '3', '14']
>>> list3 = [eval(x) for x in list2]            #将字符串列表转换为整数列表
>>> list3
[2021, 3, 14]
```

【例 5-9】对键盘输入的若干整数求和。

```
s = input("输入数据，以空格隔开：")
data = [eval(x) for x in s.split()]
print("和为：",sum(data))
```

运行结果为：

```
输入数据，以空格隔开：10 3 1 2 4 9
和为： 29
```

5.2.3 列表方法

列表是 list 类，创建后就可以使用如表 5-11 所示的 list 类的方法操作列表。

表 5-11 list 类的方法

方法	功能	方法	功能
append(x)	在列表末尾添加一个元素 x	remove(x)	移除列表中第一个出现的元素 x
count(x)	统计列表中元素 x 的个数	reverse()	反转列表中的元素顺序
extend(x)	将列表 x 中的元素逐个添加到当前列表的末尾	sort()	对列表中的元素进行排序
index(x)	返回列表中元素 x 的索引（第一个匹配项）	copy()	返回列表的浅拷贝
insert(index, x)	在指定索引位置插入元素 x	clear()	移除列表中的所有元素
pop(i)	移除并返回列表中指定索引位置 i 的元素		

【例 5-10】判断一个单词在一个句子中出现的次数。

```
s="Pythonisaneasytolearnandpowerfulprogramminglanguageasitisknownincommonparlance"
slist=s.split()       #使用空格分离出每个单词
#创建一个空列表，存放字符串中的单词表
sset = [ ]
for x in slist:
    #去掉重复出现的单词
   if x not in sset:
        sset.append(x)
print("原字符串：",s)
for x in sset:
#使用列表 count()方法计算每个单词在单词列表中出现的次数
   print(x,"在字符串中出现",slist.count(x))
```

运行结果为：

```
原字符串： Python is an easy to learn and powerful programming language as it is known
in common parlance
Python 在字符串中出现 1
is 在字符串中出现 1
an 在字符串中出现 1
easy 在字符串中出现 1
to 在字符串中出现 1
learn 在字符串中出现 1
and 在字符串中出现 1
powerful 在字符串中出现 1
programming 在字符串中出现 1
language 在字符串中出现 1
as 在字符串中出现 1
it 在字符串中出现 1
known 在字符串中出现 1
in 在字符串中出现 1
common 在字符串中出现 1
parlance 在字符串中出现 1
```

append()方法和 extend()方法都可以在列表末尾添加元素，但两者的不同之处是：append()方法可传入任意一个对象，而 extend()方法必须传入一个可迭代对象；extend()方法总是循环访问传入的可迭代对象，并逐个把产生的元素添加到列表尾部，而 append()方法会直接把这个传入的迭代对象添加到尾部而不会遍历它；extend()方法会添加多个元素，而 append()方法只能添加一个元素。

在 Python 交互环境下，执行以下代码：

```
>>> res
['SSSS', 'PPPP', 'AAAA', 'MMMM']
>>>res.extend("BBBB")      #传入一个字符串，逐个遍历元素并添加到列表末尾
>>> res
```

```
['SSSS', 'PPPP', 'AAAA', 'MMMM', 'B', 'B', 'B', 'B']
>>>res.append("BBBB")    #传入一个字符串，作为一个元素直接添加到列表末尾
>>> res
['SSSS', 'PPPP', 'AAAA', 'MMMM', 'B', 'B', 'B', 'B', 'BBBB']
>>>res.extend(["CCCC"])    #传入一个列表，将列表中的所有元素（在此处只有一个元素）添加
到末尾
>>> res
['SSSS', 'PPPP', 'AAAA', 'MMMM', 'B', 'B', 'B', 'B', 'BBBB', 'CCCC']
>>>res.extend(["DDDD","EEEE"])
   #传入一个列表，将列表中的所有元素逐个添加到末尾
>>>res
['SSSS', 'PPPP', 'AAAA', 'MMMM', ['1234', 678], 'B', 'B', 'B', 'B', 'BBBB', 'CCCC',
'DDDD', 'EEEE']
>>>res.append(["DDDD","EEEE"])
   #传入一个列表，将该列表添加到末尾
>>>res
['SSSS', 'PPPP', 'AAAA', 'MMMM', ['1234', 678], 'B', 'B', 'B', 'B', 'BBBB', 'CCCC',
'DDDD', 'EEEE', ['DDDD', 'EEEE']]
```

列表的 append()、extend()和 sort()方法修改原位置相关的列表对象，但其结果都没有返回列表，其返回值为 None，因此通常不对其做赋值操作，如下所示：

```
>>> L = ['abc', 'ABD', 'aBe']
>>> L = L.append('ABC')
>>> L            #L 为 None
```

5.2.4　复制列表

在 Python 中，两个对象之间的赋值只是将一个对象的引用赋值给了另一个对象。

【例 5-11】对变量 x 初始化后，再通过直接赋值的方式，使变量 y 与 x 值相同；输出两个变量在内存中地址。

```
x=10
y=x
print("x=",x,"y=",y)
print("x.id=",id(x))
print("y.id=",id(y))
```

运行结果为：

```
x = 10 y = 10
x.id = 94166366000192
y.id = 94166366000192
```

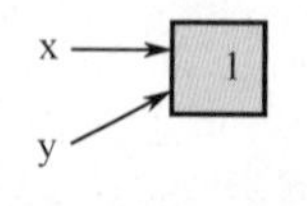

图 5-4　y 赋值给 x 的示意图

进行 y = x 赋值后，将 x 引用赋值给 y，y 也指向该对象，因此 x 的 id 和 y 的 id 是相等的，所以引用的是同一个对象。y 赋值给 x 的示意图如图 5-4 所示。

列表之间的赋值原理也一样。

【例 5-12】创建两个列表，输出赋值后两个列表在内存中地址。

```
list1=[1,2,3,4]
list2=[5,6,7]
print("list1=",list1)
print("list2=",list2)
print("list1.id=",id(list1))
print("list2.id=",id(list2))
```

运行结果为：

```
list1 = [1, 2, 3, 4]
list2 = [5, 6, 7]
list1.id = 140655897665440
list2.id = 140655893413312
```

可以看到 list1 和 list2 的内容不同，其 id 也不同，即指向不同的引用。对 list1 和 list2 分别赋值的示意图如图 5-5 所示。

【例 5-13】将在【例 5-12】中创建的第一个列表赋值给第二个列表，输出赋值后两个列表在内存中地址。

```
list2=list1
print("list1=",list1)
print("list2=",list2)
print("list1.id=",id(list1))
print("list2.id=",id(list2))
```

运行结果为：

```
list1 = [1, 2, 3, 4]
list2 = [1, 2, 3, 4]
list1.id = 140655890263168
list2.id = 140655890263168
```

进行赋值语句 list2 = list1 后，不仅这两者的内容相同，而且 id 值也相同，并未实现真正内容的复制，只是将 list1 引用赋值给了 list2，赋值的示意图如图 5-6 所示。

图 5-5　对 list1 和 list2 分别赋值的示意图　　图 5-6　对 list2= list1 赋值示意图

为了将一个列表中的数据复制给另一个列表，必须将元素逐个地从源列表复制到目标列表，可以使用以下多种方法。

方法 1：list2 = [xforxinlist1]。

方法 2：list2 = [ ]+list1。

方法 3：list2 = list1[:]。

方法 4：list2 = [ ]forxinlist1:list2.append(x)。

方法 5：list2=[ ]list2.extend(list1)。

5.2.5　列表和函数

列表是一个对象，将列表传递给函数就如同给函数传递一个对象，列表的值在函数内可以改变。

【例 5-14】产生一个包含 20 个斐波那契数的列表。

```
#产生 fibonacci 数列，函数的参数 fib 为列表
    def generateFib(fib, n):
        for i in range(2, n):
            #在列表末尾添加元素
            fib.append(fib[i-1]+fib[i-2])
#输出列表内容，函数的参数为列表
    def  printList(lst):
        for x in lst:
            print(x, end=" ")
    def main():
        fib = [1, 1]
        generateFib(fib, 20)  #列表中的内容发生了变化
        printList(fib)
main()
```

运行结果为：

```
1 1 2 3 5 8 13 21 34 55 89 144 233 377 610 987 1597 2584 4181 6765
```

在调用函数时，可以传递列表参数。函数也可以返回列表。

【例 5-15】列表中有 1～20 产生的 20 个随机数，将列表中重复的数去掉后得到一个新列表，数值按升序输出。

```
import random
#随机产生 20 个 1～20 的数存放在列表中，函数返回该列表
def createList():
    numbers = []
    for i in range(20):
        #将随机产生的数添加到列表中
        numbers.append(random.randint(1,20))
    #返回一个列表
    return numbers
#输出列表中的元素
def displayList(lst):
    for i in range(len(lst)):
        #10 个数一行输出
        if (i + 1) % 10 == 0:
            print(lst[i])
        else:
            print(lst[i], end=" ")
    print()
```

```
#移除重复的元素
def removeDup(lst):
    newlst = []
    for x in lst:
        if x not in newlst:
            newlst.append(x)
    #列表中是不重复的数
    return newlst
def main():
    #获得一个含 20 个随机数的列表
    numbers = createList()
    #输出列表内容
    print("产生的%d 个随机数：" % len(numbers))
    displayList(numbers)
    #去掉列表中重复的元素
    newNumbers = removeDup(numbers)
    #按升序排列
    newNumbers.sort()
    #输出列表内容
    print("去除重复后有%d 个数：" % len(newNumbers))
    displayList(newNumbers)
main()
```

运行结果为：

```
产生的 20 个随机数：
10 17 6 14 13 8 16 1 12 14
2 20 6 20 18 9 19 8 4 12
去除重复后有 15 个数：
1 2 4 6 8 9 10 12 13 14
16 17 18 19 20
```

【例 5-16】先随机产生 100 个小写字母的序列，然后统计每个字母在该序列中出现的次数。

设计两个列表。一个列表 chars 存放 100 个小写字母的字符串序列，另一个列表 counts 统计每个字母的个数，共有 26 个元素，每个元素代表一个小写字母出现的次数。

```
#统计每个字母在序列中出现的次数
from random import randint
def main():
    chars = createList()
    print("随机产生的 100 个字母：")
    displayList(chars, 20)
    print("每个字母出现的次数：")
    counts = countLetters(chars)
    displayCounts(counts)
#创建一个字母列表
def createList():
```

```
    chars = []
    for i in range(100):
        ch = chr(randint(ord('a'), ord('z')))
        chars.append(ch)
    return chars
#每行 n 个输出列表中的元素
def displayList(lst, n):
    for i in range(len(lst)):
        if (i + 1) % n == 0:
            print(lst[i])
        else:
            print(lst[i], end=" ")
    print()
#统计每个字母出现的次数
def countLetters(chars):
    counts = 26*[0]
    for i in range(len(chars)):
        num = ord(chars[i]) - ord('a')
        counts[num] += 1
    return counts
#显示计数
def displayCounts(counts):
    for i in range(len(counts)):
        if (i + 1) % 10 == 0:
            print(chr(i + ord('a')), counts[i])
        else:
            print(chr(i + ord('a')), counts[i], end=" ")
main()
```

运行结果为：

```
随机产生的 100 个字母：
a s o i o x t v i f m w v z v n d o a x
n a q d f e j u h e x q w j c a s z n a
a o b s o b o y b r y p i n j u h w c d
a o s b y t g e a b x l x s w p z a x d
p o o l l x r u l r t n a w g d q b z g
每个字母出现的次数：
a 10 b 6 c 2 d 5 e 3 f 2 g 3 h 2 i 3 j 3
k 0 l 4 m 1 n 5 o 9 p 3 q 3 r 3 s 5 t 3
u 3 v 3 w 5 x 7 y 3 z 4
```

函数 createList()产生一个包含 100 个随机小写字母的列表。chr(randint(ord('a'),ord('z')))中的函数 randint(a,b)会返回一个在指定区间[a, b]内的随机整数。ord('a')是小写字母'a'的 ASCII 码 97，ord('z')是小写字母'z'的 ASCII 码 122，因此，(randint(ord('a'),ord('z'))产生的是一个 97～122 之间的随机数，然后使用 chr()函数将该数转换为对应的小写字母。

函数 countLetters()返回一个具有 26 个整数的列表，每个整数代表一个字母的出现次数，ord(chars[i])-ord('a')计算每个字母在 0～26 中的序号，如果这个字母是 a，则相应的序号是 0，对 counts[0]加 1，如果这个字母是 z，则相应的序号是 25，即对 counts[25]加 1，这样遍历 chars 列表，对每个出现的字母在 counts 列表中相对应序号的元素值加 1。

5.2.6　二维列表

在列表中可以嵌套列表，从而构成多维列表。二维列表指在一个列表中嵌套了另一个列表。如果使用一次索引，则得到一整行；如果使用两次索引，则得到某一行里的其中一项：

```
>>> matrix = [ [ 1, 2, 3], [ 4, 5, 6 ], [ 7, 8, 9 ] ]
>>>matrix[ 1 ]
[4, 5, 6]
>>>matrix[ 1 ][ 1 ]
5
>>>matrix[ 2 ][ 0 ]
7
```

可以将二维列表理解为一个由行组成的列表，而每行又是一个由值组成的列表。二维列表的每行可以使用下标访问，称为行下标。每行中的值可以通过另一个下标访问，称为列下标。三行三列的二维列表如图 5-7 所示。

	第0列[0]	第1列[1]	第2列[2]
第0行[0]	1	2	3
第1行[1]	4	5	6
第2行[2]	7	8	9

图 5-7　三行三列的二维列表

其中，matrix[0]对应的值是[1, 2, 3]，matrix[1]对应的值是[4, 5, 6]，matrix[2]对应的值是[7, 8, 9]。列表中的每个值都可以用 matrix[i][j]来访问，i 与 j 分别是行下标和列下标，每个元素对应的行、列下标值如图 5-8 所示。

	第0列[0]	第1列[1]	第2列[2]
第0行[0]	matrix[0][0]	matrix[0][1]	matrix[0][2]
第1行[1]	matrix[1][0]	matrix[1][1]	matrix[1][2]
第2行[2]	matrix[2][0]	matrix[2][1]	matrix[2][2]

图 5-8　二维列表 matrix 中每个元素对应的行、列下标值

【例 5-17】对一个所有元素都是整数的二维列表，分别进行以下操作。

（1）对所有元素求和。

（2）求出最大值及其所在位置。

（3）按行求和。

（4）按列求和。

```
#输入一个矩阵
def inputMatrix():
    matrix = []
```

```
    numberOfRows = eval(input("输入矩阵的行数："))
    numberOfCols = eval(input("输入矩阵的列数："))
    for row in range(numberOfRows):
        value = input("输入一行数据（以空格隔开，回车结束）：").split()
        value = [eval(x) for x in value]
        matrix.append(value)   #添加一个空行
    return matrix
#输出矩阵
def printMatrix(matrix):
    print("\n 输入的矩阵为：")
    for row in range(len(matrix)):
        for col in range(len(matrix[row])):
            print(matrix[row][col], end="  ")
        print()
#对所有元素求和
def calcTotal(matrix):
    total = 0
    for row in matrix:
        for value in row:
            total += value
    return total
#按每行求和
def totalOfRow(matrix):
    totalRow = []
    for row in matrix:
        total = 0
        for col in row:
            total += col
        totalRow.append(total)
    return totalRow
#按每列求和
def totalOfCol(matrix):
    totalCol = []
    for col in range(len(matrix[0])):
        total = 0
        for row in range(len(matrix)):
            total += matrix[row][col]
        totalCol.append(total)
    return totalCol
#求最大的元素值及所在位置
def matrixMax(matrix):
    max  = matrix[0][0]
    maxRow = 0
```

```
        maxCol = 0
        for row in range(len(matrix)):
            for col in range(len(matrix[row])):
                if matrix[row][col]> max:
                    max = matrix[row][col]
                    maxRow = row
                    maxCol = col
        return maxRow, maxCol
    def main():
        #matrix = inputMatrix()
        matrix = [[1,2,3],[4, 5, 6],[7,8,9]]
        printMatrix(matrix)
        total = calcTotal(matrix)
        print("所有元素的总和为：", total)
        maxRow, maxCol = matrixMax(matrix)
        print("最大值为：第", maxRow, "行第", maxCol, "列的元素，其值是", matrix[maxRow]
[maxCol])
        print()
        totalRow = totalOfRow(matrix)
        row = 1
        for value in totalRow:
            print("第",row,"行的总和为：",value)
            row += 1
        print()
        totalCol = totalOfCol(matrix)
        col = 1
        for value in totalCol:
            print("第",col,"列的总和为：",value)
            col += 1
        print()
    main()
```

运行结果为：

```
输入的矩阵为：
1  2  3
4  5  6
7  8  9
所有元素的总和为： 45
最大值为：第 2 行第 2 列的元素，其值是 9

第 1 行的总和为： 6
第 2 行的总和为： 15
第 3 行的总和为： 24
```

```
第 1 列的总和为： 12
第 2 列的总和为： 15
第 3 列的总和为： 18
```

5.3　元组

元组（tuple）是一些元素的不可变的有序序列。元组与字符串的区别是：元组中的元素不一定是字符，其中的单个元素可以是任意类型，且它们彼此之间的类型也可以不同。

5.3.1　元组与列表的区别

元组与列表相似，也是用来存储一个数据的序列，但元组中的元素是固定的，即一旦一个元组被创建，元组中的元素则不可变，不能对元组中的元素进行添加、删除、替换或重新排列。

元组用圆括号组织一系列项，而列表使用方括号。虽然元组不能支持列表的所有操作，但元组具有列表的大多数属性。

如果在应用中不应该对列表中的内容进行修改，则可以使用元组来防止元素被更改。元组和列表很像，除更改元素的操作外，能对列表进行的操作也都适用于元组，但元组比列表的效率更高。在有些应用中必须使用元组而不能使用列表，如作为字典的键。一般来说，列表是适用于可能需要进行修改的有序集合，而元组能够处理其他固定关系的情况。

5.3.2　元组的使用

可以通过将元素用一括号括起来创建一个元组，这些元素用逗号隔开。可以创建一个空元组或从一个列表创建一个元组。

因为用圆括号可以把表达式括起来，所以如果想让圆括号里的单一对象是元组对象而不是一个简单的表达式，则需要在这一单个元素之后、关闭圆括号之前加一个逗号。

```
x = (40)          #x 是一个整数 40
y = (40,)         #y 是一个包含一个整数 40 的元组
```

元组可以进行连接、索引和切片等操作，但与列表不同的是，这些操作应用于元组时会返回新的元组。例如：

```
>>> (1, 2) + (3, 4)
(1, 2, 3, 4)
>>> (1, 2) * 4
(1, 2, 1, 2, 1, 2, 1, 2)
>>> T = (1, 2, 3, 4)
>>>T[0], T[1:3]
(1, (2, 3 ) )
```

类似于字符串和列表，一些序列的通用操作也适用于元组，也可以使用一个 for 语句遍历元组中的各个元素。常见的元组字面量和运算如表 5-12 所示，其中的 T 表示一个元组。

表 5-12　常见的元组字面量和运算

操作	说明
()	空元组
T = (0,)	单个元素的元组（非表达式）
T = (0, 'Ni', 1.2, 3)	四个元素的元组
T = 0, 'Ni', 1.2, 3	另一种四个元素的元组（不建议使用）
T = ('Bob', ('dev', 'mgr'))	嵌套元组
T = tuple('spam')	一个可迭代对象的元素组成的元组('s', 'p', 'a', 'm')
T[i]	返回元组的第 i 个元素
T[i][j]	返回元组第 i 个元素中的第 j 个元素
T[i:j]	返回元组的一个分片
len(T)	返回元组长度
T1 + T2	返回两个元组连接后的新元组
T * n	返回一个重复了 n 次 T 元组的新元组
for x in T : print(x)	遍历元组中的所有元素
e　in T	如果元组包含 e，则返回 True，否则返回 False
e not in T	如果元组不包含 e，则返回 True，否则返回 False

元组特有的方法不像列表那么多，但元组有两个专有的方法：index()和 count()。

例如，若 T = (1, 2, 3, 4, 3)，则

T.index(3)返回 2，即数据项 3 在元组中第一个出现的位置序号。

T.count(3)返回 2，即数据项 3 在元组中出现的次数。

5.3.3　序列的异同和转换

序列类型主要有字符串（str 类）、列表（list 类）、元组（tuple 类），字符串和元组都是不可变类，不能直接在原位置对元素的内容进行修改，引起改变序列内容的操作一般会返回一个新的序列。列表是可变类，允许对列表中的元素内容进行直接修改。序列类型之间的比较如表 5-13 所示。

表 5-13　序列类型之间的比较

类　型	元 素 类 型	字面量示例	是 否 可 变
str	字符串	"，'a'，'abc'	否
tuple	任意类型	()、(3,)、('abc', 4)	否
list	任意类型	[]、[3]、['abc', 4]	是

序列之间可以进行相互转换：join()方法可将列表转换为字符串。list 和 tuple 内置函数用来将对象转换成列表，或转换回元组。

列表推导也可以用来转换元组，如以下代码所示：

```
>>> s = 'Hello World!'
>>> list( s )    #将字符串转换为列表
['H', 'e', 'l', 'l', 'o', ' ', 'W', 'o', 'r', 'l', 'd', '!']
>>> T = ("aa", "bb", "cc", "dd")
>>> L = list(T) #元组转换为列表
>>> L
['aa', 'bb', 'cc', 'dd']

>>> L=['H', 'e', 'l', 'l', 'o', ' ', 'W', 'o', 'r', 'l', 'd', '!']
>>> "".join(L)     #将列表连接为字符串
'Hello World!'
>>>L =['aa', 'bb', 'cc', 'dd']
>>> T = tuple(L) #列表转换为元组
>>> T
('aa', 'bb', 'cc', 'dd')
```

例如，下面的代码从元组产生列表，并在过程中将每项都加上 20。

```
>>> T = (1, 2, 3, 4, 5)
>>> L = [x+20 for x in T]
>>> L
[21, 22, 23, 24, 25]
```

5.4　字典

映射是一种可通过名称来访问其各个值的数据结构。字典是 Python 中唯一的内置映射类型，其中的值不按顺序排列，而是存储在键下。键是不可变类型，可以是数、字符串或元组。如果把列表看作有序的对象集合，那么就可以把字典当作无序的集合。与列表不同的是，字典中的元素是通过键来存取的，而不是通过偏移存取的。字典中的项是不排序的。

字典的类型名是 dict，当写成字面量表达式时，字典以一系列“键:值”（key:value）对形式写出，每对之间用逗号隔开，最外面用花括号括起来。一个空字典就是一对空的花括号，而字典可以作为另一个字典（或者列表、元组）中的某一个值被嵌套。

如下所示用字典表示英文缩写与数字月份之间的对应关系。

```
monthNumbers = {'Jan:':1, 'Feb':2, 'Mar':3, 'Apr':4, 'May':5,
                1:'Jan', 2:'Feb', 3:'Mar', 4:'Apr', 5:'May'}
```

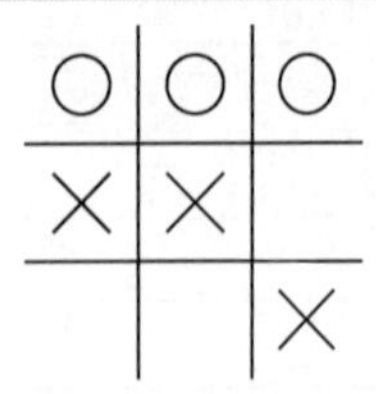

图 5-9　井字棋盘

monthNumbers['Jan']的值为 1，monthNumbers['May']的值为 5，而 monthNumbers[1]的值为'Jan '，monthNumbers[3]的值为’Mar’。

井字棋盘看起来像一个大的井字符号（#），有 9 个空格，可以包含玩家×、玩家○或空格，如图 5-9 所示。可以为每个格子分配一个字符串键，'top-R '表示右上角，'low-L '表示左下角，'mid-M'表示中间，以此类推，如下所示，用字典表示一个井字棋：

```
theBoard={'top-L':'o','top-M':'o','top-R':'o','mid-L':'X','mid-M':'X','mid-R':''
,'low-L':'','low-M':'','low-R':'X'}
```

5.4.1　创建字典

字典由键及其相应的值组成，这种键值对称为项。每个键与其值之间都用冒号（:）隔开，项之间用逗号隔开，而整个字典放在花括号内。空字典用两个花括号{}表示。在字典中，键是唯一的，而值可以重复。

可以使用函数 dict()从其他映射或键值对序列创建字典。例如：

```
D = { }                                #创建一个空字典
D = {"name": 'Bob', "age": 40}         #创建了一个有两个项的字典
E = {'cto': {"name": 'Bob', "age": 40}}  #创建了值为字典的字典
D = dict( name = 'Bob', age = 40)      #创建字典{'name': 'Bob', 'age': 40}
D = dict([('name', 'Bob'),('age', 40)])  #创建字典{'name': 'Bob', 'age': 40}
```

5.4.2　字典操作

常见字典操作如表 5-14 所示。

表 5-14　常见字典操作

操作	说明
D = { }	空字典
D = {"name": 'Bob', "age": 40}	有两个元素的字典
E = {'cto': {"name": 'Bob', "age": 40}}	嵌套
D = dict(name = 'Bob', age = 40)	其他构造方法：关键字
D = dict([('name', 'Bob'),('age', 40)])	键值对
D = dict(zip(keylist, valslist))	拉链式键值对
D = dict.fromkeys(['a', 'b'])	键列表
D['name']	通过键索引
E['cto']['age']	嵌套索引
'age' in D	成员关系：键存在测试
D.keys()	方法：所有键
D.value()	所有值
D.items()	所有“键+值”元组
D.copy()	复制（顶层的）
D.clear()	清除（删除所有项目）
D.update(D2)	通过键合并
D.get(key, default)	通过键获取，如果不存在则默认返回 None
D.pop(key, default)	通过键删除，如果不存在则返回错误
D.setdefault(key, default)	通过键获取，如果不存在则默认设置为 None
D.popitem()	删除/返回所有的键值对
len(D)	长度（存储的键值对的对数）
D[key] = 42	新增/修改键，删除键
del D[key]	根据键删除条目

续表

操作	说明
list(D.keys())	查看字典值
D1.keys() & D2.keys()	获取两个字典中所有键的集合
Dictionary views	查看字典值
D = {x: x*2 for x in range(10)}	字典推导

字典用法注意事项如下。

（1）序列运算无效。字典是映射机制，不是序列，类似拼接和分片这样的运算是不能用的。

（2）对新索引赋值会添加项。

（3）键不一定总是字符串。任何不可变对象都可以作为键，

【例 5-18】用字典保存朋友的生日，使用名字作为键，生日作为值。

```
birthdays = {'小明':'Apr 1 2001','小红':'Dec 12 1999','小强':'Mar 4 2001'}
monthInChinese = {'Jan':'1月', 'Feb':'2月', 'Mar':'3月', 'Apr':'4月', 'May':'5
            月','Jun':'6月','Jul':'7月','Aug':'8月','Sep':'9月','Oct':'10
            月', 'Nov':'11月', 'Dec':'12月'}
print("你保存了生日的朋友有：")
for x in birthdays:
    print(x,end=" ")
print()
while True:
    print('输入你想要知道哪天生日的朋友名字：(空格退出)')
    name = input()
    if name==' ':
        break
    if name in birthdays:
        birth = birthdays[name].split()
        print(name + '的生日是'+birth[2] + '年' + monthInChinese[birth[0]] +
birth[1]+'日')
    else:
        print('我不知道' + name + '的信息。')
```

运行结果为：

```
你保存了生日的朋友有：
小明小红小强
输入你想要知道哪天生日的朋友名字：(空格退出)
小红
小红的生日是1999年12月12日
输入你想要知道哪天生日的朋友名字：(空格退出)
小强
小强的生日是2001年3月4日
输入你想要知道哪天生日的朋友名字：(空格退出)
```

5.4.3 常用字典方法

1. keys()、values()和 items()方法

keys()、values()和 items()方法将返回类似列表的值，分别对应于字典的键、值和键值对。但这些方法返回的值不是真正的列表，它们不能被修改，没有 append()方法，这些数据类型分别是 dict_keys、dict_values 和 dict_items，都可以用于 for 循环。

```
spam= {'color':'red','age':42}
for key in spam.keys():
    print(key, end=' ')
print()
for v in spam.values():
    print(v, end=' ')
print()
for item in  spam.items():
    print(item, end=' ')
print()
```

运行结果为：

```
color age
red 42
('color', 'red') ('age', 42)
```

可以将这些方法返回的值传递给 list()函数得到一个真正的列表。

```
spam= {'color':'red','age':42}
keys= list(spam.keys())
values = list(spam.values())
items = list(spam.items())
print(keys)
print(values)
print(items)
```

运行结果为：

```
['color', 'age']
['red', 42]
[('color', 'red'), ('age', 42)]
```

【例 5-19】输入一个星期名的缩写，如'Su','Mo','Tu','We','Th','Fr','Sa'，输出对应的英文星期名称和中文星期名称。

```
week = input('请输入某一个星期几的缩写：')
days = {'Su': ('Sunday','星期日'),  'Mo': ('Monday','星期一'),'Tu': ('Tuesday','星期二'), 'We': ('Wednesday','星期三'), \
        'Th': ('Thursday','星期四'),  'Fr': ('Friday','星期五'), 'Sa': ('Saturday','星期六')}
if week in  days.keys():
    print('"'+week + '"是 '+days[week][0]+', '+days[week][1])
```

```
else:
    print("输入有误！")
```

运行结果为：

```
请输入某一个星期几的缩写：Th
"Th"是 Thursday，星期四
```

2．get()方法

get()方法有两个参数。第一个是需要获取其值的键，第二个是当该键不存在时返回的值，默认为 None。get()方法返回该键对应的值或该键不存在时第二个参数要设置的值。

```
spam= {'color':'red','age':42}
print('color: ' + spam.get('color'))
print('age: ' + str(spam.get('age')))
print('name: ' + spam.get('name','你所访问的值不存在'))
print('Tel: ' + str(spam.get('tel')))
```

运行结果为：

```
color: red
age: 42
name: 你所访问的值不存在
Tel: None
```

3．setdefault()方法

setdefault()方法可以为字典中的某个键设置一个默认值。传递给该方法的第一个参数是要检查的键，第二个参数是该键不存在时要设置的值。如果该键确实存在，那么 setdefault()方法就会返回该键的值。

```
spam= {'color':'red','age':42}
spam.setdefault('name','Pooks')
print(spam)
spam.setdefault('color','blue')
print(spam)
```

运行结果为：

```
{'color': 'red', 'age': 42, 'name': 'Pooks'}
{'color': 'red', 'age': 42, 'name': 'Pooks'}
```

第一次调用 setdefault()方法时，因为在字典 spam 中没有键'name'，所以该方法返回值'Pooks'，在字典中增加了 'name': 'Pooks'键值对。但在第二次调用时，字典中存在'color'，该方法返回值'red'，该键的值不会修改为'blue'。

【例 5-20】统计一个字符串中每个字符出现的次数。

```
message = "Beautiful is better."
#创建一个空字典，准备存放每个字符和其个数组成的键值对
count = { }
for c in message:
    #在字典 count 中若不存在该字符，则其值设置为 0
count.setdefault(c,0)
```

```
        #每个字符的个数值加 1
        count[c] += 1
    print(count)
```

运行结果为：

```
{'B': 1, 'e': 3, 'a': 1, 'u': 2, 't': 3, 'i': 2, 'f': 1, 'l': 1, ' ': 2, 's': 1, 'b':
1, 'r': 1, '.': 1}
```

从运行结果可以看出，大写字母'B'出现了 1 次，小写字母'e'出现了 3 次，空格出现了 2 次。

【例 5-21】输入学生的学号、姓名，以及语文、数学、外语成绩，统计每个学生的总分，并按顺序输出所有学生的学号、姓名和总分。

```
print("请依次输入学号姓名语文成绩数学成绩英语成绩，并以#号结束")
student = { }
s  = input().split()
while s[0] != '#':
    sum = eval(s[2]) + eval(s[3]) + eval(s[4])
#学号为键，值为姓名和总分
    student[s[0]] = s[1],sum
    s  = input().split()
print(" 学号姓名总分")
for s in student:
    print(s+', '+student[s][0]+', '+str(student[s][1]))
```

运行结果为：

```
请依次输入学号姓名语文成绩数学成绩英语成绩，并以#号结束
1001 aaa 70 100 90
1002 bbb 90 80 88
1003 ccc 100 80 90
#
学号姓名总分
1001, aaa, 260
1002, bbb, 258
1003, ccc, 270
```

【例 5-22】输入学生的姓名和成绩等级，以#号结束，等级用字符 A、B、C、D、E、F 表示。输出每个等级的人数和姓名。

```
gradeList = {}
print("输入学生的学号、成绩等级：")
info = input().split()
while info[0] != '#':
    #字典 gradeList 存放学号：成绩等级键值对
    gradeList[info[0]] = info[1]
    info = input().split()
#成绩等级：等级个数键值对
levelCount= {'A':0, 'B':0, 'C':0, 'D':0, 'E':0, 'F':0}
#成绩等级：学号列表键值对
```

```
nameList =  {'A':[], 'B':[], 'C':[], 'D':[], 'E':[], 'F':[]}
for p in gradeList.items():
    levelCount[p[1]] += 1
    nameList[p[1]].append(p[0])
for level in levelCount.keys():
    print("等级"+level+"有 "+ str(levelCount[level]) + " 人")
    if levelCount[level] != 0:
        print("   分别是： ",end=" ")
        for p in nameList[level]:
            print(p,end="  ")
        print()
```

运行结果为：

```
输入学生的学号、成绩等级：
1001 A
1002 A
1003 F
1004 B
#
等级 A 有 2 人
分别是：  1001  1002
等级 B 有 1 人
分别是：  1004
等级 C 有 0 人
等级 D 有 0 人
等级 E 有 0 人
等级 F 有 1 人
分别是：  1003
```

【例 5-23】将文本中的符号及某些单词去除后进行单词个数统计。

```
def wordCount(text):
    table = str.maketrans('!,.:;?\n', 7*' ')
    text = text.translate(table)
    text = text.lower()
    simple = ['the', 'to', 'a', 'an', 'of', 'by', 'for', 'in', 'up', 'from']
wordList = text.split()
    print(wordList)
    counters = { }
    for word in wordList:
        if word.isalpha() and word not in simple:
            count = counters.get(word, 0)
            counters[word] = count + 1
    for word in counters:
      print(word + " : " + str(counters[word]))
def main():
```

```
    text =  """CUZ - COMMUNICATION UNIVERSITY OF ZHEJIANG is an internationally renowned, highly professional Chinese institution of higher education in China in the field of media and broadcast industries. The University was founded 42 years ago when China first began her epoch marking opening and reforms. """
    wordCount(text)
main()
```

列表和元组是一种序列，是任意对象的有序集合。因此，可以通过索引对其元素进行访问。字典是一种映射，是任意对象的无序集合，因此只能通过键而不是通过索引对其元素进行访问。列表和字典都是可变对象，而元组是不可变对象。如果数据带有标签，字典通常是更好的选择，字典查找通常也比列表中的搜索更快。

5.5　集合

集合（set）是 Python 中的基本数据结构，可以存储无序的元素的集合，但集合内的元素必须是不可变对象，并且所有的元素不能有重复。不支持索引访问集合里的元素，使用集合的主要好处是速度快。用集合表示扑克牌的花色和点数如下所示：

```
#分别表示四种花色的 ♠、♡、♢、♣
#扑克牌的花色表示
suits = {'\u2660', '\u2661', '\u2662', '\u2663'}
#扑克牌的点数表示
ranks = {'2', '3', '4', '5', '6', '7', '8', '9', '10', 'J', 'Q', 'K', 'A'}
```

5.5.1　创建集合

将元素用一对花括号{}括起来进行一个元素集合的创建，集合中的元素用逗号隔开。也可以用 set()函数从一个列表、一个元组或一个字符串创建一个集合。

【例 5-24】集合的创建与输出。

```
s1=set()                          #创建一个空集合
s2={1,3,5}                        #创建一个三元素的集合
s3=set((1,3,5))                   #从元组创建一个集合
s4=set([x*2forxinrange(1,5)])     #从列表推导出的列表创建一个集合
s5=set("HelloWorld")              #从字符串创建一个集合，去掉重复的元素
print("s1=",s1)
print("s2=",s2)
print("s3=",s3)
print("s4=",s4)
print("s5=",s5)
```

运行结果为：

```
s1 =  set()
s2 =  {1, 3, 5}
s3 =  {1, 3, 5}
```

```
s4 =  {8, 2, 4, 6}
s5 =  {'H', 'd', 'e', 'r', 'o', 'W', 'l', ' '}
```

Python 中的每个对象都有一个哈希值。如果一个对象的哈希值在程序执行期间保持不变，则这个对象是可哈希的。一个集合可以包含类型相同或不同的元素，每个元素必须是可哈希的。Python 中可哈希对象包括数字、字符串、元组、自定义类的对象；不可哈希对象包括列表、字典、集合。

```
s1=(1,3,5)
s={1,3.14,"abc",s1}
print(s)
```

运行结果为：

```
{(1, 3, 5), 1, 3.14, 'abc'}
```

5.5.2　集合操作

可以通过使用 add(e)或 remove(e)方法来对一个集合添加或删除元素。可以使用函数 len()、min()、max()和 sum()对集合操作，可使用 for 循环遍历一个集合中的所有元素，也可以使用 in 或 not in 运算符来判断一个元素是否在一个集合中。

```
data = {"first", "second", "third", "fourth", "fifth"}
if "fourth" in data:
print("Found the data")
```

可以使用集合将列表中的重复元素去掉。

```
studentNo = ["190807014", "190807015", "190807022", "190807023", "190807105",
"190807014", "190807105", "190807106" ]
print(len(studentNo))                              #输出结果为 8
no_duplicate_studentNo = set(studentNo)
print(len(no_duplicate_studentNo))                 #输出结果为 6
```

5.5.3　集合运算

对集合可以进行并集、交集、差集和对称差集运算，如表 5-15 所示。

表 5-15　集合操作

运算符	说明	操作	结果
union 或 |	并集：包含这两个集合所有元素的集合	s1.union(s2) 或 s1|s2	{1, 2, 3, 4, 5}
intersection 或&	交集：包含了两个集合共同的元素的集合	s1.intersection(s2) 或　s1 & s2	{1}
difference 或 -	差集：包含了出现在 set1 但不出现在 set2 的元素的集合	s1.difference(s2) 或　s1 - s2	{2, 4}
symmetric_difference 或 ^	对称差（异或）：包含除它们共同元素外的所有这两个集合中的元素	s1.symmetric_difference(s2) 或 s1^s2	{2, 3, 4, 5}

【例 5-25】输出一段文字中出现的单词。

```
text ="""The Zen of Python, by Tim Peters
Beautiful is better than ugly.
Explicit is better than implicit.
Simple is better than complex.
Complex is better than complicated.
Flat is better than nested.
Sparse is better than dense."""
table = str.maketrans('!,.:;?\n*\'-', 10*' ')
text = text.translate(table)
text = text.lower()
simple = {'is', 'the', 'to', 'a', 'an', 'of', 'by', 'for', 'in', 'up', 'from','s','t'}
#将文本单词列表使用集合去重，并去除某些单词
wordList =set(text.split()) - simple
#对单词表进行排序输出
print(sorted(wordList))
```

运行结果为：

```
['beautiful', 'better', 'complex', 'complicated', 'dense', 'explicit', 'flat',
'implicit', 'nested', 'peters', 'python', 'simple', 'sparse', 'than', 'tim', 'ugly',
'zen']
```

5.6　一些简单算法和数据结构

5.6.1　搜索算法

1. 线性查找法

查找是指在列表中查找一个特定元素的方法。查找方法一般有两种：线性查找法和二分查找法。

线性查找法顺序地将关键元素 key 和列表中的每个元素进行比较。若查到这个关键字匹配列表中的某个元素，则返回匹配元素在列表中的下标；若查找完整个列表都没有匹配的元素，则返回-1。

```
def linearSearch(lst, key):
    for i in range(len(lst)):
        if key == lst[i]:
            return i
    return -1
lst = [1, 4, 4, 2, -6, 3, 2]
i = linearSearch(lst, 4)
j = linearSearch(lst, -4)
k = linearSearch(lst, -6)
print(i, j, k)
```

运行结果为:

```
1 -1 4
```

2. 二分查找法

运用二分查找法，列表中的元素必须是已经排好序的，假设升序排列。二分查找法首先将要查找的关键元素 e 与最中间的元素进行比较，如果相等则表示找到该元素，返回下标。如果所比较的元素大于关键字，则在前一半继续查找，否则，在后一半继续查找，直到找到或查找完所有的元素为止。步骤如下：

（1）选择一个可以将列表 L 大致一分为二的索引 i。

（2）检查是否有 L[i] == e。

（3）如果不是，则检查 L[i]大于还是小于 e。

（4）根据上一步的结果，确定在 L 的左半部分还是右半部分搜索 e。

【例 5-26】在列表 lst = [1, 4, 6, 7, 9, 13, 20]中用二分查找法分别查找三个特定元素（7、-4 和 20），并输出它们在列表中的位置。

```
def binarySearch(lst, key):
    low = 0
    high = len(lst) - 1
    while low <= high:
        mid = (low + high) //2
        if key <lst[mid]:
            high = mid - 1
        elif key == lst[mid]:
            return mid
        else:
            low = mid + 1
    return -1
lst = [1, 4, 6, 7, 9, 13, 20]
i = binarySearch(lst, 7)
j = binarySearch(lst, -4)
k = binarySearch(lst, 20)
print(i, j, k)
```

运行结果为:

```
3 -1 6
```

使用递归实现二分查找。

```
def  Search(L, e):
#假设 L 是列表，其中元素按升序排列。
#如果 e 是 L 中的元素，则返回 True，否则返回 False
    def bSearch(L, e, low, high):
        if high == low:
            return L[low] == e
        mid = (low + high) // 2
        if L[mid] == e:
```

```
            return True
        elif L[mid] > e:
            if low == mid:
                return False
            else
                return bSearch(L, e, low, mid -1)
        else:
            return bSearch(L, e, mid + 1, high)
        if len(L) == 0:
            return False
        else:
            return bSearch(L, e, 0, len(L) - 1)
```

5.6.2　排序算法

1. 选择排序法

选择排序的原理是维持一个循环不变式。它会将列表分成前缀部分（L[0 : i]）和后缀部分（L[i+1 : len(L)），前缀部分已经排好序，而且其中的每个元素都不大于后缀部分中的最小元素，即找到列表中的最小元素并将它和第一个元素交换。

【例 5-27】对列表 lst = [2, 9, 5, 4, 8, 1, 6]用选择排序法排序后输出。

```
#i 为当前第一个元素的索引，找到从第 i 个元素开始的列表的最小元素，并与当前的第一个元素交换
def seachMin(lst, i):
    currentMin = i
    for j in range(i, len(lst)):
        if lst[currentMin] > lst[j]:
            currentMin = j
    lst[i], lst[currentMin] = lst[currentMin], lst[i]
    return lst
#选择排序：从第一个元素开始，对于每个列表，将最小值交换到当前的值
def selectSort(lst):
    for i in range(0,len(lst) - 1):
        seachMin(lst, i)
    return lst

lst = [2, 9, 5, 4, 8, 1, 6]
selectSort(lst)
print(lst)
```

2. 插入排序法

该方法重复地将一个新元素插入已排好序的列表中。

【例 5-28】对列表 lst = [2, 9, 5, 4, 8, 1, 6]用插入排序法排序后输出。

```
#将列表中的第 i 个元素插入已排好序的前 i-1 个元素的列表中
def insertAnElement(lst, i):
```

```
    currentElement = lst[i]
    k = i - 1
    while k >= 0 and lst[ k ] >currentElement:
        lst[k + 1] = lst[ k ]
        k -= 1
    lst[k+1] = currentElement
    return lst
#插入排序：从第一个元素开始，对于每个列表，将最小值交换到当前的值
def insertSort(lst):
    for i in range(1,len(lst)):
        insertAnElement(lst, i)
    return lst
lst = [2, 9, 5, 4, 8, 1, 6]
insertSort( lst )
print( lst )
```

3．冒泡排序法

该方法将相邻两个元素比较，如果前一个元素比后一个元素大，则将两个元素位置交换。

【例 5-29】对列表 lst = [2, 9, 5, 4, 8, 1, 6]用冒泡排序法排序后输出。

```
#相邻两个元素比较，若前一个元素大于后一个元素，则交换两个元素的位置
def exchange(lst, n):
    for i in range(n):
        if lst[i] > lst[i+1]:
            lst[i], lst[i+1] = lst[i+1], lst[i]
    return  lst
#冒泡排序：经过 n 轮的交换，最终按升序排列
def bubbleSort(lst):
    i = len(lst) - 1
    while i > 0:
        exchange(lst, i)
        i -= 1
    return lst
lst = [2, 9, 5, 4, 8, 1, 6]
bubbleSort(lst)
print(lst)
```

列表 lst = [2, 9, 5, 4, 8, 1, 6]，第一轮交换结果为 lst = [2, 5, 4, 8, 1, 6, 9]，第二轮交换结果为[2, 4, 5, 1, 6, 8, 9]，第三轮交换结果为[2, 4, 1, 5, 6, 8, 9]，…

经过第六轮交换，每个元素都排好序：[1, 2, 4, 5, 6, 8, 9]。

4．归并排序法

归并排序法是一种典型的分治算法。可以使用递归方式：

（1）如果列表的长度是 0 或 1，那么它已经排好序了。

（2）如果列表包含多于 1 个元素，就将其分成两个列表，并分别使用归并排序法进行排序。

（3）合并结果。

【例 5-30】对列表 lst = [2, 9, 5, 4, 8, 1, 6]用归并排序法排序后输出。

```
def  merge(left, right, compare):
    """
    假设 left 和 right 是两个有序列表，compare 定义了一种元素排序规则。
    返回一个新的有序列表，其中包含与（left+rigth)相同的元素。
    """
    result = []
    i,j = 0,0
    while i < len(left) and j < len(right):
        if compare(left[i], right[j]):
            result.append(left[i])
            i += 1
        else:
            result.append(right[j])
            j += 1
    while (i < len(left)):
        result.append(left[i])
        i += 1
    while (j < len(right)):
        result.append(right[j])
        j += 1
    return result

def mergeSort(L, compare = lambda x, y : x < y):
    """
    假设 L 是列表，compare 定义了 L 中元素的排序规则。
    返回一个新的具有 L 中相同元素的有序列表。
    """
    if len(L) < 2:
        return L[:]
    else:
        middle = len(L) //2
        left = mergeSort(L[:middle], compare)
        right = mergeSort(L[middle:],compare)
        return merge(left, right, compare)

L  = [2, 9, 5, 4, 8, 1, 6]
resultL = mergeSort(L,lambda x, y : x < y)
print(resultL)
```

5.7　列表在 turtle 中的应用

【例 5-31】Conway 的生命游戏。

Conway 的生命游戏是细胞自动机的一个例子。其规则是：在一个方格中，一个实心方块表示是“活的”，空心方块表示是“死的”。如果一个活的方块与两个或 3 个活的方块为邻，则它在下一步将还是活的。如果一个死的方块正好有 3 个活的邻居，那么下一步它就会是活的。所有其他方块在下一步会死亡或保持死亡。

创建一个二维列表，来存储代表活细胞和死细胞的 1 与 0，它们在二维列表中的位置反映了它们在屏幕上的位置。

将二维列表放在一个名为 nextCells 的变量中，因为主程序循环的第一步是将 nextCells 复制到 currentCells 中。对于我们的列表数据结构列表，x 坐标从左侧的 0 开始，向右增加；而 y 坐标从顶部的 0 开始，向下增加。因此，nextCells[0][0]代表左上方的细胞，nextCells[1][0]代表该细胞右侧的细胞，nextCells[0][1]代表其下方的细胞。

主程序循环的每次迭代就是细胞自动机的一步。在每一步，我们都将 nextCells 复制到 currentCells，在屏幕上输出 currentCells，然后利用 currentCells 中的细胞来计算 nextCells 中的细胞。

为了确定 nextCells[x][y]上的细胞是存活还是死亡，需要计算 currentCells[x][y]拥有的活邻居的数量。检查该细胞的 8 个邻居中的每个邻居，对于每个活邻居，sum 加 1。

```
#turtle 绘制生命游戏
#Conway 的生命游戏
import random, copy, time
import turtle

WIDTH = 6  #表示方块的行
HEIGHT = 4  #表示方块的列

#绘制一个方框
def drawBoard(startx, starty, endx, endy):
    #Draw chess board borders
    turtle.pensize(3)  #Set pen thickness to 3 pixels
    turtle.penup()  #Pull the pen up
    turtle.goto(startx, starty + 30)
    turtle.pendown()  #Pull the pen down
    turtle.color("red")
    turtle.fillcolor("white")
    turtle.begin_fill()
    for i in range(2):
        turtle.forward(endy * 30)  #Draw a line
        turtle.right(90)  #Turn left 90 degrees
        turtle.forward(endx * 30)  #Draw a line
        turtle.right(90)  #Turn left 90 degrees
    turtle.end_fill()
#将活细胞所在的方格填充成黑色
def drawMultipleRectangle(startx, starty, endx, endy, nextCells):
```

```
        for i in range(0, endx):
            for j in range(0, endy):
                if nextCells[i][j] == 1:
                    turtle.color("black")
                    fillRectangle(startx + (j) * 30, starty - (i) * 30)
    #绘制一个小矩形，并着色
    def fillRectangle(i, j):
        turtle.penup()
        turtle.goto(i, j)
        turtle.pendown()
        turtle.begin_fill()
        for k in range(4):
            turtle.forward(30)  #Draw a line
            turtle.left(90)  #Turn left 90 degrees
        turtle.end_fill()
    #绘制一个棋盘，活细胞的格子为黑色，其余为白色
    def drawChessboard(startx, starty, endx, endy, nextCells):
        drawBoard(startx, starty, endx, endy)
        drawMultipleRectangle(startx, starty, endx, endy, nextCells)
    #随机产生一个细胞状态，1 表示是活的，0 表示是死的
    def initCell():
        nextCells = []
        for x in range(WIDTH):
            row = []
            for y in range(HEIGHT):
                row.append(random.randint(0, 1))
            nextCells.append(row)
        return nextCells
    #计算每个细胞活的邻居数
    def neighboursCountAt(row,col,nextCells):
        sum = 0;
        for i in range(-1,2):
            for j in range(-1,2):
                r = row + i
                c = col + j
                if (r > -1 and r < WIDTH and c > -1 and c < HEIGHT and not(r == row and
c == col)):
                    sum = sum + nextCells[r][c]
        return sum;
    #确定每个细胞的生死状态
    def setState(row,col,nextCells):
        if  (nextCells[row][col]==1  and  (neighboursCountAt(row,col,nextCells)==2  or
neighboursCountAt(row,col,nextCells)==3)):
```

```
            state = 1
        elif (nextCells[row][col]==0 and neighboursCountAt(row,col,nextCells)==3):
            state = 1
        else:
            state = 0
        return state
    #生成当前所有细胞的生死状态
    def gennextCell(nextCells):
        currentCells = copy.deepcopy(nextCells)
        for i in range(WIDTH):
            for j in range(HEIGHT):
                currentCells[i][j] = setState(i, j, nextCells);
        nextCells = copy.deepcopy(currentCells)
        return nextCells
    #判断生死状态是否结束
    def judge(currentCells, nextCells):
        for x in range(0, WIDTH):
            for y in range(0,  HEIGHT):
                if currentCells[x][y] != nextCells[x][y]:
                    return False
        return True
    #主程序
    def main():
        nextCells = initCell()
        stx = -450
        sty = 350
        turtle.speed(30)
        total = 0
        #最多限定在 20 次变化
        for i in range(20):
            #绘制首个棋盘
            drawChessboard(stx, sty, WIDTH, HEIGHT, nextCells)
            lastCells = copy.deepcopy(nextCells)
            nextCells = gennextCell(nextCells)
            t = total
            #计算每轮活的细胞数
            total = 0
            for x in range(WIDTH):
                total = total + sum(nextCells[x])
            #状态结束
            if total == 0 or t == total and judge(lastCells, nextCells):
                break
            #判断是否到达边框
```

```
        if stx < 270:
            stx = stx + (HEIGHT + 2) * 30
        else: #到达边框换行从头开始
            sty = sty - (WIDTH + 2) * 30
            stx = -450
    turtle.hideturtle()
    turtle.done()
main()  #调用主函数
```

运行结果如图 5-10 所示。

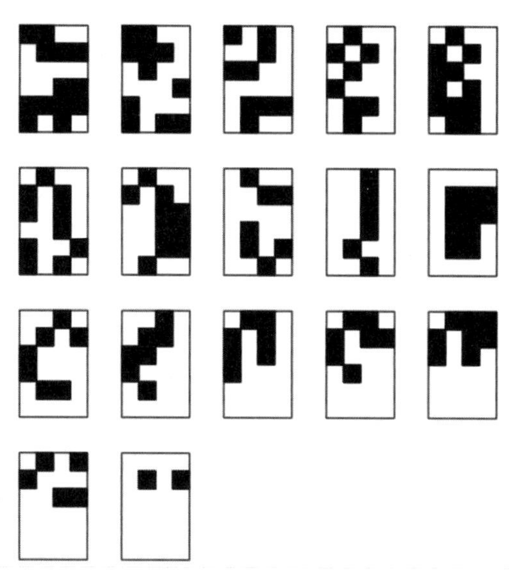

图 5-10　运行结果

5.8　小结

本章主要介绍了结构化类型，包括字符串、列表、元组、字典和集合。字符串用引号（单引号、双引号或三引号）组织元素，其中所有元素都是字符；列表用[ ]组织元素，每个元素之间用逗号隔开，元素可以是任意类型；元组用()组织元素，每个元素用逗号隔开，元素可以是任意类型；字典用{ }组织元素，每个元素之间用逗号隔开，其中每个元素是一个键值对的形式，其中的键为不可变类型，值可以是任意类型；集合用{ }组织元素，每个元素之间用逗号隔开，元素必须是可哈希的，可以是数字、字符串、元组、自定义类的对象，但不能是列表、字典、集合，并且所有的元素不能有重复。

字符串、列表、元组都属于序列，可以通过索引对其元素进行访问。字典是一种映射，是任意对象的无序集合，因此只能通过键而不是通过索引对其元素进行访问。集合既不是序列也不是映射，集合内的元素是无序的，不支持索引访问集合里的元素。

字符串、元组和集合都是不可变对象，不能对其元素进行添加、删除、修改等操作，列表和字典是可变对象，其中的元素可以修改，也可以进行元素的添加或删除操作。

习题 5

一、选择题

1．字符串可用转义序列表示，若 s = s = r'\101\x41\x0A\A'，则该字符串 s 的长度为（　　）。

A．14　　B．6　　C．5　　D．4

2．以下操作中，（　　）是正确的。

A.
```
s = {1, 2, 3, 4}
s[ 2 ] = 0
```
B.
```
s = (1, 2, 3, 4)
s[ 2 ] = 0
```
C.
```
s = {1:1, 2:2 , 3:3, 4:4}
s[ 2 ] = 0
```
D.
```
s = "1234"
s[ 2 ] = "0"
```

3．运行如下代码，运行结果为（　　）。

```
s1 = "114"
s2 = str("114")
s3 = str(114)
print(s1==s2)
print(s2==s3)
```

A.
```
True
True
```
B.
```
True
False
```
C.
```
False
False
```
D.
```
False
False
```

4．若有字符串 s = “abcdefg”，则以下描述中不正确的是（　　）。

A．字符串的长度是 7

B．s[0]和 s[-1]返回的是同一个字符

C．s[x]和 s[-(len(s)-x)]返回的是同一个字符

D．字符串 s 的结束标记是"\0"

5．现有字符串 s = "I love Python"，若要输出“love”，则（　　）操作是不正确的。

A．print(s[2:5])　　B．print(s[2:6])

C．print(s[-11:6])　　D．print(s[2:-7])

6．现有字符串 s = 'Python'，对字符串 s 进行连接操作后输出‘Python111’，（　　）操作会有错误。

A．print(s + '1' + '1' + '1')　　B．print(s + 111)

C．print(s + str(111))　　D．print(s + '1'*3)

7．现有如下列表：

```
animal = ["cat", "dog"]
```

执行（　　）语句后，列表 animal 的值为['cat', 'dog', 'tiger']。

A．animal = animal + 'tiger'　　B．animal = animal + ['tiger']

C．animal.append(tiger)　　D．animal.extend('tiger')

8．以下表达式中正确的是（　　）。

A．'123' + 4　　B．'123' * 4　　C．'123' * 4.0　　D．'123' * '4'

9．若有列表 numbers =[1, 2, 3, 4, 5]，以下（　　）语句不能正确输出列表值[1, 2, 3, 4, 5]。

A．print(numbers)　　B．print(numbers[:])

C．print(numbers[0:len(numbers)])　　D．print(numbers[0:len(numbers)-1])

10．现有一列表 animal = ["cat", "dog", "tiger"]，以下（　　）操作不能正确输出列表中的所有元素。

A.
```
for i in animal:
print(i, end=" ")
```

B.
```
for i in range(len(animal)):
    print(animal[ i ], end=" ")
```

C.
```
for i in range( 3 ):
    print(animal[ i ], end=" ")
```

D.
```
for i in range( animal ):
print(i, end=",")
```

11．以下对列表 a = ['a', 'b', 'c', 'd', 'e']操作不正确的是（　　）。

A．a[len(a)-1]　　B．a[-1]　　C．a[-5]　　D．a[5]

12．a = ['a', 'b', 'c', 'd', 'e']

```
print(a[-3:-1])
```

执行以上语句后输出（　　）。

A．['c', 'd']　　B．['c', 'd', 'e']　　C．['b', 'c', 'd']　　D．['d', 'e']

13．a = ['a', 'b', 'c', 'd', 'e']

```
a[2:3] = [10,20]
```

执行以上语句后（　　）。

A．列表 a 的值为['a', 'b', 10, 20, 'e']　　B．列表 a 的值为['a', 'b', 10, 20, 'd', 'e']

C．列表 a 长度不变　　D．会出现错误

14．（　　）可以实现用列表中每个元素的平方值构建一份新的列表。

A.
```
a = [1, 2,3 ,4 ,5, 6]
squares = [ ]
for x in a:
squares.append(x**2)
```

B.
```
a = [1, 2,3 ,4 ,5, 6]
squares = [x**2 for x in a]
```

C.
```
a = [1, 2,3 ,4 ,5, 6]
squares = list(map(lambda x: x**2, a))
```

D. 前面三项选项都可以

15．以下选项中不正确的是（　　）。

A.
```
a = [1, 2, 3 ,4 ,5, 6, 7, 8, 9, 10]
even_square = [x**2 for x in a if x %2 ==0]
print(even_square)
输出:
[4, 16, 36, 64, 100]
```

B.
```
a = [1, 2, 3 ,4 ,5, 6, 7, 8, 9, 10]
even_square = {x: x**2 for x in a if x %2 ==0}
输出:
{2: 4, 4: 16, 6: 36, 8: 64, 10: 100}
```

C.
```
a = [1, 2, 3 ,4 ,5, 6, 7, 8, 9, 10]
```

```
    even_square = {x**2 for x in a if x %2 ==0}
    print(even_square)
    输出：
    {64, 100, 4, 36, 16}
D.  a = [1, 2, 3 ,4 ,5, 6, 7, 8, 9, 10]
    even_square = (x**2 for x in a if x %2 ==0)
    print(even_square)
    输出：
    (4, 16, 36, 64, 100)
```

16．对列表 a = [1, 2, 3 ,4 ,5, 6, 7, 8, 9, 10]进行以下（　　）语句推导，even_square 列表的值不一定是[4, 16, 36, 64, 100]。

A．even_square = [x**2 for x in a if x %2 ==0]

B．even_square = list({x: x**2 for x in a if x %2 ==0}.values())

C．even_square = list({x**2 for x in a if x %2 ==0})

D．even_square = list(x**2 for x in a if x %2 ==0)

17．对二维矩阵 matrix = [[1, 2, 3], [4, 5, 6], [7, 8, 9]]里每个元素计算平方值，以下（　　）语句能够正确得到二维矩阵：[[1, 4, 9], [16, 25, 36], [49, 64, 81]]。

A．squares_matrix = [x**2 for row in matrix for x in row]

B．squares_matrix = [[x**2 for x in row] for row in matrix]

C．squares_matrix = [x**2 for x in matrix]

D．squares_matrix = [[x**2 for row in matrix] for x in row]

18．（　　）是列表的第一个索引。

A．1　　B．0

C．列表的长度的负数　　D．列表的长度减 1 的负数

19．（　　）是列表中的最后一个索引。

A．-1　　B．0

C．列表的长度　　D．列表的长度的负数

20．有一列表 lst，求其长度的方式是（　　）。

A．len(lst)　　B．length(lst)　　C．lst.size()　　D．lst.length()

21．创建一个列表的错误语句是（　　）。

A．values = [1, 2, 3, 4]　　B．values = [2,]

C．values = [(1,2,3)]　　D．values = (1, 2, 3)

22．执行 values = [1, 2, 3, 4] * 2 语句后，values 的值为（　　）。

A．[2, 4, 6, 8]　　B．[1, 2, 3, 4, 1, 2, 3, 4]

C．20　　D．40

23．有列 lst = [ ]，使用以下（　　）语句可以使得列表的值为['abcd']。

A．lst[0] = 'abcd'　　B．lst = list('abcd')

C．lst.insert('abcd',0)　　D．lst.append('abcd')

24．有列表 lst = ['abcd']，对该列表进行分片操作：lst[0:2]，返回结果为（　　）。

A．['abcd']　　B．出现错误　　C．['ab']　　D．['abc']

25．进行 s = 3 * '2'操作后，s 的值为（　　）。

A．6　　B．222　　C．150　　D．产生错误

26．有列表 res = ['aa', 'bb']，对列表调用 res.extend(['cc', 'dd'])方法后，列表 res 的值为（　　）。

A．['cc', 'dd']　　B．['aa', 'bb', ['cc', 'dd']]

C．['aa', 'bb', 'cc', 'dd']　　D．None

27．有列表 res = ['aa', 'bb']，对列表调用 res.append(['cc', 'dd'])方法后，列表 res 的值为（　　）。

A．['cc', 'dd']　　B．['aa', 'bb', ['cc', 'dd']]

C．['aa', 'bb', 'cc', 'dd']　　D．None

28．现有一元组：x = (1, 2, 3, 4)，以下对元组的操作中正确的是（　　）。

A．y = x[0]　　B．y = x(0)　　C．x[0] = 0　　D．x(0) = 0

29．（　　）操作会创建包含一个元素'abcd'的元组 tp。

A．tp =tuple(["abcd"])　　B．tp =tuple("abcd")

C．tp =tuple(("abcd"))　　D．tp =("abcd")

30．使用语句 D = dict([('a', 'b'),('c', 'd')])创建的字典为（　　）。

A．{a: b, c: d}　　B．{'a': 'b', 'c': 'd'}

C．{('a': 'b') :('c': 'd')}　　D．{'a': 'c', 'b': 'd'}

31．执行如下语句后，fruit 的值为（　　）。

```
fruit = {'apple': 10, 'banana': 20}
fruit.setdefault('orange', 5)
fruit.setdefault('apple', 15)
```

A．{'apple': 10, 'banana': 20, 'orange': 5}　　B．{'apple': 15, 'banana': 20, 'orange': 5}

C．{'apple': 10, 'banana': 20}　　D．{'apple': 15, 'banana': 20}

二、判断题

1．所有的序列都是有顺序的。

2．集合中可包含任意类型的元素。

3．Python 函数可以返回多个值。

4．Python 中的列表是不可变的。

5．Python 中的元组是不可变的。

6．一个列表可以是另一个列表的元素。

7．字符串、列表、元组和集合都是序列，其中每个元素都有编号，因此都可以通过索引对其元素进行访问。

8．在 Python 中，可以通过索引访问字符串中的某一字符，也可以通过索引修改其中的某一字符，如 mystr = "come"，进行 mystr[1] = 'a'操作，将 mystr 修改为“came”。

9．无论用何种方法创建字符串，两个内容相同的字符串指向同一个对象，如 str1 = "welcome" 和 str2=“wel” + "come"，str1 和 str2 指向的同一个对象。

10．s 是一个字符串，len(s)是字符串的长度，i 为 1 到 len(s)的整数，则 s[-i]和 s[len(s)-i]获取的是同一个元素。
11．lst = list("hello")语句创建了一个包含一个字符串“hello”的列表。
12．lst = [10]是包含了一个元素的列表，而 tup = (10)是包含了一个元素的元组。
13．元组是不可变数据类型，不能对元组中的元素进行修改操作，因此对元组 tp = (1, 2) 进行 tp*2 操作是错误的。
14．字典的键可以为数值、字符串、元组和列表。
15．字典的元素既可以通过键来访问，也可以通过位置来访问。
16．使用字典的 keys()方法返回一个包含字典键的列表，可以在该列表上使用列表方法。
17．集合使用{}表示，因此{1,2,3}表示有三个元素的集合，{}表示空集合。
18．可以使用 for 语句遍历集合中的每个元素，但是无法直接获取集合中的某个元素。
19．集合里可以包含字符串、数值、列表、元组、字典等不同类型的元素，但元素不能有重复。
20．在 Python 中，单个字符必须用单引号引起来表示，多个字符用双引号引起来表示。

三、编程题

1．现有一个成绩等级列表：grade = ['B','B','F','C','B','A','A','D','C','A','A','B']，编写程序统计成绩表中的每个等级。

2．现有 100 分制表示的成绩列表：grade = [70,100,60,87,90,90,76,75,82,50]，编写程序将其转换为等级制并进行各等级的统计。

0<=分数<60 为 F
60<=分数<70 为 D
70<=分数<80 为 C
80<=分数<90 为 B
90<=分数<=100 为 A

3．编写一个函数 avg()，该函数接受一个列表作为参数，该列表包含多个子列表。每个子列表代表一名学生在某门课程中的所有成绩。每个子列表（每个学生的成绩）可能包含不同数量的成绩，例如，对于四名学生的成绩，输入的列表是：[[95, 92, 86, 87], [66, 54], [89, 72, 100], [33, 0, 0]]。函数 avg()计算并输出每个学生的平均成绩，每个学生的平均成绩单独占一行，平均成绩应该保留 2 位小数。

4．编写一个碰撞函数 collision()，传递两个元组参数，表示两个图形对象。如果元组个数为 3 个，则表示圆的中心位置坐标（x,y）和半径 r，如果元组个数为两个，则表示一个点坐标(x,y)。判断两个对象是否发生碰撞，如果发生则返回 True，若没发生则返回 False。

5．编写程序，输入学生的学号、姓名、性别、三门课程成绩，按学号顺序输出学生的学号、姓名、性别和平均成绩。列出每门课程的平均成绩、最高成绩、最低成绩、不及格人数。

6．编写一个函数 add2D()，带两个相同大小的二维列表作为输入参数，将第一个列表中的每个项增加第二个列表中对应项的值。

7．有一单词列表，编写程序，实现将同一个首字母的单词汇总在一起。例如，words= ['hawk','from','python','file','data','hen','hog','hyens']，输出结果为[('h', ['hawk', 'hen', 'hog', 'hyens']), ('f', ['from', 'file']), ('p', ['python']), ('d', ['data'])]。

8．编写函数 words()，带一个文件名作为输入参数，返回文件中的真正单词（除去标点符号!、，．:；?）列表。编写函数 wordCount()，带一个字符串列表作为输入参数，输出文本中个单词的频率。

9．开发一个基于 MapReduce 的解决方案，构建一个单词列表的倒排“字符索引”。要求索引把至少出现在一个单词中的字符映射到包含该字符的单词列表中。需要设计 Map 函数 getChars()和 Reduce 函数 getCharIndex()。

```
mp=SeqMapReduce(getChars,getCharIndex)
print(mp.process(['ant','bee','cat','dog','eel']))
[('a', ['cat', 'ant']), ('n', ['ant']), ('t', ['cat', 'ant']), ('b', ['bee']), ('e', ['eel', 'bee']), ('c', ['cat']), ('d', ['dog']), ('o', ['dog']), ('g', ['dog']), ('l', ['eel'])]
```

10．编写一个函数 subsetSum()，带两个输入参数：一个正数列表和一个正数 target。如果列表中存在三个数累加和等于 target，则返回 TRUE。例如：

subsetSum([5, 4, 10,20,15,19],38] ，返回 True，因为 4 + 15 + 19 = 38。

subsetSum([5, 4, 10, 20, 15, 19], 10)，返回 False。

11．编写函数 mssl()（最大和子列表），带一个整数列表作为输入参数。要求函数计算并返回输入列表中的最大和子列表之和。最大和子列表是输入列表的子列表（切片），其各项之和最大。空列表的和定义为 0。例如：

```
l = [4,-2,-8, 5, -2, 7, 7, 2, -6, 5]
mssl( l )
19
mssl([3, 4, 55])
12
mssl([-2, -3, -5])
0
```

12．编写函数 encrypt()，带两个输入参数：一个 10 位字符串密钥和一个数字字符串（要加密的明文），返回明文的加密密文。字符串密钥随机产生，每个位置对应要替换的每个数字。如随机产生的 10 位字符串“3941068257”，分别将数字 0、1、2 替换为 3、9、4，以此类推。

13．编写函数 easy_crypto()，该函数接受两个参数：一个是需要加密的字符串 message，另一个是长度为 3 的数字字符串 key。根据以下规则返回加密后的字符串（密文）：对于字符串中的每个字母，按照它在字符串中出现的位置依次使用 key 中的三个数字进行变换。例如，第一个出现的字母使用 key 的第一个数字进行位移，第二个出现的字母使用 key 的第二个数字进行位移，第三个出现的字母使用 key 的第三个数字进行位移，第四个出现的字母再次使用 key 的第一个数字进行位移，以此类推。位移的方式是将字母按照 ASCII 码表向后移动指定的位数。例如，如果位移值是 1，则'a'会变成'b'，'A'会变成'B'，依此类推。字母之外的字符（如数字、符号或空格）保持不变。

第6章　类和对象

本章先对面向过程与面向对象程序设计进行了对比，然后讲解了类的定义、使用和封装。可以把类的定义、函数和变量放在模块里，使得程序更加模块化、易于理解和维护。

6.1　面向过程和面向对象程序设计

常用的程序设计方法有两种：面向过程程序设计（Procedure Oriented Programing，POP）和面向对象程序设计（Object-Oriented Programming，OOP）。

面向过程的核心理念是“步骤分解”，即把需要解决的问题分成一个个的任务，由不同函数来实现它们，数据通常是从一个过程传到另一个过程。设计思维是“自顶向下，逐步求精”的，是按照逻辑顺序从上到下地完成整个过程的编写。

面向对象是把构成问题任务分解成多个对象，建立对象的目的是描述某个事物在整个解决问题的步骤中的行为。通过不同对象之间的调用，组合解决问题。对象是现实世界中客观存在的实体的抽象，它由数据（称为属性或字段）和操作这些数据的函数（称为方法或成员函数）组成。例如，一名学生、一辆汽车、一本图书、一只猫都可以认为是一个对象。一名学生有姓名、学号、年级和所选课程名称等属性，还提供与学生相关操作的学生选课、更新年级、参加考试获得成绩等方法。一本图书有书名、作者、出版年份、归类等属性，提供了借书、还书、显示图书详细信息等方法。

6.2　类

6.2.1　类的定义

1．类

类（class）是定义特定类型对象的数据属性和成员方法的代码。类定义了一类对象的共性，是对象的模板或蓝图，对象是类的具象化体现。类与对象的关系就像建筑设计图纸与实际建筑物、蛋糕模具和蛋糕之间的关系一样。

由类创建的每个对象称为该类的一个实例（instance），一个类有许多实例。例如，一个蛋糕模具可以做很多蛋糕。蛋糕模具是一个类，每个蛋糕是这个类的一个实例，是对象；动物是一个类，猫、狗、老虎都是动物的实例，它们有各自的属性和方法。猫也可以是一个类，每只猫是一个实例。创建类的一个实例的过程称为实例化。

2. 类的声明格式

类定义由一组定义类的成员方法和属性的语句组成。类的声明格式如下：

```
class 类名:
    类体
```

注：类名通常采用驼峰式命名（每个单词首字母大写）。类定义内部可以包含属性（类的数据成员）和方法（类的行为或功能）。

3. 类的方法

类的方法也称成员函数或方法，可以让类的实例执行特定的操作。类的方法定义和函数定义类似，但它们在类的定义里，属于类的内部方法。

4. 初始化方法

类的方法中有一个特殊的方法，即初始化方法，也称为构造函数，通常是类定义中的第一个方法，该方法在创建类的实例时会被自动调用，其中的属性也会被初始化。初始化方法格式如下：

```
def __init__ (self,参数 1, …, 参数 n):
    方法
```

5. self 参数

类的方法通常要求包含一个 self 参数，它作为第一参数，表示创建的类实例本身，它是一个指向实例本身的引用，使实例能够访问类中的属性和方法。在实际调用时，并不需要提供对应的实参。self 不是 Python 的关键字，也可以用其他名称命名，但是为了规范和便于读者理解，推荐使用 self。

6. 访问实例的方法和属性

类的每个实例都有自己的一组属性，通过点运算符（.）连接实例名和方法名（或者属性名），来实现实例方法（或者属性）的访问。

【例 6-1】给出 Student 类的定义、实例化，以及方法的调用。

```
1 class Student:
2    def __init__(self, name, age, grade):
3        self.name = name
4        self.age = age
5        self.grade = grade
6    def introduce (self):
7        print(f"我的名字叫 {self.name}，今年{self.age}岁，我在读{self.grade}。")
8    def next_year(self):
9        print(f"明年我{self.age}岁。")
10   def graduation(self, graduate):
11       return self.age + graduate
12 def main():
```

```
13    stu1 = Student("Python", 18,"大一")
14    stu1.introduce()
15    future = stu1.graduation(4)
16    print(f"{stu1.name}将在{future}岁毕业。")
17    stu1.age = stu1.age+1
18    stu1.next_year()
19 main()
```

具体讲解过程如下：

（1）第 1 行 class Student:定义了一个名为 Student 的类，这个类是用来描述具有姓名、年龄和年级属性的学生。

（2）第 2 行 def __init__(self, name, age, grade):定义了一个特殊的方法__init__()，参数 self 是对实例自身的引用，只需要为 name、age 和 grade 提供对应的值即可。需要注意 init 前后的“__”为两个下画线“_”。

（3）第 3、4、5 行 self.name = name、self.age = age 和 self.grade = grade 将传入的参数 name、age 和 grade 分别赋值给实例的属性，使得每个 Student 类的实例能够独立地保存其特定的姓名和年龄信息。

（4）第 6 行 def introduce(self):定义了一个名为 introduce()的方法，该方法的作用是输出一个学生自我介绍的语句。

（5）第 7 行 print(f"我的名字叫{self.name}，今年{self.age}岁，我在读{self.grade}。")这行代码在 introduce()方法内，它使用格式化字符串输出实例的名字、年龄和在读年级。

（6）第 8 行 def next_year(self):定义了一个名为 next_year()的方法，该方法的作用是输出当前实例在下一年的年龄。

（7）第 9 行 print(f"明年我{self.age}岁。")在 next_year()方法内，输出实例明年的年龄。

（8）第 10 行 def graduation(self, graduate):定义了 graduation()方法，接收一个参数 graduate（毕业所需年数）。

（9）第 11 行 return self.age + graduate 返回当前实例毕业时的年龄（当前年龄加上毕业所需年数）。

（10）第 12 行 def main():定义主函数 main()。

（11）第 13 行 stu1 = Student("Python", 18,"大一")创建了一个 Student 类的实例 stu1，并传入参数"Python"、18 和"大一"，这意味着 stu1 的 name 属性被初始化为"Python"，age 属性被初始化为 18，grade 属性被初始化为"大一"。

（12）第 14 行 stu1.introduce()调用 stu1 实例的 introduce()方法，该方法执行时会输出 "我的名字叫 Python，今年 18 岁，我在读大一。"，从而完成对 stu1 个人信息的介绍。

（13）第 15 行 future = stu1.graduation(4)传入参数 4（假设大学本科毕业需要 4 年），计算并存储 stu1 毕业时的年龄到变量 future。

（14）第 16 行 print(f"{stu1.name}将在{future}岁毕业。")输出 stu1 将在 future 岁时毕业。

（15）第 17 行 stu1.age=stu1.age+1 更新了 stu1 实例的 age 属性，年龄加 1。

（16）第 18 行 stu1.next_year()调用 stu1 实例的 next_year()方法，由于之前年龄已更新，所以此时输出“明年我 19 岁。”

（17）第 19 行 main()调用 main()函数。

6.2.2　封装

1. 封装

封装是把数据（属性）和操作数据的逻辑（方法）结合在一起，并对外隐藏其内部实现细节的过程。

封装主要体现在以下两个方面。

（1）数据隐藏：通过定义私有属性限制外部直接访问。

（2）信息隐藏：只公开必要的接口（方法），内部具体的实现细节对外部用户透明。外部用户只需通过类的公共方法与之交互，不需了解内部是如何工作的。

2. 私有属性和私有方法

在属性名和方法名前添加“__”（由两个下画线组成）实现私有属性与私有方法的定义。这种命名约定使得属性和方法在外部看起来像是被隐藏起来的，不易直接访问。下面程序举例说明私有属性和私有方法。

【例 6-2】给出 Student 类的定义、实例化及方法的调用。其中，类的初始化方法中的属性为私有属性，convert_age()方法为私有方法。

```
1  class Student:
2    def __init__(self, name, age):
3        self.__name = name
4        self.__age = age  #私有属性：年龄
5    def __convert_age(self):
6        return f"{self.__age}岁"
7    def get_age(self):
8        return self.__convert_age()
9  stu1 = Student("Python", 18)
10 print(stu1.get_age())
```

具体讲解过程如下。

（1）第 3、4 行：将传入的参数值 name 和 age 分别赋给私有属性__name 与__age。

（2）第 5、6 行：定义了私有方法__convert_age。这个方法也没有参数，返回值为私有属性__age 与字符串"岁"拼接起来。

（3）第 7、8 行：定义了 get_age()方法。这个方法调用了私有方法__convert_age，并将返回值直接返回。get_age()方法是外部代码获取学生年龄信息的唯一途径，体现了封装思想。

（4）第 9 行：创建一个 Student 类的实例 stu1，传入参数为字符串"Python"和整数 18。这将触发 Student 类的__init__()方法，初始化一个拥有名字为"Python"、年龄为 18 岁的学生对象。

（5）第 10 行：调用 stu1 对象的 get_age()方法，并打印返回结果。由于 get_age()方法内部调用了__convert_age()方法，故输出的是经过私有方法转换后的年龄字符串，即"18 岁"。

3. 访问器（get 方法）和修改器（set 方法）

访问器（Accessor）和修改器（Mutator）是在面向对象编程中用于实现封装、控制对象属性访问与修改的两种特殊方法。虽然 Python 本身没有严格的访问器和修改器语法，但可以通过定义方法来模拟类似的功能，以实现封装和数据保护。设置访问器和修改器可有效地隐藏对象内部细节，保护数据安全，同时提供统一且可控的接口供外部代码访问和修改属性。

（1）访问器：也称为 getter 方法，用于返回对象的特定属性值，为类外部的代码提供一种安全的方式来访问属性值。其命名习惯上以 get 开头，后跟属性名。例如，对名为 age 的属性，对应的访问器方法可以命名为 get_age。访问器方法通常无参数，其返回值为相应属性的当前值。

（2）修改器：也称为 setter 方法，用于设置对象的某个属性值。修改器通常表现为一个接收新值作为参数，并将属性值更新为该新值的方法，命名习惯上以 set 开头，后跟属性名。例如，对名为 age 的属性，对应的修改器方法可以命名为 set_age。修改器方法通常接收一个参数，用于指定新的属性值，通常无返回值或返回 None。在修改器内部，除更新属性值外，还应进行必要的数据验证和处理，确保新值的有效性和一致性。通过修改器设置属性值，可以确保对数据的修改遵循预定义的规则，避免直接修改导致的数据不一致或违反约束的情况。

【例 6-3】在 Student 类中定义访问器和修改器，并在函数中进行调用。

```
1 class Student:
2     def __init__(self, name, id, grade):
3         self.__name = name
4         self.__id = id
5         self.__grade = grade
6     #访问器
7     def get_name(self):
8         return self.__name
9     def get_id(self):
10        return self.__id
11    def get_grade(self):
12        return self.__grade
13    #修改器
14    def set_name(self, new_name):
15        self.__name = new_name
16    def set_id(self, new_id):
17        self.__id = new_id
18    def set_grade(self, new_grade):
19        self.__grade = new_grade
20 def main():
21    s = Student("Python", "D240501", 81.5)
22    print(s.get_name())
23    print(s.get_id())
24    print(s.get_grade())
25    s.set_name("GOOD")
```

```
26     s.set_id("D240101")
27     s.set_grade(92.5)
28     print(s.get_name())
29     print(s.get_id())
30     print(s.get_grade())
31 main()
```

具体讲解过程如下。

（1）第 7～12 行：定义了三个访问器方法，每个方法都接收一个隐含的参数 self（指向当前对象的引用），并返回相应私有属性的值。这些方法允许外部代码访问 Student 对象的内部状态，而不需直接访问私有属性。

（2）第 14～19 行：定义了三个修改器方法，每个方法接收两个参数，self（指向当前对象的引用）和一个新值（new_name、new_id 或 new_grade）。这些方法允许外部代码在满足特定条件的情况下修改 Student 对象的内部状态。

（3）第 21 行：创建一个 Student 对象 s，并将其 name 初始化为“Python”、id 为“D240501”和 grade 为 81.5。

（4）第 22～24 行：调用 s 对象的访问器方法，输出其 name、id 和 grade。

（5）第 25～27 行：调用 s 对象的修改器方法，将 name 更改为“GOOD”、id 更改为“D240101”、grade 更改为 92.5。

（6）第 28～30 行：再次调用 s 对象的访问器方法，输出更新后的 name、id 和 grade，确认修改已生效。

6.3　模块

6.3.1　模块及导入

模块既可以定义类、函数和变量，也可以包含可执行的代码。模块提供了一种组织代码的方式，使得程序更加模块化、易于理解和维护。每个 Python 文件（以.py 为扩展名）都是一个模块。模块使用时，需要在另一个 Python 文件（如主程序）中通过 import 语句导入该模块。一个模块中可以同时存放多个类、函数和变量。

【例 6-4】修改【例 6-3】程序，说明如何定义和使用模块。将【例 6-3】中的第 1～19 行即关于 Student 类定义的如下代码保存在名为 stu.py 的文件中。

```
class Student:
    def __init__(self, name, id, grade):
        self.__name = name
        self.__id = id
        self.__grade = grade
    #访问器
    def get_name(self):
        return self.__name
```

```
        def get_id(self):
            return self.__id
        def get_grade(self):
            return self.__grade
        #修改器
        def set_name(self, new_name):
            self.__name = new_name
        def set_id(self, new_id):
            self.__id = new_id
        def set_grade(self, new_grade):
            self.__grade = new_grade
```

stu.py 文件作为模块和主程序文件要放在同一个目录下，在主程序中修改【例 6-3】原程序第 20～31 行后得到如下代码:

```
from stu import Student
def main():
    s = Student("Python", "D240501", 81.5)
    print(s.get_name())
    print(s.get_id())
    print(s.get_grade())
    s.set_name("GOOD")
    s.set_id("D240101")
    s.set_grade(92.75)
main()
```

上面代码和【例 6-3】程序中的第 20～31 行比较，只增加一条 import 语句，其他内容不需要修改。from 后面接的是模块名称 stu，而 import 后面紧接着需要导入的类名 Student。上面的程序还可以修改成如下形式:

```
import stu
def main():
    s = stu.Student("Python", "D240501", 81.5)
    print(s.get_name())
    print(s.get_id())
    print(s.get_grade())
    s.set_name("GOOD")
    s.set_id("D240101")
    s.set_grade(92.75)
    print(s.get_name())
    print(s.get_id())
    print(s.get_grade())
main()
```

这段代码与前面代码主要区别是：import 语句和创建 Student 对象 s 时不同。通过 import 语句导入 stu 模块，并用 stu.Student 创建了一个 Student 类的实例 s，设置了初始属性值。

如果模块中存放了多个类，都需要导入使用的程序中，则可以通过 from 类名 import*进行一次性导入。但是，这种方法也存在这弊端，当多个模块中存在同名类时，容易引起难以诊断的错误。

不仅可以在主程序文件中导入模块，还可以在一个模块中导入其他模块，具体的操作过程将在 6.4.1 节中进行详细介绍。

6.3.2　__str__()方法

__str__()方法是 Python 中的一个特殊方法，会返回一个字符串，该字符串表示对象的特征或状态，通常用于提供有用的信息，以便开发人员更好地理解对象的内容。当使用 print 函数或调用 str()函数时，会自动调用该方法并返回对象的字符串表示。下面的程序给出了__str__()方法的两种使用形式。

【例 6-5】在 Student 类中，定义一个特殊方法__str__()，当该方法被调用时，可以输出在方法中已定义的字符串。

```
class Student:
        def __init__(self, name, age):
          self.name = name
          self.age = age
        def __str__(self):
          return f"{self.name}, aged {self.age}"
#创建一个 Student 对象
stu = Student("Python", 18)
#使用 str() 函数显式调用 __str__()
print(str(stu))  #输出：Python, aged 18
#使用 print() 函数隐式调用 __str__()
print(stu)  #输出：Python, aged 18
```

6.4　继承和多态

6.4.1　继承

在面向对象编程中，还有一个非常重要的概念即继承。继承描述了一个对象是另一个对象的特殊化，也就是 is-a 的关系。比如，哈士奇是一只狗，学生是一个人，柳树是一棵树等。is-a 的关系意味着特殊化对象（哈士奇/学生/柳树）具有通用对象（狗/人/树）的所有特征，还具有它们特殊的其他特征。引入继承的概念后，类的格式如下：

```
class 类名(父类名):
    类体
```

我们用父类来定义通用对象，父类也可以称为基类、超类等。对特殊化对象，用子类来进行定义，子类也称为派生类。为了上下文的一致性，本书中将用父类和子类进行命名。子类继承了父类的所有属性和方法，同时可以定义自己的属性和方法。图 6-1 进一步举例说明了父类、子类和实例之间的关系，该图中有一个父类 Animal，子类 Dog 和 Cat 派生自父类

Animal，如果进一步实例化，旺财和可乐是子类 Dog 的实例，而花花是子类 Cat 的实例。

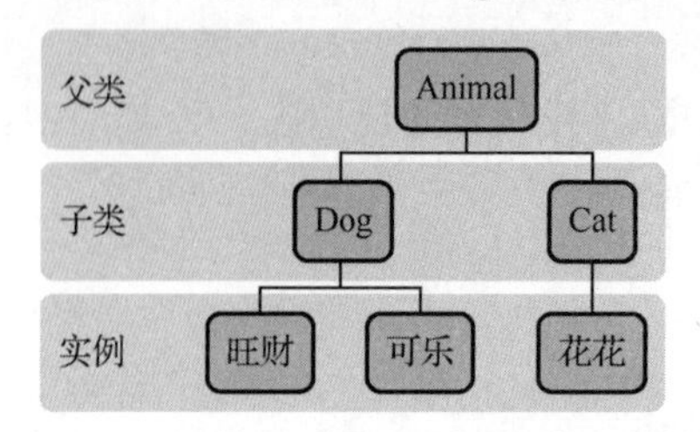

图 6-1　父类、子类和实例之间的关系

【例 6-6】模拟狗和猫两大类宠物，说明父类、子类和实例之间的关系。

```
class Animal:
    def __init__(self, name, sound):
        self.name = name
        self.sound = sound
    def make_sound(self):
        print(f"{self.name} 发出了 {self.sound} 的声音。")
    def feed(self):
        print(f"{self.name} 正在进食。")
class Dog(Animal):
    def __init__(self, name):
        super().__init__(name, "汪汪")
        print(f"我是狗狗 {self.name}")
    def fetch_ball(self):
        print(f"{self.name} 正在追球。")
class Cat(Animal):
    def __init__(self, name):
        super().__init__(name, "喵喵")
        print(f"我是猫咪 {self.name}")
    def play_with_string(self):
        print(f"{self.name} 正在玩线球。")
def main():
    dog = Dog("旺财")
    cat = Cat("花花")
    dog.make_sound()
    dog.fetch_ball()
    dog.feed()
    cat.make_sound()
    cat.play_with_string()
    cat.feed()
main()
```

运行结果为：

```
我是狗狗旺财
我是猫咪花花
```

```
旺财发出了汪汪的声音。
旺财正在追球。
旺财正在进食。
花花发出了喵喵的声音。
花花正在玩线球。
花花正在进食。
```

6.4.2　多态

继承中，多态是一种常见的用法，也就是子类定义的方法和父类定义的方法具有相同名称。值得注意的是，多态的状态下，我们认为子类方法会覆盖父类方法，也就是说如果使用子类对象实例来调用重写的方法，那么就执行该子类的方法。如果调用的是父类对象实例的同名方法，那么就执行父类的方法。

【例 6-7】设计一个学生管理系统的模拟程序，包含学生父类和本科生和研究生子类。该系统能够记录学生的姓名、学号、专业等基本信息，同时对不同类型的学生活动（如选课、查看成绩、参与特定活动等）进行操作。

```
class Student:
    def __init__(self, name, id, major):
        self.name = name
        self.id = id
        self.major = major
    def introduce(self):
        print(f"我叫{self.name}，我的学号是{self.id}。我主修的课程是{self.major}。")
    def enroll_in_course(self, course_name):
        print(f"{self.name}报名了{course_name}课程。")
    def show_grades(self):
        print("此类学生暂无成绩信息。")
class UndergraduateStudent(Student):
    def __init__(self, name, id, major, credits_completed=0):
        #直接调用基类的初始化方法
        Student.__init__(self, name, id, major)
        self.credits_completed = credits_completed
    def show_grades(self):
        print("本科学生成绩信息暂未实现。")
    def apply_for_graduation(self):
        print(f"{self.name}申请了本科毕业，已完成学分{self.credits_completed}。")
    def take_placement_test(self, test_name):
        print(f"{self.name}参加了{test_name}分班考试。")
class GraduateStudent(Student):
    def __init__(self, name, id, major, advisor=None):
        #直接调用基类的初始化方法
        Student.__init__(self, name, id, major)
        self.advisor = advisor
```

```
    def show_grades(self):
        print("研究生成绩信息暂未实现。")
    def present_thesis(self):
        print(f"{self.name}向答辩委员会提交了论文。")
    def change_advisor(self, new_advisor):
        self.advisor = new_advisor
        print(f"{self.name}的导师已变更为{new_advisor}。")
def main():
    student_liu = Student("刘小田", "G240101", "计算机科学")
    student_liu.introduce()
    student_liu.enroll_in_course("模拟电子")
    undergrad_li = UndergraduateStudent("李小虎", "U240101", "数学")
    undergrad_li.introduce()
    undergrad_li.enroll_in_course("高等代数")
    undergrad_li.take_placement_test("高等数学")
    undergrad_li.credits_completed = 120
    undergrad_li.apply_for_graduation()
    grad_tian = GraduateStudent("田小壮", "G240102", "物理学", "李正教授")
    grad_tian.introduce()
    grad_tian.enroll_in_course("量子力学")
    grad_tian.present_thesis()
    grad_tian.change_advisor("王起教授")
#打印各个学生的学习情况，包括成绩信息
    student_liu.show_grades()
    undergrad_li.show_grades()
    grad_tian.show_grades()
main()
```

上面程序定义了一个父类 Student，两个子类 UndergraduateStudent 和 GraduateStudent 继承自父类 Student。子类的初始化方法中的 Student.__init__(self, name, id, major)也可以用 super()__init__(name, id, major)表示，super()指的是父类，super().__init__()就是调用了父类 Person 的初始化方法。但需要注意的是，这种用法只适用于 Python 3.0 以后的解释器。

父类 Student 定义了三个基本属性，即 name、id 和 major；三个方法，即 introduce()、enroll_in_course(course_name)和 show_grades()。

子类 UndergraduateStudent 继承自父类 Student，增加了属性 credits_completed，覆盖了父类的 show_grades()方法。添加了两个方法：apply_for_graduation()和 take_placement_test(test_name)。

子类 GraduateStudent 同样继承自父类 Student，新增属性 advisor，默认值为 None。覆盖了父类的 show_grades()方法。增加了两个方法：present_thesis()和 change_advisor(new_advisor)。在 main()函数中创建了三个学生实例：student_liu、undergrad_li 和 grad_tian。

在 main()函数中，除了调用的 introduce()方法和 enroll_in_course()等方法，其他都是由子类实例调用了从父类继承而来的方法。

运行结果为：

```
我叫刘小田，我的学号是 G240101。我主修的课程是计算机科学。
刘小田报名了模拟电子课程。
我叫李小虎，我的学号是 U240101。我主修的课程是数学。
李小虎报名了高等代数课程。
李小虎参加了高等数学分班考试。
李小虎申请了本科毕业，已完成学分 120。
我叫田小壮，我的学号是 G240102。我主修的课程是物理学。
田小壮报名了量子力学课程。
田小壮向答辩委员会提交了论文。
田小壮的导师已变更为王起教授。
此类学生暂无成绩信息。
本科学生成绩信息暂未实现。
研究生成绩信息暂未实现。
```

通过这个例子，可以看到面向对象编程如何帮助组织和重用代码，以及如何通过继承来扩展类的功能，同时保持代码的结构清晰和易于维护。

6.5　综合案例

【例 6-8】创建父类 Animal 和子类 dog、cat 的实例。先创建父类 Animal 并保存在 animal.py 文件中，代码如下：

```
class Animal:
    def __init__(self, type, age, gender):
        self.__type = type          #动物类型
        self.__age = age            #动物年龄
        self.__gender = gender      #动物性别
    def get_age(self):
        return self.__age
    def get_type(self):
        return self.__type
    def get_gender(self):
        return self.__gender
    def set_age(self, age):
        if 0 <= _age <= 150:
      self.__age = age
    def set_name(self, type):
      self.__type = type
    def set_gender(self, gender):
      self.__gender = gender
    def __str__(self):
      return "这是只%s，它是%s 的，今年%d 岁了！" %(self.get_type(), self.get_gender(),
self.get_age())
```

```
    def eat(self):
        pass
```

eat()方法中使用了 pass 这个空语句。pass 不做任何事情，一般用作占位语句，其目的是保持程序结构的完整性。子类 Cat 的代码存在 cat.py 文件，它在父类的构造方法中增加了新的属性 brand，用来描述猫的品种。同时，它对父类的 eat()方法进行了具体的实现，通过增加的参数，描述了猫喜欢吃的食物信息。

```
from animal import Animal
class Cat(Animal):
    def __init__(self, _brand, _age, _gender):
      super().__init__("猫", _age, _gender)
      self.__brand = _brand
    def set_brand(self, _brand):
      self.__brand = _brand
    def get_brand(self):
      return  self.__brand
    def eat(self, _food):
      msg = "%s 喜欢吃 %s" %(self.get_type(), _food)
      print(msg)
      return
```

Dog 子类和 Cat 子类一样，增加了属性 brand，同时对 eat()方法进行了多态继承，还增加了自己独有的 bark()方法，用来输出它吼叫的时间。程序存储在 dog.py 文件中。

```
from animal import Animal
class Dog(Animal):
    def __init__(self, brand, age, gender):
      super().__init__("狗", age, gender)
      self.__brand = brand
    def set_brand(self, brand):
      self.__brand = brand
    def get_brand(self):
      return self.__brand
    def eat(self, food):
      msg = "%s 不喜欢吃 %s" % (self.get_type(), food)
      print(msg)
        return
    def bark(self, time):
      msg = "这条%s 犬已经吼了%d 分钟了！" % (self.__brand, time)
      print(msg)
      return
```

最后，在 main 文件中，对 Cat 和 Dog 子类进行了实例化，代码如下：

```
from dog import Dog
from cat import Cat
def main():
```

```
    cat1 = Cat('蓝猫', 1, "母")
    print(cat1)
    cat1.eat("鸡肉")
    dog1 = Dog('哈士奇', 4, "公")
    dog1.eat("胡萝卜")
    dog1.bark(10)
main()
```

运行结果为：

```
这是只猫，它是母的，今年 1 岁了！
猫喜欢吃鸡肉
狗不喜欢吃胡萝卜
这条哈士奇犬已经吼了 10 分钟了！
```

【例 6-9】设计并实现一个名为 Student 的类，该类能够创建学生对象，管理学生的个人信息（如姓名、年龄）及各科成绩，并提供相关方法来添加成绩、显示学生详细信息、计算总成绩及平均成绩。

```
class Student:
    def __init__(self, name, age, grades={}):
        #初始化学生类，设置姓名、年龄及一个用于存储各科成绩的字典
        self.name = name
        self.age = age
        self.grades = grades
    def add_grade(self, subject, score):
        #添加一门课程的成绩
        self.grades[subject] = score
    def display_student_info(self):
        #显示学生的基本信息和所有课程成绩
        print(f"Student Name: {self.name}")
        print(f"Age: {self.age}")
        print("Grades:")
        for subject, score in self.grades.items():
            print(f"{subject}: {score}")
    def calculate_total_score(self):
        #计算所有课程的总成绩
        total_score = sum(self.grades.values())
        return total_score
    def calculate_average_score(self):
        #计算所有课程的平均成绩
        if len(self.grades) == 0:
            return 0
        average_score = sum(self.grades.values()) / len(self.grades)
        return average_score
#创建一个学生实例
student1 = Student("John Doe", 18)
```

```
#添加几门课程的成绩
student1.add_grade("Math", 90)
student1.add_grade("English", 85)
student1.add_grade("Science", 95)
#显示学生信息和成绩
student1.display_student_info()
#计算并打印总成绩和平均成绩
total_score = student1.calculate_total_score()
average_score = student1.calculate_average_score()
print(f"Total Score: {total_score}")
print(f"Average Score: {average_score}")
```

首先定义一个名为 Student 的类，其中包含'name'、'age'和'grades'三个属性。add_grade()方法用于向学生的成绩字典中添加新的科目和分数。

display_student_info()方法用于显示学生的全部信息，包括姓名、年龄和所有科目的成绩。calculate_total_score()和 calculate_average_score()方法分别用于计算学生的总成绩与平均成绩。

6.6 小结

在本章中，介绍了如何创建和使用类，如何使用属性在类中存储信息，以及如何编写类的方法，以让类具备所需的行为；讲解了如何修改实例的属性——包括直接修改及通过方法进行修改；论述了使用继承可简化相关类的创建工作，而且父类和子类之间还可以通过多态进行关联。

习题 6

一、选择题

1．在下面的代码行中，父类的名称是（　　）。

```
class Python(Programming_Language)
```

A．Python　　B．Python(Programming_Language)
C．Programming_Language　　D．没有

2．在下面的代码行中，子类的名称是（　　）。

```
class Daisy(Flower)
```

A．Daisy　　B．Flower　　C．Daisy(Flower)　　D．class Daisy

3．父类也称为基类或（　　）。

A．子类　　B．超类　　C．派生类　　D．实例

4．子类从父类继承了（　　）。

A．实例和属性　　B．方法和实例　　C．对象和方法　　D．属性和方法

5．下列面向对象编程（OOP）的描述中，（　　）是关于“类”的正确理解。

A．类是一种实例，可以直接调用其属性和方法

B．类是具有共同特征和行为的对象的集合，它是创建对象的模板或蓝图

C．类是在程序运行时动态创建的，无法在编写代码阶段定义

D．在面向对象编程中，一个类只能创建一个对象实例

二、判断题

1．蚂蚁与蜻蜓之间存在类和对象实例的关系。

2．每个子类都有一个名为__init__的方法，该方法将覆盖超类的__init__方法。

3．子类不得覆盖__init__方法以外的任何方法。

4．子类可以添加新的属性和方法。

5．超类从其子类继承属性和方法，而不需重写任何子类。

三、简答题

1．什么是对象？

2．什么是封装？

3．为何通常会禁止从外部直接访问对象的成员变量？

4．什么是多态？

四、编程题

编写一个名为Pet的类，它应具有以下属性。

__name：表示宠物的名字。

__age：表示宠物的年龄。

Pet类有一个__init__方法来创建这些属性，且有以下方法。

setName方法：为__name属性赋值。

setAge方法：为__age属性赋值。

getName方法：返回__name属性的值。

getAge方法：返回__age属性的值。

__str__方法，返回学生相关属性。

第 7 章　文件和异常

视频分析

在程序运行时，通常使用变量来保存数据。如果一个程序想要在多次运行之间保留数据，那么还必须有其他可以稳定地保存数据的方式，即对数据进行持久化操作。实现数据持久化的最直接方式就是将数据保存在文件中，从而将数据稳定地保存在计算机的硬盘上，即使程序停止运行后，数据仍然存在。同时，存储在文件中的数据可以在后续操作中被读取和使用。在日常业务操作中使用的程序大多数都依赖于文件，如工资表程序将员工数据保存在文件中，库存管理系统将公司产品的相关信息存储在文件中，会计公司将财务报表等数据保存在文件中，等等。本章将介绍如何使用 Python 进行文件的创建和读/写等操作。另外，当程序在运行时难免会出现异常，从而导致程序出现中断。Python 在程序运行出错的时候，都会生成一个异常对象。如果我们编写了处理该异常的代码，那么程序就会继续运行下去。本章将介绍如何捕获异常及处理异常。另外，还将介绍如何使用 with 语句来简化文件和异常的操作。

7.1　文件

一般来说，文件类型分为两种：文本文件和二进制文件。文本文件包含的是文本编码的数据，如 ASCII 或 Unicode 等。即使文件中包含数字，这些数字仍将编码为一串字符存储在文件中。这类文件可以用文本编辑器（如记事本）打开并查看。二进制文件包含的是没有转化为文本的数据。存储在二进制文件中的数据仅适用于程序读取，而无法使用文本编辑器查看其中内容。Python 程序允许处理文本文件和二进制文件，但为了方便用户可以使用编辑器来查看程序所创建的文件，本书中只处理文本文件。

大多数程序语言可以提供两种不同的方式访问文件中存储的数据：顺序存取和直接存取。顺序存取文件是指必须按照从前到后的顺序访问文件中的数据，即如果想读取存储在文件末尾的数据，那么必须先读取在它之前的所有数据。这类似于老式盒式磁带播放器的工作方式，如果想听录音带上的最后一首歌，则必须播放或者快进跳过所有在它之前的歌曲。直接存取文件（也称作随机访问文件）是指可以直接跳转到文件中的任何数据，而无须读取在它之前的数据。这类似于 CD 播放器或 MP3 播放器的工作方式，可以直接跳转到任何想听的歌曲。在本书中，为了了解基本的文件操作，我们将使用顺序存取文件的方式对文件进行访问。

7.1.1　文件对象

在对文件进行访问操作之前，为了能够在程序中与计算机磁盘上的文件建立关系，程序首先必须知道文件名，其次必须在内存中创建一个文件对象。

大多数计算机用户习惯于通过文件名来标识文件，如使用文字处理器创建了一个文档并将该文档保存在文件中则必须指定一个文件名。不仅如此，当使用 Windows 资源管理器等程序查看磁盘的内容时，你会看到一个文件名列表。一个文件的命名通常是由计算机操作系统的文件命名规则所决定的，大多数系统支持使用文件扩展名的方式对文件进行命名，它是指出现在一个文件名之后的有一个句点（被称为“点”）的短字符序列，通常表示存储在文件中的数据类型。例如，我们常见的扩展名.jpg、.txt 和.doc，其中.jpg 通常表示该文件包含根据 JPEG 图像标准压缩的图片；.txt 扩展名通常表示该文件包含文本；.doc 扩展名（以及.docx 扩展名）通常表示该文件包含 Microsoft Word 文档。

一个文件对象是与特定文件相关联的一个对象，并可以为程序提供一种使用该文件的方法。在程序中使用一个变量引用文件对象，那么该变量就可用于执行在文件上的任何操作。这个概念如图 7-1 所示。

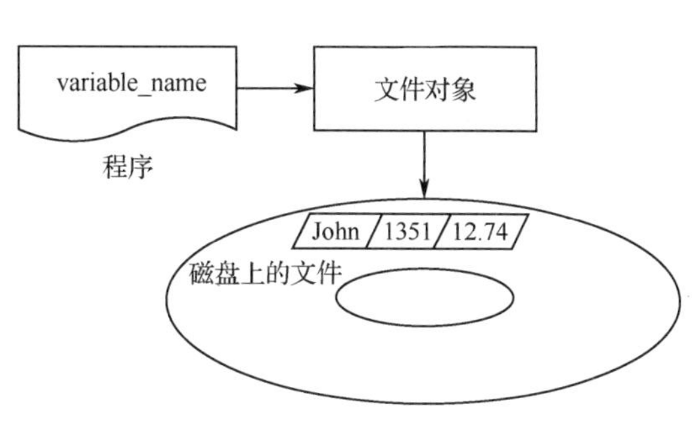

图 7-1　变量名引用与文件相关联的一个文件对象

7.1.2　文件读/写操作

程序员通常将数据保存到文件中的过程称为“写入数据”到文件，数据写入一个文件中即它从内存中的变量复制到文件中，如图 7-2 所示。术语输出文件是用来描述数据写入的一个文件，因为程序将输出数据到该文件，所以称它为输出文件。从文件中读取数据的过程称为从文件中“读取数据”，数据从一个文件中读取即它从文件中复制到内存中并由一个变量引用，如图 7-3 所示。术语输入文件是用来描述数据读取的一个文件，因为程序将从文件中得到输入，所以称它为输入文件。

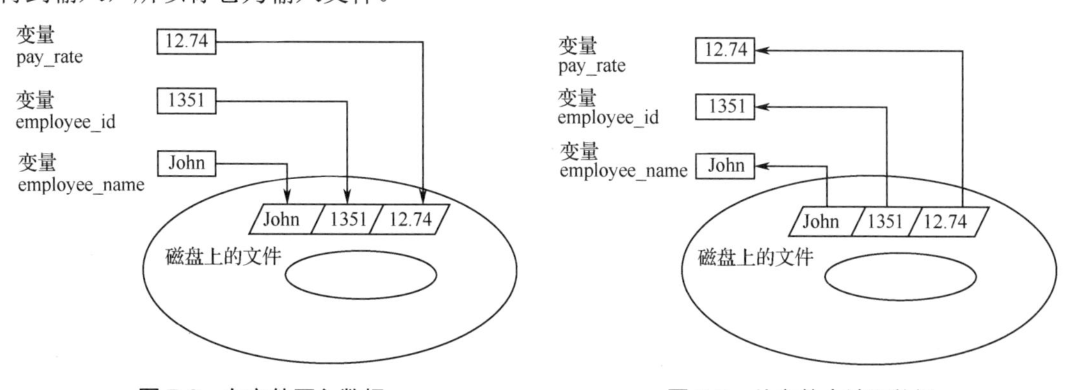

图 7-2　向文件写入数据　　　　图 7-3　从文件中读取数据

用 Word 软件编写一份文件，操作流程一般包括打开 Word 软件，新建一个 Word 文件，写入个人信息，保存文件，关闭 Word 软件。类似地，操作文件的整个过程与使用 Word 软件编写一份文件的过程相同，一般必须采取以下三个步骤。

（1）打开文件：打开文件会创建一个文件和程序之间的连接，即文件对象。打开输出文件通常会在磁盘上创建文件，并允许程序向其写入数据。打开输入文件允许程序从文件中读取数据。

（2）处理文件：将数据写入文件（如果是输出文件）或从文件中读取（如果是输入文件）。

（3）关闭文件：程序使用完文件后，必须关闭该文件。关闭文件会断开文件与程序的连接。

1. 打开文件

在 Python 中，通常使用 open()函数打开文件，并创建一个文件对象将其与磁盘上的文件相关联。使用 open()函数的一般格式为：

```
file_variable = open(filename, mode)
```

其中，

- file_variable 是引用该文件对象的变量名。
- filename 是指定文件名称的一个字符串。
- mode 是指定文件以何种模式（读、写等）打开的一个字符串。表 7-1 给出了在 Python 中打开文件的三种指定模式（三种字符串）。

表 7-1　在 Python 中打开文件的三种指定模式

指定模式	说明
'r'	以只读方式打开文件。文件不能修改或者写入
'w'	以写入方式打开文件。如果文件已经存在，则清除其内容；如果文件不存在，则创建它
'a'	以追加方式打开文件。所有写入文件的数据将追加到文件末尾。如果文件不存在，则创建它

例如，假设已知有文件 customers.txt 包含客户数据，若想打开该文件并进行读取，则调用 open()函数：

```
customer_file = open(' customers.txt ', ' r ')
```

执行该语句后，名为 customers.txt 的文件将被打开，并且变量 customer_file 将引用一个文件对象，通过操作该对象可以从文件中读取数据。

如果想创建一个名为 sales.txt 的文件，并向其写入数据，则调用 open()函数：

```
sales_file = open(' sales.txt ', ' w ')
```

执行该语句后，名为 sales.txt 的文件将被创建，并且变量 sales_file 将引用一个文件对象，通过操作该对象可以将数据写入文件中。注意，如果磁盘上已经存在文件 sales.txt，那么已存在文件中的所有内容会被清除。

在上述例子中是直接将文件名作为参数传递给 open()函数的，在这种情况下，Python 解释器假定该文件的位置与程序所在位置相同。如果程序位于 Windows 计算机上的 C:\Users\Blake\Documents\Python 文件夹中，程序正在运行并执行下面语句，文件 test.txt 将在同一个文件夹中创建：

```
test_file = open(' test.txt ', ' w ')
```

如果要在不同位置上打开文件，则在 open()函数的参数中指定路径及文件名。如果是以字符串的形式指定路径（特别是在 Windows 计算机上），则需要在字符串前面添加前缀字母 r，例如：

```
test_file = open(r' C:\Users\Blake\temp\test.txt ', ' w ')
```

该语句执行后，会在 C:\Users\Blake\temp 文件夹中创建文件 test.txt。这里使用前缀 r 会标识该字符串是一个原始字符串，否则 Python 解释器会将字符串中的反斜杠字符默认为转义序列的一部分，从而发生错误。

2. 处理文件

（1）将数据写入文件。

到目前为止，在本书中已经使用过 Python 的若干个库函数，也可编写自己的函数。除此之外，再介绍另一种类型的函数（称为方法）。一个方法是指属于某个对象的一个函数，可以对该对象执行一些操作，即打开文件之后，可以使用关联该文件的文件对象的方法来对文件进行操作。

例如，文件对象有一种名为 write()的方法可用于将数据写入一个文件。调用 write()方法的一般格式为：

```
file_variable.write(string)
```

其中，file_variable 是引用一个文件对象的变量，string 表示一个即将写入文件的字符串。但前提是该文件必须以写的模式（用' w ' 或者 ' a ' 模式）打开，否则会发生错误。

例如，将字符串“Michael Jordan”写入文件中：

```
name_file.write(' Michael Jordan ')
```

或者

```
name = ' Michael Jordan '
name_file.write(name)
```

（2）从文件读取数据。

如果一个文件已经被打开准备读取（用' r ' 模式），则可以使用文件对象的 read()方法将其全部内容读入内存。在调用 read()方法时，会将文件中的内容以字符串形式返回，一般格式为：

```
file_contents = file_variable.read()
```

其中，变量 file_contents 表示以字符串形式返回从文件中读取的内容。

虽然用 read()方法可以方便地读取一个文件的全部内容，但大多数程序可能仅需要一次读取和处理存储在文件中的一个条目。例如，某文件中包含一系列销售金额，需要编写一个程序计算文件中的销售总金额，那么该程序需要从文件中读取每个销售金额并将其进行累加。

Python 中提供的 readline()方法可以实现从文件中每次仅读取一行（一行是指以\n 字符结尾的字符串）。该方法以字符串形式返回一行，包括\n，调用格式与 read()方法类似。

3. 关闭文件

一旦程序处理完文件后，应断开程序与文件的连接，即关闭文件。特别是在写数据到文件时，写入文件的数据首先写入缓冲区（内存中一片小的“暂存区”），当缓冲区已满时，系统会将缓冲区的内容写入文件。使用这种技术可以提高系统的性能，因为向内存写入数据比向磁盘写入数据更快。关闭输出文件的过程就是强制将在缓冲区中剩余的任何未保存的数据写入文件中，因此在某些系统中输出文件的关闭失效可能会导致数据丢失。

在 Python 中可使用文件对象的 close()方法关闭文件，一般格式为：

```
file_variable.close()
```

【例 7-1】显示写入数据到文件的整个过程，包括打开输出文件、将数据写入文件、关闭文件。

```
 1  #This program writes three lines of data to a file.
 2  def main():
 3       #Open a file named city.txt.
 4       outfile = open('city.txt', 'w')
 5  
 6       #Write the names of three cities to the file.
 7       outfile.write('Hangzhou\n')
 8       outfile.write('Shanghai\n')
 9       outfile.write('Beijing\n')
10  
11       #Close the file.
12       outfile.close()
13  
14  #Call the main function.
15  main()
```

程序第 4 行使用' w '模式打开文件 city.txt，执行该语句后会创建该文件，并打开它进行数据写入，同时还会在内存中创建一个文件对象并将该对象分配给 outfile 变量。

程序第 7～9 行将字符串'Hangzhou\n'、'Shanghai\n'、'Beijing\n'写入文件。第 12 行关闭文件。该程序运行后，上述三个字符串将以如图 7-4 所示的形式写入 city.txt 文件的内容。

在图 7-4 中，每个写入文件的字符串都以\n 结尾，\n 不仅可以分离文件中难的字符串，也使字符串在文本编辑器中查看时会以单独的一行显示。例如，图 7-5 显示在记事本中的 city.txt 文件内容。

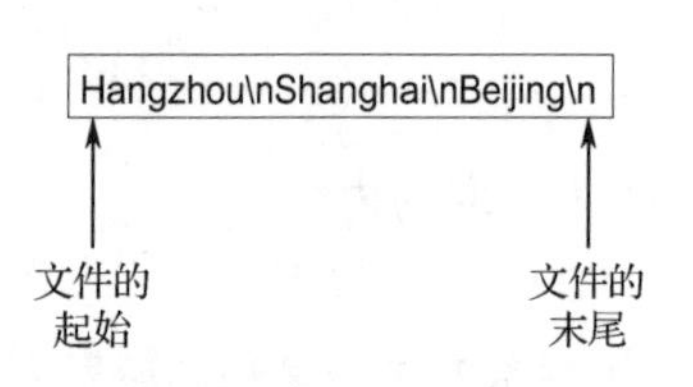

图 7-4　city.txt 文件的内容

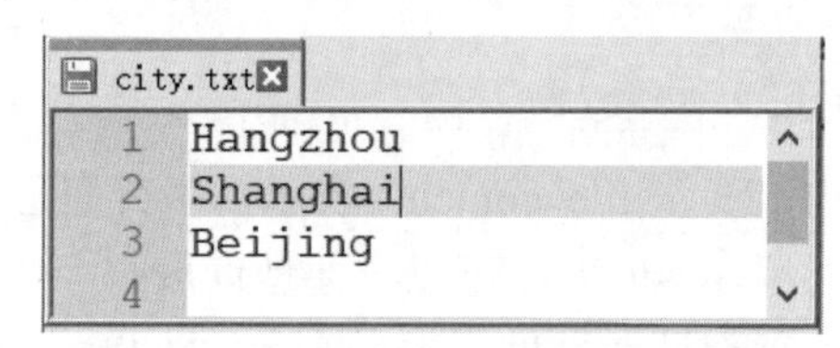

图 7-5　记事本中的 city.txt 文件内容

在【例 7-1】中将三个字符串写入一个文件中，且每个字符串以\n 结尾。但在大多数情况下，写入文件的数据项并不是字符串文字，而是由变量引用的内存中的值。例如，程序提示用户输入数据，然后将该数据写入文件。

【例 7-2】用户输入的数据写入文件之前，用\n 转义符在数据之间连接，确保每条数据都能在文件中单独占一行。

```
1  #This program gets three names from the user and writes them to a file.
2  def main():
3       #Get three names.
4       print('Enter the names of three friends: ')
5       name1 = input('Friend #1')
6       name2 = input('Friend #2')
7       name3 = input('Friend #3')
8  
```

```
 9        #Open a file named friends.txt.
10        myfile = open('friends.txt', 'w')
11
12        #Write the names to the file.
13        myfile.write(name1+'\n')
14        myfile.write(name2+'\n')
15        myfile.write(name3+'\n')
16
17        #Close the file.
18        myfile.close()
19        print('The names were written to friends.txt')
20
21    #Call the main function.
22    main()
```

运行结果为：

```
Enter the names of three friends:
Friend #1: John
Friend #2: Rose
Friend #3: Bob
The names were written to friends.txt
```

程序第 5～7 行提示用户输入三个名字，并将它们分别分配给 name1、name2、name3 变量。第 10 行使用'w'模式打开文件 friends.txt，执行该语句后会创建该文件并打开它进行数据写入，同时还会在内存中创建一个文件对象并将该对象分配给 myfile 变量。第 13～15 行写入由用户输入的名字，并且它们之间用转义字符（\n）进行连接。当写入文件时，每个名字都有一个添加的\n 转义符。第 18 行关闭文件。该程序运行后，上述三个名字将以如图 7-6 所示的形式写入文件。

```
John\nRose\nBob\n
```

图 7-6　friends.txt 文件的内容

【例 7-3】读取并显示名为 city.txt 的文本文件内容。首先打开这个文件，然后读取全部内容到内存中，接着关闭文件，最后输出读取到的数据。

```
 1    #This program reads and displays the contents of the city.txt file.
 2    def main():
 3        #Open a file named city.txt.
 4        infile = open('city.txt', 'r')
 5
 6        #Read the file's contents.
 7        file_contents = infile.read()
 8
 9        #Close the file.
10        infile.close()
11
12        #Print the data that was read into memory.
13        print(file_contents)
```

```
14
15  #Call the main function.
16  main()
```

运行结果为：

```
Hangzhou
Shanghai
Beijing
```

程序第 4 行使用' r '模式打开 city.txt 文件进行读取，同时创建一个文件对象并将其分配给 infile 变量。第 7 行调用 infile.read()方法来读取文件的内容，将文件的内容作为一个字符串读入内存并分配给 file_contents 变量，如图 7-7 所示。第 13 行打印由该变量引用的字符串。

file_contents ⟶ Hangzhou\nShanghai\nBeijing\n

图 7-7　变量 file_contents 引用了 city.txt 文件中读取的字符串

【例 7-4】使用 readline()方法从文件中每次一行地读取文件 city.txt 中的数据。

```
1  #This program reads the contents of the city.txt file
2  #one line at a time.
3  def main():
4      #Open a file named city.txt.
5      infile = open('city.txt', 'r')
6
7      #Read three lines from the file.
8      line1 = infile.readline()
9      line2 = infile.readline()
10     line3 = infile.readline()
11
12     #Close the file.
13     infile.close()
14
15     #Print the data that was read into memory.
16     print(line1)
17     print(line2)
18     print(line3)
19
20 #Call the main function.
21 main()
```

运行结果为：

```
Hangzhou

Shanghai

Beijing
```

程序第 5 行使用' r '模式打开 city.txt 文件进行读取，同时创建了一个文件对象并将其分配给 infile 变量。当打开文件读取数据时，一个特殊的值——读取位置也会随之创建，文件的读取位置标记了从文件读取的下一个条目的位置。初始化时，读取位置为文件的开头。第 5 行执行后，city.txt 文件的读取位置将定位在如图 7-8 所示的地方。

程序第 8 行调用了 infile.readline()方法来读取文件的第 1 行，该行作为字符串返回并分配给 line1 变量。该语句执行后，line1 变量将赋值为字符串' Hangzhou\n'。另外，文件的读取位置将前进到文件的下一行，如图 7-9 所示。

图 7-8　文件的读取位置　　图 7-9　文件的读取位置前进到文件的下一行

第 9 行从文件中读取下一行，并将其分配给 line2 变量，该语句执行后，line2 变量将引用字符串' Shanghai\n'，同时文件的读取位置将前进到文件的下一行，如图 7-10 所示。

第 10 行语句从文件中读取下一行，并将其分配给 line3 变量，该语句执行后，line3 变量将引用字符串' Beijing\n'，同时文件的读取位置将前进到文件末尾，如图 7-11 所示。

图 7-10　文件的读取位置前进到文件的下一行　　图 7-11　文件的读取位置前进到文件末尾

图 7-12 显示了程序第 8～10 行执行结束后，变量 line1、line2、line3 所引用的字符串。

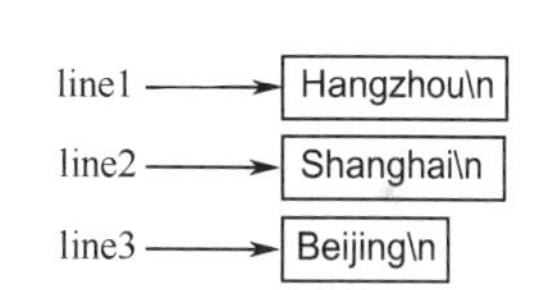

图 7-12　变量 line1、line2、line3 变量所引用的字符串

程序第 13 行关闭了文件，第 16～18 行打印了 line1、line2 和 line3 变量的内容。另外，请注意，程序输出中的每行之后都会显示空白行，这是因为从文件中读取的每项都会以换行符（\n）结束。

但有时由 readline()方法返回的字符串末尾出现的\n 会引起副作用。\n 在文件中的主要目的是分开存储在文件中的各个条目。然而，在很多情况下，从文件中读取它之后，想要删除字符串中的\n。Python 中每个字符串都有一个 rstrip()方法，可以从文件末尾删除或“除去”特定的字符。调用 rstrip()方法的格式如下：

```
name = 'Hangzhou\n'
name = name.rstrip('\n')
```

程序第 1 行将字符串'Hangzhou\n'赋值给 name 变量，第 2 行调用了 name.rstrip('\n')方法，返回没有\n 结尾的 name 字符串副本。这个字符串又赋值给了 name 变量。

【例 7-5】显示了另一个程序可以读取并显示 city.txt 文件的内容，该程序在将字符串显示在屏幕之前使用 rstrip()方法将从文件中读取的字符串中删除了\n。程序输出中不会出现额外的空白行。

```
1 #This program reads the contents of the city.txt file
2 #one line at a time.
3 def main():
```

```
4        #Open a file named city.txt.
5        infile = open('city.txt', 'r')
6
7        #Read three lines from the file.
8        line1 = infile.readline()
9        line2 = infile.readline()
10       line3 = infile.readline()
11
12       #Strip the \n from each string.
13       line1 = line1.rstrip('\n')
14       line2 = line2.rstrip('\n')
15       line3 = line3.rstrip('\n')
16
17       #Close the file.
18       infile.close()
19
20       #Print the data that was read into memory.
21       print(line1)
22       print(line2)
23       print(line3)
24
25   #Call the main function.
26   main()
```

运行结果为：

```
Hangzhou
Shanghai
Beijing
```

当使用' w '模式打开输出文件且该文件名指定的文件已经存在于磁盘上，已有的文件将被删除，并且创建一个具有相同名称的新的空文件。如果想保留一个现有的文件并追加新数据到该文件中，在 Python 中可以使用' a '模式以追加模式打开输出文件。

- 如果文件已经存在，则它不会被删除。如果文件不存在，则它将会被创建。
- 当数据写入文件中时，它会写在该文件当前内容的末尾。

【例 7-6】在文件 city.txt 中增加指定数据。

```
infile = open('city.txt', 'a')
infile.write('Guangzhou\n')
infile.write('Suzhou\n')
infile.write('Wuhan\n')
infile.close()
```

该程序运行后，文件 city.txt 将包含以下数据：

```
Hangzhou
Shanghai
Beijing
Guangzhou
```

```
Suzhou
Wuhan
```

另外，字符串可以直接使用 write()方法写入文件中，但在写入数字之前必须将数字转换成字符串。Python 有一个名为 str()的内置函数可以将数字转换为字符串。假设 num 变量赋值为 99，表达式 str(num)将返回字符串' 99 '。

【例 7-7】使用 str()函数将数字转换为字符串并将生成的字符串写入文件中。

```
1  #This program demonstrates how numbers must be converted to strings
2  #before they are written to a text file
3  def main():
4      #Open a file for writing.
5      outfile = open('numbers.txt', 'w')
6
7      #Get three numbers from the user.
8      num1 = int(input('Enter a number: '))
9      num2 = int(input('Enter another number: '))
10     num3 = int(input('Enter another number: '))
11
12     #Write the numbers to the file.
13     outfile.write(str(num1) + '\n')
14     outfile.write(str(num2) + '\n')
15     outfile.write(str(num3) + '\n')
16
17     #Close the file.
18     outfile.close()
19     print('Data written to numbers.txt')
20
21 #Call the main function.
22 main()
```

运行结果为：

```
Enter a number: 22
Enter another number: 45
Enter another number: 89
Data written to numbers.txt
```

程序第 5 行打开文件 numbers.txt 并进行数据写入，第 8～10 行提示用户输入 3 个数字，并分别分配给变量 num1、num2 和 num3。第 15 行将变量 num1 引用的数字写入文件中，其中表达式 str(num1)+ ' \n '将变量 num1 引用的数字转换为一个字符串并与\n 转义字符连接。

类似地，当从文本中读取数字时，它们总是以字符串形式进行读取。因此需要使用 Python 提供的内置函数 int()将字符串转换成一个整数，或者用内置函数 float()将字符串转换成一个浮点数。

【例 7-8】从文件中读取数字字符串，并使用 int()函数进行转换。

```
1  #This program demonstrates how numbers that are read from a file must
2  #be converted from strings before they are used in a math operation.
3  def main():
```

```
 4       #Open a file for reading.
 5       infile = open('numbers.txt', 'r')
 6
 7       #read three numbers from the file.
 8       num1 = int(infile.readline())
 9       num2 = int(infile.readline())
10       num3 = int(infile.readline())
11
12       #Close the file.
13       infile.close()
14
15       #Add the three numbers.
16       total = num1 + num2 + num3
17
18       #Display the numbers and their total.
19       print('The number are:',num1,num2,num3)
20       print('Their total is:',total)
21
22   #Call the main function.
23   main()
```

运行结果为：

```
The numbers are: 22 45 89
Their total is: 156
```

程序第 8～10 行分别读取文件中的每行内容 infile.readline()，即' 22\n '、' 45\n '、' 89\n '。如果直接使用它们进行数学运算则导致错误，因为不能对字符串进行数学运算，因此需要使用 int(infile.readline())将字符串转换为整数，并将结果赋值给变量 num1、num2、num3。该语句执行结束后，num1 变量将引用数值 22，num2 变量将引用数值 45，num3 变量将引用数值 89（无论是 int 还是 float()函数，都会忽略作为参数的字符串末尾上的任何\n）。最后，第 16 行则将这三个变量累加在一起。

对于上述文件操作，还可以使用 with 语句简化。with 语句执行打开文件操作，实现预定义清理操作，文件在使用后将自动关闭而不再需要关闭文件的步骤。

with 语句的基本格式如下：

```
with expression [as object]:
    <对象操作语句>
```

【例 7-9】假设新建一个文本文件 one_city.txt，在文件中输入文本 Hangzhou，在同一目录下编写代码，使用 with 语句读取 one_city.txt 文件中的内容并输出显示。

```
1  #This program demonstrates how to read a file by using with statement.
2  def main():
3      #Open a file for reading.
4      with open('one_city.txt', 'r')as infile:
5          #Read a line from the file.
6          print(infile.readline())
7  #Call the main function.
8  main()
```

运行结果为：

```
Hangzhou
```

上述程序首先打开当前工作目录中的文件 one_city.txt，再将文件对象赋值为变量 infile，然后读取并输出。当文件操作结束后，with 语句会关闭文件。因为 with 语句可用于对资源进行访问，且能够保证不管在使用过程中是否发生异常都会执行必要的清理操作，并释放资源。with 语句后的表达式是上下文管理器。上下文管理器是 Python 2.5 之后版本中都支持的一种语法，用于规定某个对象的使用范围，一旦进入或离开使用的范围，就有特殊的操作被调用。同时，with 语句也是 Python 异常处理机制的一个部分，将在 7.2.5 节中详细介绍。

7.1.3　使用循环处理文件

由于文件一般拥有大量的数据，因此程序通常使用循环来处理文件中的数据。例如，文件 sales.txt 存储了大量的销售金额数据项，如果想要编写一个程序来读取该文件中的所有金额并计算它们的总和，则可以使用循环来读取文件中的数据项，但需要一种方法知道何时到达文件末尾。

1. 使用 while 循环处理文件

在用 Python 中的 readline()方法试图读取文件末尾之外内容时会返回空字符串（''），因此可以使用 while 循环来确定何时到达文件的末尾。算法的伪代码如下：

```
Open the file
Use readline to read the first line from the file
While the value returned from readline is not an empty string:
    Process the item that was just read from the file
    Use readline to read the next line from the file
Close the file
```

伪代码中在进入 while 循环之前先调用了 readline()方法，该方法的调用作用是得到文件中的第 1 行内容，所以可以进行循环测试。检测读取位置是否到达文件末尾的流程图如图 7-13 所示。

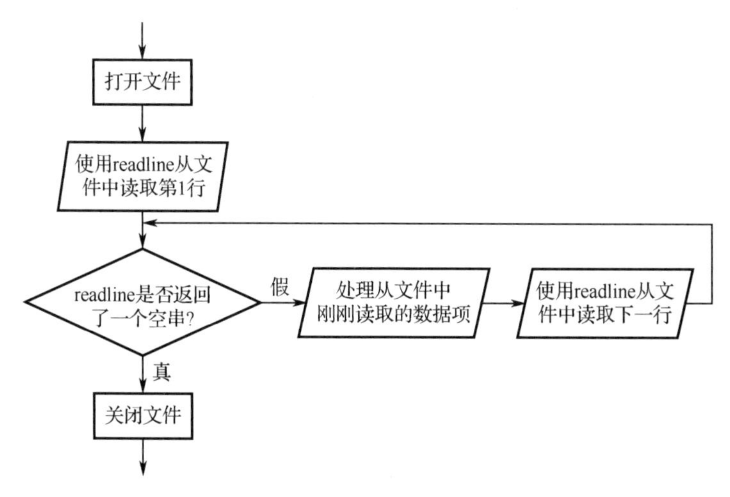

图 7-13　检测读取位置是否到达文件末尾的流程图

【例 7-10】用 while 循环读取文件 sales.txt 并显示文件中的所有值。

```
1  #This program reads all of the values in
2  #the sales.txt file.
3  def main():
4      #Open the sales.txt file for reading.
5      sales_file = open('sales.txt', 'r')
6
7      #Read the first line from the file but don't convert to a number
8      #yet. We still need to test for an empty string.
9      line = sales_file.readline()
10
11     #As long as an empty string is not returned from
12     #readline, continue processing.
13     while line!= '':
14         #Convert line to a float
15         amount = float(line)
16
17         #Format and display the amount.
18         print(format(amount, '.2f'))
19
20         #Read the next line.
21         line = sales_file.readline()
22
23     #Close the file.
24     sales_file.close()
25
26 #Call the main function.
27 main()
```

运行结果为：

```
1000.00
2000.00
3000.00
4000.00
5000.00
```

2. 使用 for 循环处理文件

除了上述的 while 循环可以读取文件，Python 还提供了一个 for 循环，它可以自动读取文件中的每行而无须检测文件末尾的任何特殊条件。for 循环不需要启动读取操作，并且在到达文件末尾时，它会自动停止。如果只想一个接一个地读取文件中的每行时，该方法比编写 while 循环显式检查文件末尾的条件更简单、更优雅。使用 for 循环的一般格式为：

```
for variable in file_object:
    <语句>
    <语句>
```

其中，variable 是变量的名称，file_object 是引用文件对象的变量。该循环将在文件中的每行上迭代一次：第 1 次循环迭代时，variable 将引用文件中的第 1 行（作为字符串）；第 2 次循环迭代时，variable 将引用第 2 行，以此类推。

【例 7-11】从名为 sales.txt 的文本文件中读取所有数值数据，并以格式化的方式显示这些数据。

```
1  #This program reads all of the values in
2  #the sales.txt file.
3  def main():
4      #Open the sales.txt file for reading.
5      sales_file = open('sales.txt', 'r')
6
7      #Read all the lines from the file.
8      for line in sales_file:
9          #Convert line to a float
10          amount = float(line)
11         #Format and display the amount.
12          print(format(amount, '.2f'))
13
14     #Close the file.
15     sales_file.close()
16
17 #Call the main function.
18 main()
```

运行结果为：

```
1000.00
2000.00
3000.00
4000.00
5000.00
```

7.2　异常

在程序设计中需要考虑各个方面，以避免出现错误。在程序开发中，有些情况是程序无法预料的，对这些无法预料的情况，程序应能进行处理。Python 中提供了一些异常情况的处理方法，可以使程序更加完善。若程序中出现了错误，则应纠正错误。但程序中的错误不一定非要终止编译或终止程序运行。只要这种错误不是致命性错误，则可以通过一种“柔和”的手段（不直接终止程序运行的方法）解决。

7.2.1　异常的基本概念

异常是程序运行时导致程序突然停止而发生的一个错误，可以使用 try/except 语句来妥善处理。在大多数情况下，异常会导致程序突然停止。例如，【例 7-12】从用户那里得到两个数字，然后用第一个数字除以第二个数字，在程序运行中如果用户将第二个数字输入为 0，则程序会发生异常（因为除 0 在数学上是不可行的）。

```
 1  #This program divides a number by another number.
 2  def main():
 3      #Get two numbers.
 4      num1 = int(input('Enter a number: '))
 5      num2 = int(input ('Enter another number: '))
 6
 7      #Divide num1 by num2 and display the result.
 8      result = num1 / num2
 9      print(num1, 'divided by', num2, 'is', result)
10
11  #Call the main function.
12  main()
```

输入相关信息：

```
Enter a number: 5
Enter another number: 0
```

则有以下错误提示：

```
Traceback (most recent call last):
  File "D:/python/division.py", line 12, in <module>
    main()
  File "D:/python/division.py", line 8, in main
    result = num1 / num2
ZeroDivisionError: division by zero
```

上面程序的运行结果中所示的冗长的错误消息称为 traceback。traceback 给出了导致异常的行号（一个或多个）的信息。当一个异常发生时，程序员通常说引发了异常。错误的最后一行消息显示了引发的异常名称（ZeroDivisionError）和引发该异常的错误的简要说明（division by zero，整数除零）。

对于上述这种情况，可以通过编写程序来防止这类异常的引发。

【例 7-13】对【例 7-12】做改进，使用简单的 if 语句来防止引发除零异常，即程序检查 num2 的值，如果该值为 0 则显示一个错误消息，而不是引发异常。

```
 1  #This program divides a number by another number.
 2  def main():
 3      #Get two numbers.
 4      num1 = int(input('Enter a number: '))
 5      num2 = int(input('Enter another number: '))
 6
 7      #If num2 is not 0, divide num1 by num2 and display the result.
 8      if num2 != 0:
 9          result = num1 / num2
10          print(num1, 'divided by', num2, 'is', result)
```

```
11      else:
12          print('Cannot divide by zero.')
13
14  #Call the main function.
15  main()
```

输入相关信息：

```
Enter a number: 5
Enter another number: 0
```

运行结果为：

```
Cannot divide by zero.
```

但是，对于有些异常，无论怎样仔细地编写程序都无法避免引发。

【例 7-14】给出了一个计算工资总额的例子。该程序提示用户输入工作小时数和每小时的工资，然后将这两个数相乘得到了用户的工资总额并显示在屏幕上。

```
1  #This program calculates gross pay.
2  def main():
3      #Get the number of hours worked.
4      hours = int(input('How many hours did you work? '))
5
6      #Get the hourly pay rate.
7      pay_rate = float(input('Enter your hourly pay: '))
8
9      #Calculate the gross pay.
10     gross_pay = hours * pay_rate
11
12     #Display the gross pay.
13     print('Gross pay: ', format(gross_pay,'.2f'), sep='')
14
15 #Call the main function.
16 main()
```

输入相关信息：

```
How many hours did you work? twenty
```

运行结果为：

```
Traceback (most recent call last):
  File "D:/python/ gross_pay1.py", line 16, in <module>
    main()
  File "D:/python/ gross_pay1.py", line 4, in main
hours = int(input('How many hours did you work? '))
ValueError: invalid literal for int() with base10: 'twenty'
```

【例 7-14】的程序运行结果显示，当提示用户输入工作小时数时，由于用户输入的是字符串'twenty'而不是数字 20，因此发生了一个异常。异常发生的原因是字符串'twenty'不能转换为整数，所以第 4 行的 int()函数引发了一个异常，程序运行停止。根据错误提示消息，可以看出异常的名称是 ValueError，其详细描述是 invalid literal for int() with base10: 'twenty'。

从上述例子中可以发现，异常是一个 Python 对象，它表示一个错误。当 Python 脚本发生异常时，需要捕获且处理它，否则程序会停止运行。异常是因为在程序出现了错误时为排除错误而在正常控制流之外采取的行为（动作）。这个行为（动作）又分为两个阶段：检测异常阶段和处理异常阶段。

第一阶段：检测异常，Python 解释器将触发一个异常信号，程序也可以自己引发异常信号。只要有异常（信号），解释器都要暂停当前正在运行的程序，而去处理因为错误引发的异常，这就要转入第二阶段的工作。

第二阶段：处理异常，它包括忽略错误或采取补救措施让程序继续运行。无论采取哪种方式都可以使程序继续运行，也可以把这种工作看成程序控制流的一个控制分支。

借助于异常处理，程序员可以控制程序如何运行，这让程序可以具有更好的可控性。

7.2.2　使用 try/except 语句捕获异常

异常的检测与处理通常可用 try/except 语句来实现，这样的代码称为异常处理句柄。try/except 语句的格式有多种，但最简单的如下：

```
try:
   <语句>
except 异常名称:
   <语句>
```

关键字 try 及其后面的语句块称为 try 语句块。该 try 语句块是有可能引发异常的一个或多个语句。except 语句以关键字 except 开始，可选择地跟一个异常名称，并用冒号结束，其下一行开始的语句块称为“句柄”。上述这种格式用来检测 try 语句块中的错误，从而让 except 语句捕获并处理异常信息。当 try/except 语句执行时，在 try 语句块中的语句开始执行，之后：

- 如果 try 语句块中的一个语句抛出了由 except 语句指定的名称的异常，则该句柄立即执行 except 语句。然后，程序会在 try/except 语句之后的一条语句处继续执行。
- 如果 try 语句块中的一个语句抛出的异常不是 except 语句指定名称的异常，则程序会输出 traceback 错误消息并停止执行。
- 如果 try 语句块中的语句执行中没有引发异常，则任何 except 语句和句柄都会被忽略，并且程序会在 try/except 语句之后的一条语句处继续执行。

【例 7-15】使用 try/except 语句检测并处理一个 ValueError 异常。

```
 1  #This program calculates gross pay.
 2  def main():
 3      try:
 4          #Get the number of hours worked.
 5          hours = int(input('How many hours did you work? '))
 6
 7          #Get the hourly pay rate.
 8          pay_rate = float(input('Enter your hourly pay: '))
 9
10          #Calculate the gross pay.
```

```
11          gross_pay = hours * pay_rate
12
13          #Display the gross pay.
14          print('Gross pay: ', format(gross_pay,'.2f'), sep='')
15      except ValueError:
16          print('ERROR: Hours worked and hourly pay rate must')
17          print('be valid numbers.')
18
19  #Call the main function.
20  main()
```

输入相关信息：

```
How many hours did you work? twenty
```

运行结果为：

```
ERROR: Hours worked and hourly pay rate must
be valid numbers.
```

程序中的第 5 行提示用户输入工作的小时数，并且用户输入字符串' twenty'。由于字符串不能转换为整数，故 int()函数引发了一个 ValueError 异常。结果是该程序立即从 try 语句块跳转到第 15 行的 except ValueError 异常语句，并执行从第 16 行开始的句柄块即异常处理程序，如图 7-14 所示。

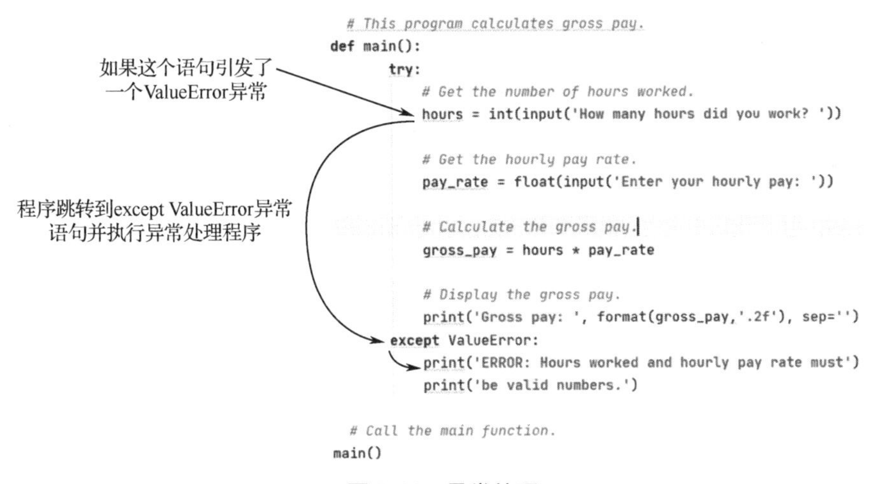

图 7-14 异常处理

类似地，可以对不同类型的异常进行捕获和处理。Python 中常见的异常类型如表 7-2 所示。

表 7-2 Python 中常见的异常类型

异常名称	说明
BaseException	所有异常的父类
Exception	是 BaseException 异常的下层异常
NameError	当访问一个未声明的变量时而引发的异常。 错误类型是：NameError: name '……' is not defined

续表

异常名称	说明
ZeroDivisionError	当除数为零时而引发的异常。 错误类型是：ZeroDivisionError: division by zero
SyntaxError	当解释器发现有语法错误时而引发的异常。 错误类型是：SyntaxError: invalid syntax
IndexError	请求的索引超出了序列范围，即当使用序列中不存在的索引时而引发的异常。 错误类型是：IndexError：It's index out of range
KeyError	请求一个不存在的字典关键字，当使用映射中不存在的键时而引发的异常。 错误类型是：KeyError：'Server'
FileNotFoundError	当打开一个不存在的文件时而引发的异常。 错误类型是：FileNotFoundError: [Error 2] No such file or directory
AttributeError	当访问未知对象属性时而引发的异常。 错误类型是：AttributeError：'object has no attribute'
IOError	当文件输入/输出操作失败时而引发的异常。 错误类型是：IOError: [Error 2] No such file or directory: 'file1.txt'
ZeroDivisionError	当除（或取模）零时而引发的异常。 错误类型是：ZeroDivisionError：division by zero

在许多情况下，try 语句块中的代码可能会引发多种类型的异常。在这种情况下，需要为每个类型的异常编写一个 except 语句来处理异常。如果异常的类型太多而无法或者不便一一列举，则可以使用 except 语句（不需要加异常名称）捕获所有异常。格式如下：

```
try:
   <语句>
except 异常名称 1:
   <语句>
except 异常名称 2:
   <语句>
except:
   <语句>
```

【例 7-16】创建文件 sales_data.txt，该文件中的每行包含了一个月的销售金额，且文件有多行内容，文件内容如下所示：

```
21345.6
54345.7
31978.7
26721.5
……
```

从文件中读取了所有数字并将它们添加到累加器变量中。

```
1  #This program display the total of the amounts in the sales_data.txt.
2  def main():
3       #Initialize an accumulator.
4       total = 0.0
```

```
 5
 6     try:
 7
 8         #Open the sales_data.txt file.
 9         infile = open('sales_data.txt', 'r')
10
11         #Read the values from the file and accumulate them.
12         for line in infile:
13             amount = float(line)
14             total += amount
15
16         #Close the file.
17         infile.close()
18
19         #Print the total.
20         print(format(total,'.2f'))
21
22     except IOError:
23         print('An error occurred trying to read the file.')
24
25     except ValueError:
26         print('Non-numeric data found in the file.')
27
28     except:
29         print('An error occurred.')
30
31 #Call the main function.
32 main()
```

程序中的 try 组件包含的代码可以引发不同类型的异常。

（1）如果 sales_data.txt 文件不存在，则程序第 9 行会引发 IOError 异常，同时第 12 行中的 for 循环还会引发 IOError 异常；如果是文件存在，则程序在文件中读取数据时会遇到问题。

（2）如果 line 变量引用了一个不能被转换为浮点数的字符串（例如字母串），则程序第 13 行中的 float()函数将引发一个 ValueError 异常。

try/except 语句中有以下三个 except 语句。

（1）第 22 行的 except 语句指定了一个 IOError 异常。如果引发了一个 IOError 异常，则它的句柄会在第 23 行执行。

（2）第 25 行的 except 语句指定了一个 ValueError 异常。如果引发了一个 ValueError 异常，则它的句柄会在第 26 行执行。

（3）第 28 行的 except 语句没有列出一个具体的异常。如果引发了一个其他 except 语句没有处理的异常，则它的句柄会在第 29 行执行。

如果 try 语句块发生了一个异常，则 Python 解释器会从上到下地检查 try/except 语句中的每个 except 语句。当它发现一个 except 语句指定的类型匹配了所发生的异常，它就跳转到对应的 except 语句。如果没有 except 语句匹配所发生的异常，则解释器会跳转到在第 28 行的 except 语句。类似地，如果在一个程序中想要捕获 try 语句块中引发的任何异常并进行统一处理，则不需要考虑异常的类型，可以在一个 try/except 语句中编写一个不指定任何特定类型异常的 except 语句来实现。

当程序抛出一个异常时，一个称为异常对象的对象将在内存中创建出来。异常对象通常包含该异常的默认错误消息（事实上，它就是当一个异常未得到处理时在 traceback 末尾可以看到的同一个错误消息）。编写 except 语句时，能够可选地为异常对象分配一个变量，格式如下所示：

```
except ValueError as variable:
```

这个 except 子句捕获了 ValueError 异常。出现在 except 语句之后的表达式表示将异常对象赋值给变量 variable。然后，可以在异常句柄中将变量传递给 print()函数来显示 Python 为该类错误提供的默认错误消息。

7.2.3　else 语句

try/except 语句中有一个可选的 else 语句，出现在所有的 except 语句之后，一般使用形式为：

```
try:
    <语句>
except 异常名称:
    <语句>
else:
    <语句>
```

出现在 else 语句后的语句块称为 else 语句块。else 语句块中的语句在 try 语句块之后，并且只有在没有引发异常时才会执行。如果引发了异常，则 else 语句块会跳过。

【例 7-17】使用 else 语句块的异常捕获。

```
 1 #This program display the total of the amounts in the sales_data.txt.
 2 def main():
 3     #Initialize an accumulator.
 4     total = 0.0
 5
 6     try:
 7
 8         #Open the sales_data.txt file.
 9         infile = open('sales_data.txt', 'r')
10
11         #Read the values from the file and accumulate them.
12         for line in infile:
13             amount = float(line)
14             total += amount
15
```

```
16          #Close the file.
17          infile.close()
18
19      except Exception as err:
20          print(err)
21      else:
22          #Print the total.
23          print(format(total,'.2f'))
24
25  #Call the main function.
26  main()
```

程序第 23 行的语句只有在 try 语句块（第 7～17 行）的语句执行中没有引发异常时才会执行。

7.2.4　finally 语句

try/except 语句有一个可选的 finally 语句，它必须出现在所有的 except 语句之后，一般使用形式为：

```
try:
   <语句>
except 异常名称:
   <语句>
finally:
   <语句>
```

出现在 finally 语句后的语句块称为 finally 语句块。finally 语句块中的语句总是在 try 语句块和所有异常句柄执行完后才执行。无论是否有异常发生，finally 语句块中的语句总会执行。因为有些时候，在程序中不管有没有捕捉到异常，都要执行一些终止行为，比如关闭文件、释放锁等。此时，可以通过 finally 语句块实现效果。finally 语句块中编写的语句无论是否发生异常总会执行。

7.2.5　with 语句

在对文件和异常的操作中，with 语句可用来进行简化。with 语句是在 Python 2.5 之后的版本中得到支持的。在之前的版本中，如果要正确地处理程序中存在的异常，则需要使用 try...finally 代码结构。如前所述，若要实现在文件操作中即使出现异常也能正确关闭，则使用以下代码：

```
f = open("city.txt")
try:
   for line in f.readline():
      print(line)
finally:
   f.close()
```

在这段代码中，不管文件操作是否出现异常，try/finally 语句块中的 finally 语句都会执行，从而能够保证文件正确关闭。实际上，with 语句可用于对资源进行访问，不管在使用过程中是否发生异常都会执行必要的“清理”工作，释放资源，因此 with 语句可用来简化这种写法。这里明确 with 语句后的表达式为上下文表达式，格式如下：

```
with 上下文表达式 [as object]:
    <对象操作语句>
```

使用 with 语句改写上述代码，格式如下：

```
with open("city.txt") as f:
    for line in f.readline():
        print(line)
```

改写后的代码相对 try/finally 语句块来说简洁了很多，而且也不需要使用 f.close()语句来关闭文件。这是因为 with 语句具有上下文管理器的功能。

上下文管理器是一个实现了上下文协议的类，而所谓的上下文协议就是一个类要实现__enter__()和__exit__()两个方法。因此，只要一个类实现了这两个方法，就可称为上下文管理器。

__enter__()方法主要执行一些环境准备工作，同时返回一个资源对象，例如上下文管理器 open("city.txt")的__enter__()方法返回一个文件对象。

__exit__()方法的完整形式为__exit__(type, value, traceback)，其中三个参数和调用 sys.exec_info()函数的返回值是一样的，分别为异常类型、异常信息和堆栈。如果执行体语句没有引发异常，则这三个参数均被设为 None。否则，它们将包含上下文的异常信息。__exit__()方法返回 True 或 False，分别表示被引发的异常是否被处理：如果返回 False，则引发的异常将会被传递出上下文。但如果__exit__()方法内部引发了异常，则会覆盖掉执行体中引发的异常。处理异常时，不需要重新抛出异常，只需要返回 False，with 语句会检测__exit__()返回 False 来处理异常。

with 语句中的上下文表达式是一个上下文管理器，其实现了__enter__()和__exit__()两个方法。当调用 with 语句时，执行过程如下。

（1）生成一个上下文管理器 expression，在上文的例子中，with 语句首先以"city.txt"作为参数生成一个上下文管理器 open("city.txt")。

（2）执行 expression.__enter__()。如果指定了[as resource_object]说明符，则将__enter__()的返回值赋值给资源对象，在上文的例子中，open("city.txt"). __enter__()返回一个文件对象给 f。

（3）执行对象操作语句块。在上文的例子中执行文件读取操作。

（4）执行 expression.__exit__()，在__exit__()方法中可以进行资源清理工作，在上文例子中就是执行文件的关闭操作。

7.3　小结

本章主要介绍了文件的相关知识，以及如何使用 Python 对文件进行读/写等操作。另外，还介绍了程序运行中可能会出现的异常的基本概念和它的一些操作，比如使用 try-except 语句来捕获异常，以及 else 语句和 finally 语句的使用方法。最后，本章还介绍了使用 with 语句来简化 Python 语言对文件和异常的操作。

习题 7

一、选择题

1．（　　）与特定文件关联，并提供了处理该文件的方法。
　A．文件名　　B．文件扩展名　　C．文件对象　　D．文件变量

2．（　　）描述了将一段数据写入文件时发生的情况。
　A．数据从内存中的变量复制到文件　　B．数据从程序中的变量复制到文件
　C．数据从程序复制到文件　　D．数据从文件对象复制到文件

3．步骤（　　）在文件和程序之间创建连接。
　A．打开文件　　B．读取文件　　C．处理文件　　D．关闭文件

4．（　　）存取文件也称为直接存取文件。
　A．顺序　　B．随机　　C．编号　　D．文本

5．（　　）文件存取类型直接跳转到文件中的某段数据，而不必读取它前面的所有数据。
　A．顺序　　B．随机　　C．编号　　D．文本

6．使用（　　）模式说明符，当文件已经存在时会擦除文件已有内容，当文件不存在时则会新建一个文件。
　A．'w'　　B．'r'　　C．'a'　　D．'e'

7．使用（　　）模式说明符，它会打开一个文件但不允许改变文件或者写入文件。
　A．'w'　　B．'r'　　C．'a'　　D．'e'

8．使用（　　）方法可以用来从字符串末尾去除特定字符。
　A．estrip　　B．rstrip　　C．strip　　D．remove

9．使用（　　）方法可以将数值转换为字符串。
　A．str　　B．value　　C．num　　D．chr

10．使用（　　）方法在试图读取超出文件末尾以外的内容时将返回空字符串。
　A．read　　B．getline　　C．input　　D．readline

11．使用（　　）语句可以用来处理程序中的运行时错误。
　A．exception　　B．try
　C．try/exception　　D．exception handler

12．假设 customer.txt 文件引用了一个 file 对象，并且文件是使用'w'模式说明符打开的，那么可使用（　　）将字符串'Mary Smith'写入文件。
　A．customer file.write('Mary Smith')　　B．customer.write('w', 'Mary Smith')
　C．customer.input('Mary Smith')　　D．customer.write('Mary Smith')

13．当使用'r'模式说明符打开文件时，（　　）方法将以字符串形式返回文件的内容。
　A．write　　B．input　　C．get　　D．read

14．（　　）可正确使用'r'模式打开 users.txt 文件。

A．infile = open('r', users.txt)
B．infile = read('users.txt', 'r')
C．infile = open('users.txt', 'r')
D．infile = readlines('users.txt', r)

15．（　　）可正确打开 users.txt 文件写入数据。

A．outfile = open('w', users.txt)
B．outfile = write('users.txt', 'w')
C．outfile = open('users.txt', 'w')
D．outfile = open('users.txt')

二、判断题

1．以'w'模式打开文件时，如果同名文件已经存在，则屏幕上会出现一个警告。
2．从文件读取数据时，这些数据将从文件复制到程序中。
3．已知 y=0，当程序尝试执行 x/y 计算时，将引发 ZeroDivisionError 异常。
4．异常处理程序是使用 try/except 语句编写的一段代码。
5．如果文件中的最后一行没有以\n 结尾，则在 readline()方法读取该行返回时这一行不带\n。
6．字符串可以用 write()方法直接写入文件，但数字必须先转换为字符串才能写入。
7．可以创建一个 while 循环来确定何时到达文件的结尾。
8．在 Python 中，如果程序试图访问一个不存在的文件来读取数据，则无法执行任何操作。
9．一个 try 语句只能对应一个 except 子句。
10．无论程序是否捕获到异常，都一定会执行 finally 语句。

三、编程题

1．编写程序，先创建一个名为 number_list.txt 的文件，然后使用 for 循环将数字 1～10 写入文件。
2．编写程序，打开题 1 中创建的 number_list.txt 文件，从文件中读取所有数字并显示它们，同时还计算并显示它们的总和，然后关闭文件。
3．修改题 2 的程序使其能够处理文件打开和数据读取时引发的任何 IOError 异常。
4．修改题 2 的程序使其能够处理将文件中读取的数据项转换为数字时引发的任何 ValueError 异常。
5．编写程序，要求使用 try-except-else 处理异常，实现功能：读入一个整数 A，然后输出 20/A 的值，保留 2 位小数；如果输入不正确，则输出相应的异常信息。
6．编写程序，要求使用 try-except 处理异常，实现功能：读入两个整数 A 和 B，然后输出它们的商，并保留 2 位小数；对于不合法的输入，则输出相应的异常信息。
7．编写程序，要求读入两个整数 a 和 b，然后输出它们的商，即 a/b 的值，正确输出结果并保留 2 位小数；如果出现输入非数值型数据，则捕获异常 NameError，并输出 the input is not numerical；如果输入的除数 b 为 0，则捕获异常 ZeroDivisionError，输出 zero division error。
8．根据以下分段函数的定义，输入 x，计算对应的 y 值，输出结果保留 2 位小数。如果输入的 x 是非数值型数据，则输出'Input Error'。注意：使用 math 库。

$$f(x)=\begin{cases}\cos(x)+\mathrm{e}^x & (x>0)\\ 0 & (x\leqslant 0)\end{cases}$$

9. 小明在帮老师处理数据，这些数据的第一行是 n，代表有 n 行整数成绩需要统计。接着连续输入 n 个成绩，如果中途输入错误（非整数）提示'Error! Reinput'，并输出错误的数据。然后重新输入，直到输入 n 个正确的成绩才退出。如果整个输入过程中没有错误数据，则提示'All OK'。最后输出所有学生的平均值，保留 2 位小数。
10. 从键盘输入一个学生所有课程的成绩，输入格式为“课程名：成绩”，每门课占一行，以空行结束。随后提示“请输入要查询的课程：”，用户从键盘输入课程名，查询并输出该课程的成绩，要求进行异常处理，对不存在的课程进行捕捉处理。

    输入格式：

    输入学生所有课程的成绩，每门课占一行，格式为“课程名：成绩”，以空行结束。

    在提示后输入课程名。

    输出格式：

    如果课程存在，则直接输出成绩，否则提示“没有该门课程”。

第2部分　应　用　篇

第8章　数据分析和可视化

视频分析

在数据分析中，数据可视化是一项非常重要的工作，通过可视化可以准确、直观地表示数据，可以一目了然数据之间的关系和内在的含义。本章介绍 Matplotlib 及其使用。

Matplotlib 是一个 Python 的 2D 绘图库，它是最流行的用于制图及其他二维数据可视化的 Python 库。该项目由 John Hunter 于 2002 年发起，目的在于在 Python 环境下进行 Matlab 风格的绘图，被设计为适合出版的制图工具。使用 Matplotlib 只需几行代码就可以生成图表、直方图、功率谱、柱状图、误差图、散点图等。Matplotlib 中的 Pyplot 模块提供了类似于 Matlab 的界面，可以通过面向对象的界面或 Matlab 用户熟悉的一组功能来完全控制线型、字体属性、轴属性等。常用的 Pyplot 函数如表 8-1 所示。

表 8-1　常用的 Pyplot 函数

函数	功能	函数	功能
plt.plot(x,y,fmt,...)	绘制一个折线图	plt.psd(x,NFFT=256,pad_to,Fs)	绘制功率谱密度图
plt.boxplot(data,notch,position)	绘制一个箱形图	plt.specgram(x,NFFT=256,pad_to,F)	绘制谱图
plt.bar(left,height,width,bottom)	绘制一个柱状图	plt.cohere(x,y,NFFT=256,Fs)	绘制 *X-Y* 的相关性函数
plt.barh(width,bottom,left,height)	绘制一个横向柱状图	plt.scatter(x,y)	绘制散点图，其中 *x* 和 *y* 长度相同
plt.polar(theta,r)	绘制极坐标图	plt.step(x,y,where)	绘制阶梯图
plt.pie(data,explode)	绘制饼图	plt.hist(x,bins,normed)	绘制直方图
plt.contour(X,Y,Z,N)	绘制等值图	plt.vlines()	绘制垂直图
plt.stem(x,y,linefmt,markerfmt)	绘制基图	plt.plot_date()	绘制数据日期

在数据处理过程中，经常会用到 NumPy 和 Pandas 两个库。NumPy 是 Numerical Python 的简写，是 Python 数值计算的基石。它提供多种数据结构、算法，以及大部分涉及 Python 数值计算所需的接口。NumPy 除使 Python 具有快速数组处理能力外，还可以在算法和库之间作为数据传递的数据容器，许多 Python 的数值计算工具将 NumPy 数组作为基础数据结构，或与 NumPy 进行无缝互操作。Pandas 提供高效数据结构和函数，这些数据结构和函数的设计使得利用结构化、表格化数据的工作快速、简单、有表现力。主要使用 Pandas 对象的

DataFrame，用于实现表格化、面向列、使用行列标签的数据结构，以及一维标签数组对象 Series。

8.1　使用 Matplotlib 绘制图表

8.1.1　安装 Matplotlib 并导入

因为 Matplotlib 不是 Python 标准库的一部分，所以当需要使用 Matplotlib 时，需要单独安装它。

在 Windows 系统下安装 Matplotlib，进入命令提示符窗口，输入命令：

```
python -m pip install -U matplotlib
```

或者

```
pip install matplotlib
```

在 MacOS 或 Linux 系统下安装 Matplotlib，打开一个终端窗口，输入命令：

```
sudo pip3 install matplotlib
```

通过导入 Matplotlib 可以验证包是否正确安装，启动 IDLE 或进入 Python 解释器的交互模式并输入：

```
>>> import matplotlib
```

如果没有看到错误信息，则说明已经安装成功。

Matplotlib 包中包含了一个名为 Pyplot 的模块，Pyplot 模块由一组命令式函数组成，通过该模块可以非常方便地创建图表，大多数 Python 开发者认可并乐于使用这个模块。使用 Pyplot 模块生成一幅简单的交互式图表，首先要导入 Pyplot 模块，并将其重命名为 plt。

```
import matplotlib.pyplot as plt
```

8.1.2　Figure 和 Axes 对象

Figure 对象是一个顶层的绘图区域，对应整个图形表示，使用 figure()函数可以创建一个 Figure 对象。在 Figure 中可以包含一个或多个 Axes 对象，而 Axes 对象通常表示图形或图表是对什么内容进行作图的，是包含了大多数图表元素，如标题、标签、文本和刻度等的坐标系统。坐标系统初始化代码如下，运行结果如图 8-1 所示。

```
import matplotlib.pyplot as plt
fig = plt.figure()
ax = plt.axes()
```

省略代码中的第 2、3 行语句，在绘制图表时默认为当前的 Figure 对象和 Axes 对象，绘制蓝色直线如图 8-2 所示。

```
import matplotlib.pyplot as plt
#默认线条颜色为蓝色
plt.plot([1, 2, 3, 4])
plt.show()
```

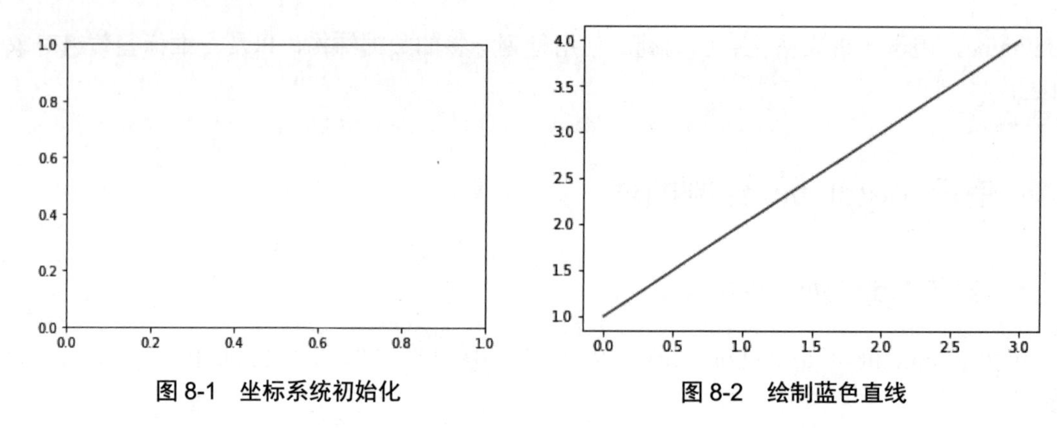

图 8-1 坐标系统初始化　　　　图 8-2 绘制蓝色直线

使用 plt.plot()函数绘制图表。图形表示的是 x 轴和 y 轴的值，其中第 1 个数组为 x 轴的各个值，第 2 个数组为 y 轴的值，还可以接收第 3 个参数，描述数据点在图表中的显示方式。若只有一个数组，则默认为 y 值，将其余一个序列的 x 值对应起来，x 的取值依次为 0，1，2，3，…。生成图表对象之后，使用 show()函数可以显示图表。

8.1.3 Matplotlib 中的一些函数和属性

如果不指定图表样式，则 Matplotlib 使用 plt.plot()函数默认设置绘制图像：数据点默认用线段连在一起；轴长与输入数据范围一致；无标题和轴标签；无图例。也可以通过设置属性显示图表标题、x 轴标签、y 轴标签、图例等，并可自定义 x 轴和 y 轴的刻度或标签等，如图 8-3 所示。

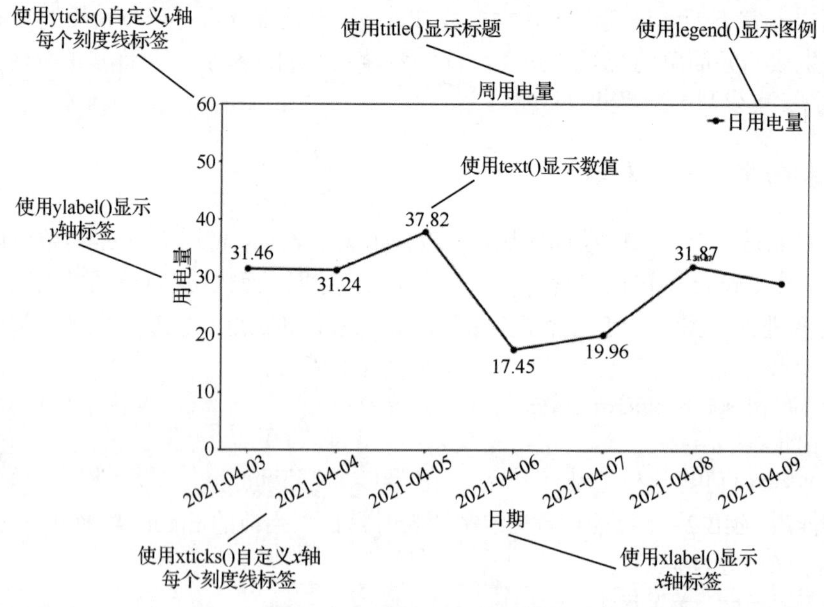

图 8-3 图表属性设置示例

1. 添加和设置图表标题

title()函数用于给图表添加和设置标题，它的构造方法的语法格式如下：

```
title(label, fontdict = None, loc = 'center', pad = None)
```

其中，label 表示图表标题的文本内容，用字符串表示；fontdict 表示图表标题的字体、字号和颜色等；loc 表示图表标题的显示位置，默认值为 center，表示在图表上方居中显示，还可以设置为 left 或 right，表示在图表上方靠左或靠右显示。

2. 添加和设置 *x* 轴和 *y* 轴的标签

xlabel()和 ylabel()函数分别用于添加和设置 *x* 轴、*y* 轴的标签，它的构造方法的语法格式如下：

```
xlabel/ylabel(label,fontdict=None,labelpad=None)
```

其中，label 表示坐标标签的文本内容，用字符串表示；fontdict 表示坐标标签的字体、字号和颜色等；labelpad 表示坐标轴标签到坐标轴的距离。

3. 添加和设置图例

legend()用于添加和设置图例，它的构造方法的语法格式如下：

```
legend(loc, fontsize, facecolor,edgecolor,shadow=False)
```

其中，loc 表示图例的显示位置。取值为特定的字符串，常用的有'upper left'、'upper right'、'lower left'和'lower right'，分别表示左上角、右上角、左下角和右下角。表 8-2 为图例显示位置代码值。fontsize 表示图例名的字号；facecolor 表示图例框的背景颜色；edgecolor 表示图例框的边框颜色；shadow 表示是否给图例框添加阴影，默认值为 False，表示不添加阴影。

表 8-2 图例显示位置代码值

字符串位置	位置代码值	字符串位置	位置代码值	字符串位置	位置代码值
'best'	0	'lower right'	4	'lower center'	8
'upper right'	1	'right'	5	'upper center'	9
'upper left'	2	'center left'	6	'center'	10
'lower left'	3	'center right'	7		

【例 8-1】绘制 4 条基于正弦函数变化的曲线。每条曲线采用不同的阶梯形（steps）绘制样式，并通过颜色、透明度及线型进行区分。

```
#添加图例示例
import numpy as np
import matplotlib.pyplot as plt
#x 轴的取值范围
x = np.arange(14)
#y 轴对应的坐标值
y = np.sin(x / 2)
#以阶梯形显示曲线
plt.plot(x, y + 2, drawstyle='steps', label='steps (=steps-pre)')
#显示一条灰色曲线，用圆点标记
plt.plot(x, y + 2, 'o--', color='grey', alpha=0.3)
plt.plot(x, y + 1, drawstyle='steps-mid', label='steps-mid')
```

```
plt.plot(x, y + 1, 'o--', color='grey', alpha=0.3)
plt.plot(x, y, drawstyle='steps-post', label='steps-post')
plt.plot(x, y, 'o--', color='grey', alpha=0.3)
plt.grid(axis='x', color='0.95')
#设置图例，位置在左下角
plt.legend(title='Parameter drawstyle:', loc=3)
#设置图表标题
plt.title('plt.plot(drawstyle=...)')
plt.show()
```

运行结果如图 8-4 所示。

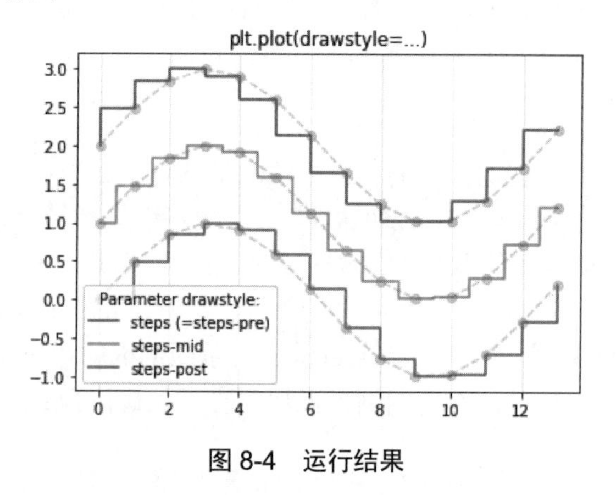

图 8-4 运行结果

4. 添加文本

title()函数可以添加标题，xlabel()和 ylabel()函数可以显示坐标轴文本，Pyplot 还可以使用 text()函数在图表任意位置添加文本，它的构造方法的语法格式如下：

```
text(x, y, s, fontdict=None, **kwargs)
```

其中 x、y 为文本在图形中位置的坐标，s 为要添加的字符串，fontdict 为文本要使用的字体、字号、颜色等，最后还可以使用关键字参数。

【例 8-2】绘制一条正弦波曲线，并在图表中添加标题、坐标轴标签，以及两处文本注释。

```
#显示文本
import numpy as np
import matplotlib.pyplot as plt
t = np.arange(0.0, 2.0, 0.01)
s = np.sin(2*np.pi*t)
#绘制曲线
plt.plot(t, s)
#添加图表标题
plt.title(r'$\alpha_i > \beta_i$', fontsize=20)
#添加文本
plt.text(1, -0.6, r'$\sum_{i=0}^\infty x_i$', fontsize=20, color='red')
plt.text(0.6, 0.6, r'$\mathcal{A}\mathrm{sin}(2 \omega t)$', fontsize=20, bbox =
{'facecolor': 'yellow','alpha':0.5})
```

```
#添加坐标轴标签
plt.xlabel('time (s)')
plt.ylabel('volts (mV)')
plt.show()
```

运行结果如图 8-5 所示。

文本内容在两个$符号之间的是 LaTex 表达式，可以将它们转换为数学表达式、公式、数学符号或希腊字母等，然后在图像中显示出来。通常需要在包含 LaTex 表达式的字符串前添加 r 字符，表明它后面是原始文本，不能对其进行转义操作。

可以使用关键字参数完成进一步的设置，将字体颜色设置为红色，为公式添加一个彩色的边框等。

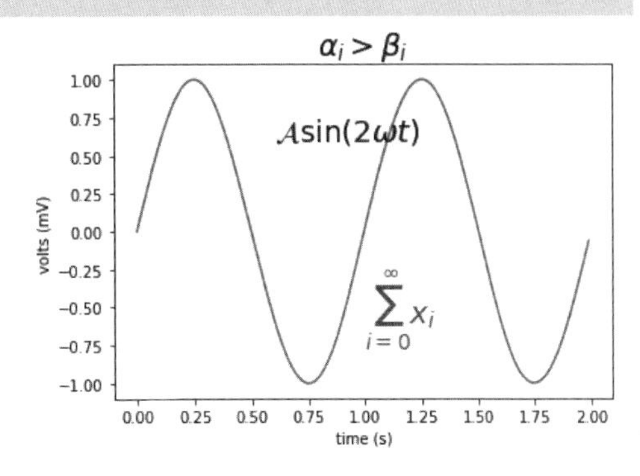

图 8-5 运行结果

5. 设置刻度及刻度标签

Pyplot 包含 xlim()、xticks()等方法，这些方法分别控制绘图范围、刻度位置及刻度标签。

调用 xlim()和 ylim()函数来改变 x 轴和 y 轴的上下限：x 轴（1-100），y 轴（10-50）。

```
plt.xlim(xmin=1, xmax=100)
plt.ylim(ymin=10, ymax=50)
```

可以使用 xticks()和 yticks()函数自定义每个刻度线的标签，函数将两个列表作为参数。第 1 个参数是刻度标记的位置列表，第 2 个参数是在指定位置显示的标签列表。

```
plt.xticks([0, 1, 2, 3, 4],['2016', '2017', '2018', '2019', '2020'])
plt.yticks([0, 1, 2, 3, 4, 5],['$0m', '$1m', '$2m', '$3m', '$4m', '$5m'])
```

上面代码表示在 x 轴的 0、1、2、3、4 对应位置将标签分别显示为 2016、2017、2018、2019、2020；表示在 y 轴的 0、1、2、3、4、5 对应位置将标签分别显示为$0m、$1m、$2m、$3m、$4m、$5m。

6. 显示或隐藏坐标轴

axix()函数可设置坐标轴的属性，可以显示或隐藏坐标轴。可以使用 grid()函数设置图表网格，默认为不显示网格。

```
plt.grid(True)      #显示网格
plt.grid(False)     #不显示网格
```

7. 关键字参数 kwargs

组成图表的各个对象有很多用于描述其特点的属性，这些属性均有默认值，但可以用关键字参数（kwargs）设置。这些关键字参数作为参数传递给函数。

8. 保存图表

可以使用 savefig()函数直接把图表保存为 PNG 格式，该语句要放在用于生成图表的一系列命令的最后。

【例 8-3】绘制某一周的日用电量图表。

```
import matplotlib.pyplot as plt
fig = plt.figure()
#显示中文
plt.rcParams['font.sans-serif'] = ['SimHei']
#显示标题
plt.title("周用电量")
#显示 x 轴和 y 轴标签
plt.xlabel("日期")
plt.ylabel("用电量")
#定义 x 轴和 y 轴的刻度
plt.xlim(xmin=0,xmax=7)
plt.ylim(ymin=0,ymax=60)
#定义 x 轴和 y 轴的刻度线标签
plt.xticks([0,1,2,3,4,5,6],["2025-04-03", "2025-04-04", "2025-04-05", "2025-04-06", \
"2025-04-07","2025-04-08", "2025-04-09"], rotation=30)
#对应每日的电量数据
e_data = [31.46, 31.24, 37.82, 17.45, 19.96, 31.87, 28.95]
#绘制折线
plt.plot(e_data,"bo-", label = "日用电量" )
#显示文本
for x in range(6):
    plt.text(x=x,y=e_data[x]+1, s=e_data[x])
#显示图例
plt.legend()
#存储图像
plt.savefig("f.png")
plt.show()
```

运行结果如图 8-6 所示。

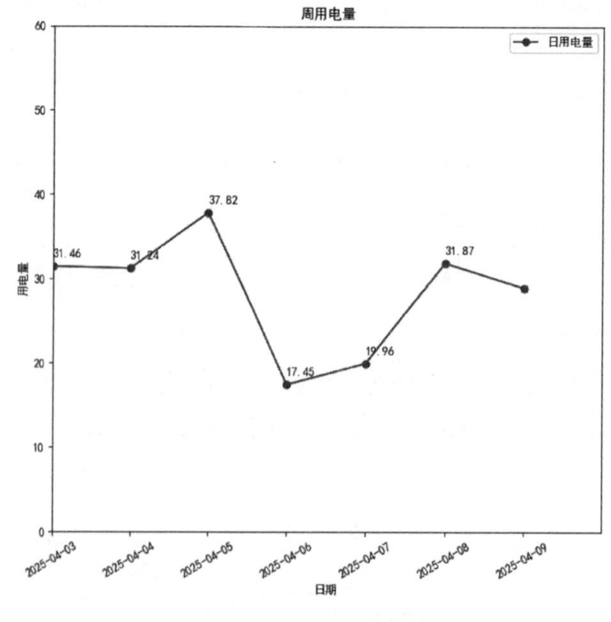

图 8-6　运行结果

8.2 绘制折线图

使用 Matplotlib 的 plot()函数创建用直线连接一系列点的折线图，折线图有 *x* 轴和 *y* 轴，图中每个点的坐标是(*x*,*y*)。plot()函数接收带有 *x* 轴和 *y* 轴的列表。

【例 8-4】根据两个列表绘制线性图表。

```
import matplotlib.pyplot as plt
x = [1, 2, 3, 4, 5]
y = [1, 4, 7, 2, 5]
plt.plot(x, y)
plt.show()
```

运行结果如图 8-7 所示。

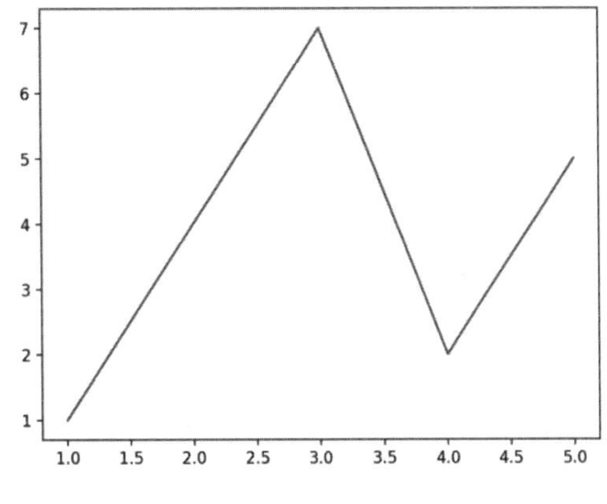

图 8-7 运行结果

1. 颜色、标记和线类型

plot()函数还可以带一些可选的字符串缩写参数来指明颜色和线类型。参数 linestyle 表示线型，color 表示颜色，market 表示在折线图上标记数据点。

如表 8-3 所示，用颜色缩写表示常用颜色，如'b'表示蓝色。也可以通过指定十六进制颜色代码的方式来指定任何颜色（如"#CECECE"）。

表 8-3 颜色代码

颜色代码	相应的颜色	颜色代码	相应的颜色
'b'	Blue	'm'	Magenta
'g'	Green	'y'	Yellow
'r'	Red	'k'	Black
'c'	Cyan	'w'	White

标记样式字符串如表 8-4 所示。

表 8-4　标记样式字符串

marker=参数	结果	marker=参数	结果
marker='o'	显示圆点标记	marker='^'	显示上三角标记
marker='s'	显示方形标记	marker='v'	显示下三角标记
marker='*'	显示星形标记	marker='>'	显示右三角标记
marker='D'	显示钻石形状标记	marker='<'	显示左三角标记

【例 8-5】绘制带有标记的折线图。

```
#带有标记的折线图
import matplotlib.pyplot as plt
from numpy.random import randn
#绘制随机产生 30 个正态分布数据的折线图
plt.plot(randn(30).cumsum(), linestyle="--", color = "k", marker = 'o')
plt.show()
```

运行结果如图 8-8 所示。

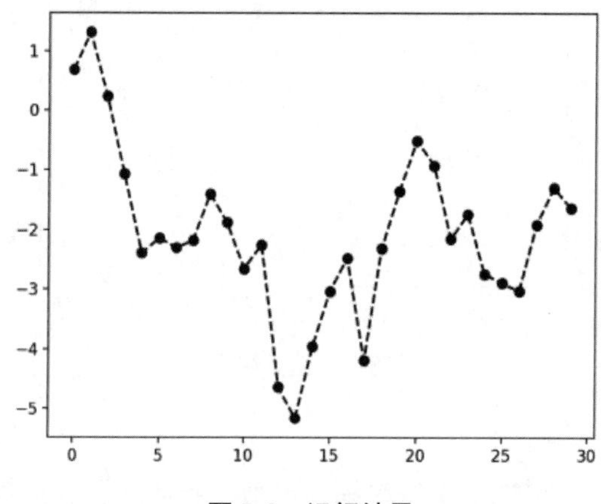

图 8-8　运行结果

也可以直接指定样式字符串，如上面的语句可简写为：

```
plt.plot(randn(30).cumsum(), "ko--")
```

其中，样式字符串中的线类型、标记类型必须跟在颜色后面。

2. 绘制数学函数

在折线图中，各个数据点通过连续的线条连接起来。每个数据点由一对（x, y）坐标值确定，其在图表上的具体位置依赖于 x 轴和 y 轴的刻度设定。这类图表可以绘制由数学函数生成的数据点。

【例 8-6】绘制由函数 y = sin(3*x)/x 生成的图表。

x 轴数据使用 NumPy 的 arange()函数生成一个从-2π 到 2π 依次递增的序列，y 轴数据由函数 y = sin(3*x)/x 生成。xticks()和 yticks()函数设置 x 与 y 轴刻度标签，为了正确显示符号 π，使用含有 LaTex 表达式的字符串，如-2π 用 r'-2π'表示。

```
import matplotlib.pyplot as plt
import numpy as np
#x 轴的取值从-2π 到 2π
x = np.arange(-2*np.pi, 2*np.pi, 0.01)
#y 轴数据由函数 y = sin(3*x)/x 生成
y = np.sin(3*x)/x
#绘制曲线
plt.plot(x,  y)
#设置 x 轴刻度标签
plt.xticks([-2*np.pi, -np.pi, 0, np.pi, 2*np.pi], [r'$-2\pi$', r'$-\pi$', r'$0$',
r'$+\pi$',  r'$+2\pi$'])
#设置 y 轴刻度标签
plt.yticks([-1, 0, 1, 2, 3], [r'$-1$', r'$0$', r'$+1$', r'$+2$', r'$+3$'])
plt.show()
```

运行结果如图 8-9 所示。

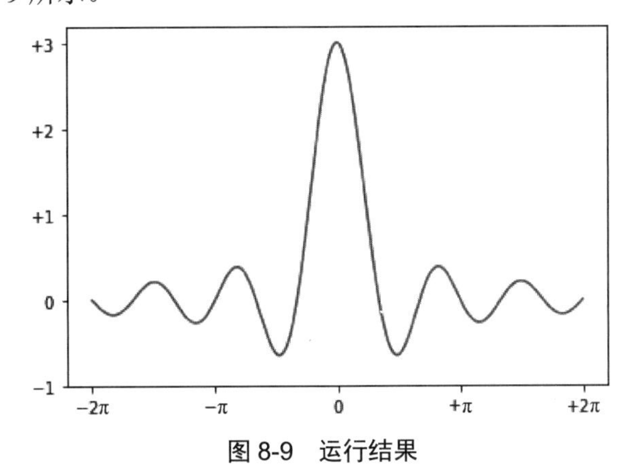

图 8-9　运行结果

在前面的折线图中，x 轴和 y 轴总是置于 Figure 的边缘，还可以设置为笛卡儿坐标轴，将两个轴穿过原点(0,0)。

首先用 gca()函数获取 Axes 对象，然后通过这个对象指定每条边的位置：右、左、下和上，使用 set_visible(False)函数使其不可见。使用 set_position()函数移动 x 轴 y 轴到相应数据点，使其穿过原点。

```
import matplotlib.pyplot as plt
import numpy as np
x = np.arange(-2*np.pi, 2*np.pi, 0.01)
y = np.sin(3*x)/x
plt.plot(x, y)
plt.xticks([-2*np.pi, -np.pi, 0, np.pi, 2*np.pi], [r'$-2\pi$', r'$-\pi$', r'$0$',
r'$+\pi$', r'$+2\pi$'])
plt.yticks([-1, 0, 1, 2, 3], [r'$-1$', r'$0$', r'$+1$', r'$+2$', r'$+3$'])
#获取 Axes 对象
ax = plt.gca()
#使右边和上边的坐标轴不可见
```

```
ax.spines['right'].set_visible(False)
ax.spines['top'].set_visible(False)
#移动下边的坐标轴到 0 处
ax.spines['bottom'].set_position(('data',0))
#移动左边的坐标轴到 0 处
ax.spines['left'].set_position(('data',0))
plt.show()
```

运行结果如图 8-10 所示。

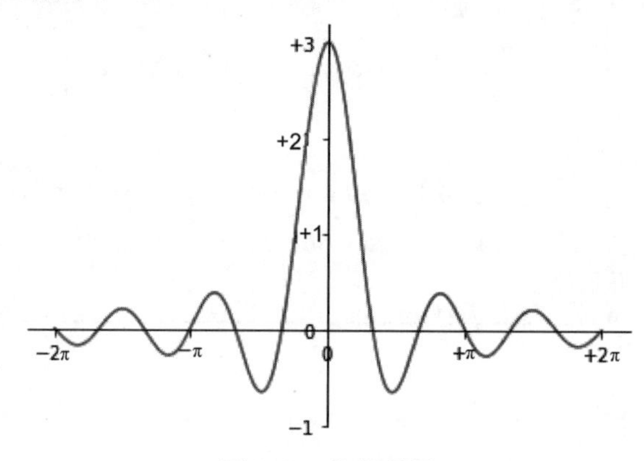

图 8-10 运行结果

【例 8-7】绘制由函数 y = sin(n*x)/x 生成的 3 条曲线，其中 n 分别取值为 1、2、3。

```
import matplotlib.pyplot as plt
import numpy as np
#生成 x 轴数据
x = np.arange(-2*np.pi, 2*np.pi, 0.01)
#n=3 的 y 轴数据
y1 = np.sin(3*x)/x
#n=2 的 y 轴数据
y2 = np.sin(2*x)/x
#n=1 的 y 轴数据
y3 = np.sin(1*x)/x
#绘制 y = sin(3*x)/x 的蓝色曲线
plt.plot(x, y1, color='b', label='n=1')
#绘制 y = sin(2*x)/x 的红色曲线
plt.plot(x, y2, color='r', label='n=2')
#绘制 y = sin(x)/x 的绿色曲线
plt.plot(x, y3, color='g', label='n=3')
#设置 x 轴和 y 轴刻度标签
plt.xticks([-2*np.pi, -np.pi, 0, np.pi, 2*np.pi], [r'$-2\pi$', r'$-\pi$', r'$0$',
r'$+\pi$', r'$+2\pi$'])
plt.yticks([-1, 0, 1, 2, 3], [r'$-1$', r'$0$', r'$+1$', r'$+2$', r'$+3$'])
#显示图例
plt.legend()
```

```
#坐标设置为笛卡儿坐标轴，穿过原点
ax = plt.gca()
ax.spines['right'].set_color('none')
ax.spines['top'].set_color('none')
ax.xaxis.set_ticks_position('bottom')
ax.spines['bottom'].set_position(('data',0))
ax.yaxis.set_ticks_position('left')
ax.spines['left'].set_position(('data',0))
#注释和箭头
plt.annotate(r'$\lim_{x\to 0}\frac{\sin(x)}{x}= 1$', xy=[0, 1],
        xycoords='data', xytext=[30, 30], fontsize=16, textcoords='offset points',
        arrowprops=dict(arrowstyle="->", connectionstyle="arc3, rad=.2"))
plt.show()
```

运行结果如图 8-11 所示，正弦曲线从上到下分别为 n=1,n=2,n=3。

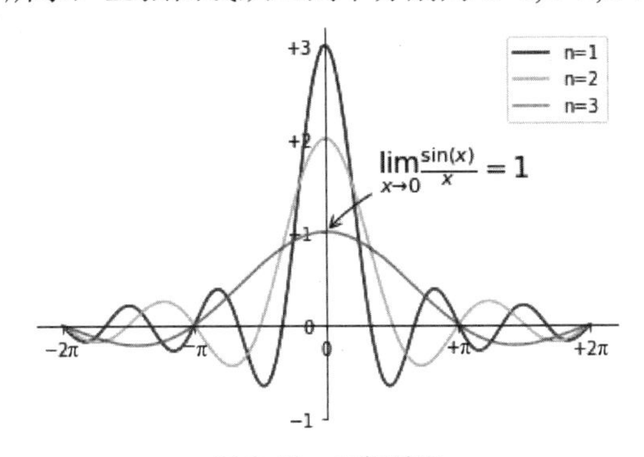

图 8-11　运行结果

annotate()可以用来添加注释，它的构造方法的语法格式如下：

```
annotate(text, xy, *args, **kwargs)
```

说明：第 1 个参数为要在图形中显示的字符串，在此为含有 LaTex 的表达式。所要注释的位置用数据点[x,y]坐标的列表来表示，传递给 x 与 y 关键字参数。文本显示和要注释的数据点的位置由 xytext 关键字指定，xycoords 表示坐标系统，textcoords 表示相对的偏移量。arrowprops 指定箭头的属性。

8.3　绘制直方图

直方图（histogram），又称质量分布图，是一种统计报告图，由一系列高度不等的纵向直方形或线段表示数据分布的情况。一般用横轴表示数据类型，纵轴表示分布情况。

直方图是数值数据分布的精确图形表示。直方图提供了连续变量（定量变量）概率分布的估计，由卡尔·皮尔逊（Karl Pearson）首先引入。为了构建直方图，首先将值的范围分段，即将整个值的范围分成一系列间隔；然后计算每个间隔中有多少值。这些值通常被指定为连续的、不重叠的变量间隔。间隔必须相邻，并且通常（但并非必须）大小相等。

使用 hist()函数绘制一个直方图，它的构造方法的语法格式如下：

```
hist(x, bins=None, range=None, density=False, weights=None, cumulative=False, bottom=None, histtype='bar', align='mid', orientation='vertical', rwidth=None, log=False, color=None, label=None, stacked=False, *, data=None, **kwargs)
```

x 为一个序列或数组，计算并绘制 x 的直方图，返回的值是一个元组 (n, bins, patches) 。

【例 8-8】某个班级有 23 人，根据竞赛成绩 grade = [100, 97, 96, 94, 94, 93, 90, 90, 89, 88, 85, 85, 84, 83, 83, 82, 81, 80, 80, 80, 76, 76, 76]绘制成绩分布直方图。

```
import matplotlib.pyplot as plt
import numpy as np
#显示中文
plt.rcParams['font.sans-serif'] = ['SimHei']
plt.title("某次竞赛成绩分布图")
grade = [100, 97, 96, 94, 94, 93, 90, 90, 89, 88, 85, 85, 84, 83, 83, 82, 81, 80, 80, 80, 76, 76, 76]
#设置直方图之间的间隔
bins = 20
#绘制直方图
plt.hist(grade, bins)
plt.show()
```

运行结果如图 8-12 所示。

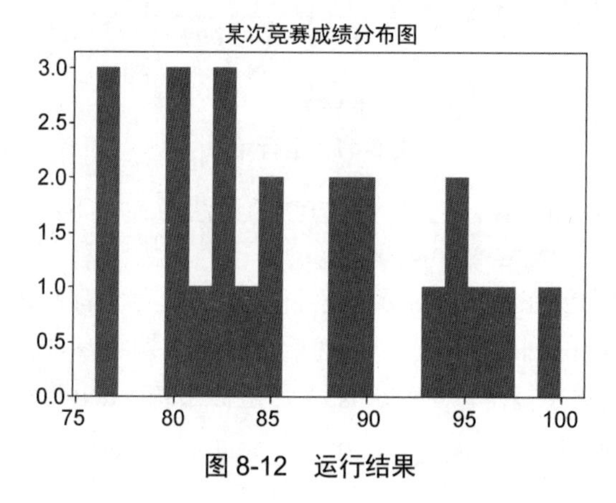

图 8-12 运行结果

8.4 绘制柱状图

柱状图与直方图很相似，但 x 轴表示的不是数值而是类别。可用 matplotlib.pyplot 模块中的 bar()函数来创建一个柱状图，bar()函数的构造方法的语法格式如下：

```
bar(x, height, width=0.8, bottom=None, *, align='center', data=None, **kwargs)
```

常用的参数有 color、edgecolor、linewidth 等，各参数及其说明如表 8-5 所示。

表 8-5　bar()函数的参数及其说明

参数	说明
x	x 轴坐标
height	y 轴坐标的值，也就是每个柱子的高度
width	柱子的宽度，默认值为 0.8
bottom	每个柱子的底部的 y 轴坐标值
align	柱子的位置与 x 轴坐标的关系，默认值为'center'，表示柱子与 x 轴坐标居中对齐，如为'edge'，表示柱子与 x 轴坐标左对齐
color	柱子的填充颜色
edgecolor	柱子的边框颜色
linewidth	柱子的边框粗细

【例 8-9】绘制一个具有 5 个宽度为 5 的柱子且每个柱子的颜色不同的柱状图。创建两个列表：一个含有每个柱子的左侧边缘的 x 轴坐标，另一个包含每个柱子沿 y 轴的高度。

```
left_edges = [0, 10, 20, 30, 40]            #x 轴坐标
heights = [100, 200, 300, 400, 500]         #每个柱子的高度
```

在柱状图上，每个柱子的默认宽度是沿 x 轴方向上的 0.8。可以通过传入第 3 个参数 bar_width = 5 到 bar()函数来改变柱子的宽度。条形默认颜色为蓝色，但可以传递一个包含了一组颜色编码的元组到 bar()函数的关键字参数 color，用来改变柱状图中每个柱子的颜色，例如：

```
plt.bar(left_edges, heights, color=('r', 'g', 'b', 'c', 'k'))
```

柱状图的颜色要求：第 1 个柱子是红色；第 2 个柱子是绿色的；第 3 个柱子是蓝色的；第 4 个柱子是青色的；第 5 个柱子是黑色的；若柱子个数多于元组中的个数，则依次循环。具体参考代码如下：

```
import matplotlib.pyplot as plt
#显示中文
plt.rcParams['font.sans-serif'] = ['SimHei']
#x 轴坐标值
left_edges = [0, 10, 20, 30, 40]
#y 轴坐标值
heights = [100, 200, 300, 400, 500]
#柱子宽度
bar_width = 5
#根据 color 中的值绘制不同颜色的柱状图
plt.bar(left_edges, heights, bar_width, color=('r', 'g', 'b', 'c', 'k'))
plt.show()
```

运行结果如图 8-13 所示。

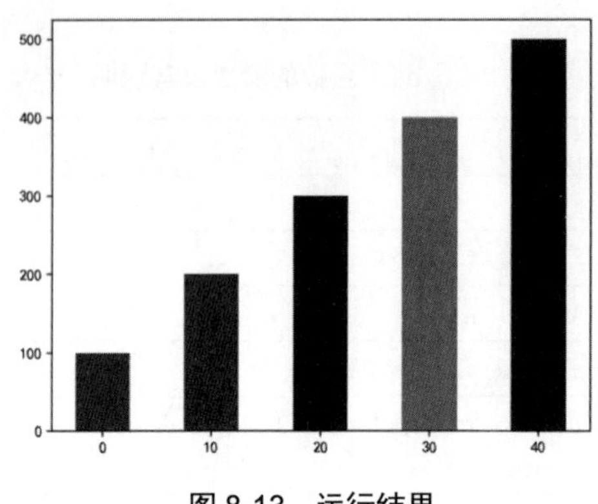

图 8-13　运行结果

此外，barh()函数可以绘制横向柱状图，与 bar()函数类似，barh()函数的构造方法的语法格式如下：

```
barh(y, width, height=0.8, left=None, *, align='center', **kwargs)
```

参数详细说明如表 8-6 所示。

表 8-6　barh()函数的参数及其说明

参数	说明
y	y 坐标
width	x 坐标的值，也就是每个柱子的宽度
height	柱子的高度，默认值为 0.8
left	每个柱子的左侧边缘的 x 坐标值
align	柱子的位置与 y 坐标的关系，默认值为'center'，表示柱子与 y 坐标居中对齐，如为'edge'，表示柱子与 y 坐标对齐
color	柱子的填充颜色
edgecolor	柱子的边框颜色
linewidth	柱子的边框粗细

【例 8-10】绘制 5 个宽度为 5 的横向柱状图。

```
import matplotlib.pyplot as plt
#显示中文
plt.rcParams['font.sans-serif'] = ['SimHei']
#y 轴坐标值
left_edges = [0, 10, 20, 30, 40]
#在 x 轴方向的每个柱子的宽度
heights = [100, 200, 300, 400, 500]
#在 y 轴方向每个柱子的高度
bar_width = 5
#绘制横向柱状图
plt.barh(left_edges,heights,bar_width, color=('r', 'g', 'b', 'c', 'k'))
plt.show()
```

运行结果如图 8-14 所示。

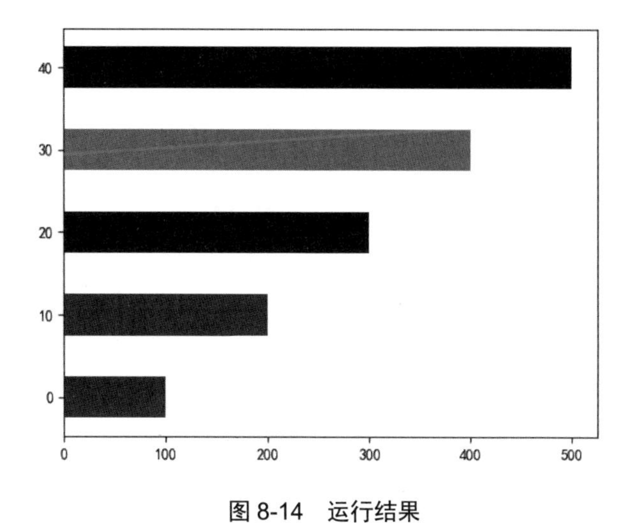

图 8-14　运行结果

8.5　绘制饼图

使用 matplotlib.pyplot 模块的 pie()函数创建一个饼图，pie()函数的构造方法的语法格式如下：

```
pie(x, labels, colors, autopct, labeldistance, pctdistance, shadow, startangle, radius, explode, counterclock, center, frame)
```

pie()函数的参数及其说明如表 8-7 所示。

表 8-7　pie()函数的参数及其说明

参数	说明
x	饼图块的数据系列值
labels	每个饼图块的数据标签内容
colors	每个饼图块的填充颜色
autopct	每个饼图块的百分比数值的个数
labeldistance	数据标签与饼图块中心的距离
pctdistance	百分比数值与饼图块中心的距离
shadow	是否为饼图绘制阴影
startangle	数据的第一个值对应的饼图块在饼图中的初始角度
radius	饼图的半径
explode	一个列表，指定每个饼图块与圆心的距离
counterclock	是否让饼图逆时针显示
center	饼图的中心位置
frame	是否显示饼图背后的图框

调用 pie()函数时，可传递一个列表作为参数，列表中所有值的累加是整个饼图的值，列

表中的每个元素在饼图中被分片，分片的大小表示该元素在整个饼图中占的百分比，每个分片按一定顺序自动改变颜色。

```
import matplotlib.pyplot as plt
#分片数据值
values = [10, 30, 40, 20]
#绘制饼图
plt.pie(values)
plt.show()
```

运行结果如图 8-15 所示。

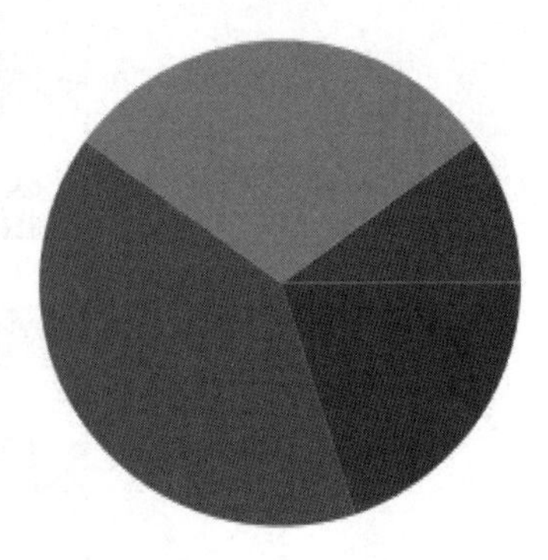

图 8-15　运行结果

pie()函数中的 labels 参数可以用来显示饼图中每个分片的标签，由所希望显示的标签组成的列表传递给函数；colors 参数可以指定颜色的不同值，由颜色代码组成的元组为参数传递给函数；autopct 显示每个分片的百分比。

【例 8-11】显示各手机品牌的销售量。

```
import matplotlib.pyplot as plt
#显示中文
plt.rcParams['font.sans-serif'] = ['SimHei']
#饼图各分片标签
labels = ['Huawei', 'Xiaomi', 'Samsun', 'Apple']
#分片数据值
values = [45, 30, 10, 15]
#各分片颜色
colors = ['red', 'yellow', 'green', 'blue']
plt.title("手机销售量", fontsize=20)
#关键字参数 labels 设置每个分片的标签，colors 设置每个分片的颜色，autopct 显示每个分片的
百分比
plt.pie(values, labels=labels,colors=colors,autopct="%.1f%%")
#'equal'绘制标准的圆形饼图
plt.axis('equal')
plt.show()
```

运行结果如图 8-16 所示。

可以使用 explode 参数设置每个分片抽离饼图的距离，传递一个列表给该参数，列表的值表示每个分片抽离的距离。

【例 8-12】显示各手机品牌的销售量，将其中三星手机的分片抽离。

```
import matplotlib.pyplot as plt
#显示中文
plt.rcParams['font.sans-serif'] = ['SimHei']
labels = ['华为', '小米', '三星', '苹果']
values = [45, 30, 10, 15]
colors = ['red', 'yellow', 'green', 'blue']
plt.title("手机销售量", fontsize=20)
#设置抽离圆饼
```

```
explode = [0, 0, 0.3, 0]
#关键字参数 labels 设置每个分片的标签，colors 设置每个分片的颜色
plt.pie(values, labels=labels,colors=colors,explode=explode,
        shadow=True, autopct='%1.1f%%', startangle=100)
#'equal'绘制标准的圆形饼图
plt.axis('equal')
plt.show()
```

运行结果如图 8-17 所示。

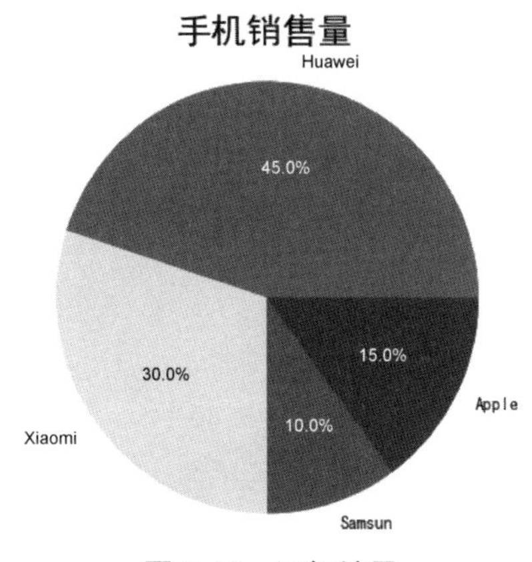

图 8-16　运行结果

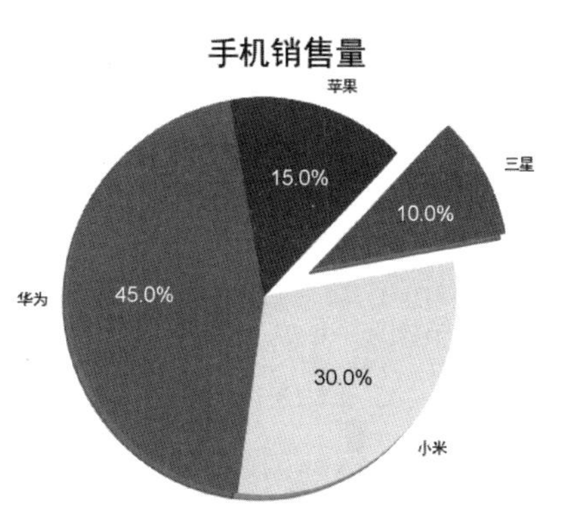

图 8-17　运行结果

【例 8-13】绘制一个消费额的饼图（注：图中各百分比值是按四舍五入得到的整数），其中将生活日用和购物进行抽离。

```
#绘制饼图
import matplotlib.pyplot as plt
#显示中文
plt.rcParams['font.sans-serif'] = ['SimHei']
#解决坐标值为负数时无法正常显示负号的问题
plt.rcParams['axes.unicode_minus'] = False
slice_labels = ["医疗保健","酒店旅行","交通","人情社交", "餐饮","生活服务","购物","转账","生活日用"]
values= [1768,1360,1224.50,625.30,563.51,446.18,388.00,148.00,95]
color = ['b','c','g','y','m','r','c','b','g']
#explode 参数设置每个分片抽离饼图的距离
plt.pie(values,labels=slice_labels,labeldistance = 1.1, autopct = '%d%%', pctdistance = 0.8 ,startangle = 90, radius = 1.0, explode = [0,0,0,0,0,0,0.3,0,0.3],colors=color)
plt.show()
```

运行结果如图 8-18 所示。

为 pie()函数设置适当的参数 wedgeprops 的值，可以制作出圆环图。

【例 8-14】绘制一个消费额的圆环图。

```
#绘制圆环图
import matplotlib.pyplot as plt
```

```
#显示中文
plt.rcParams['font.sans-serif'] = ['SimHei']
#解决坐标值为负数时无法正常显示负号的问题
plt.rcParams['axes.unicode_minus'] = False
slice_labels = ["医疗保健","酒店旅行","交通","人情社交",\
"餐饮","生活服务","购物","转账","生活日用"]
values = [1768,1360,1224.50,625.30,563.51,446.18,388.00,148.00,95]
color = ['b','c','g','y','m','r','c','b','g']
#设置 wedgeprops 参数制作圆环图
wedgeprops={'width':0.3,'linewidth':2,'edgecolor':'white'}
plt.pie(values,labels=slice_labels,labeldistance=1.1,autopct='%d%%',wedgeprops=
wedgeprops)
#'equal'绘制标准的圆环图
plt.axis('equal')
plt.show()
```

运行结果如图 8-19 所示。

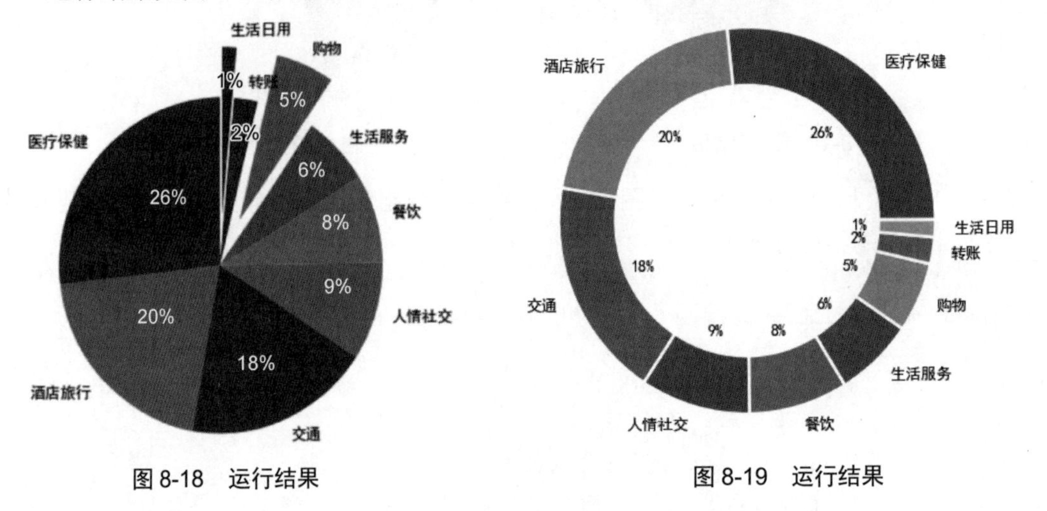

图 8-18　运行结果　　　　图 8-19　运行结果

8.6　绘制散点图

使用 matplotlib.pyplot 模块的 scatter()函数可绘制散点图，参数 marker 用于设置散点图中每个点的形状，scatter()函数的构造方法的语法格式如下：

```
scatter(x, y, s, color, marker, linewidth, edgecolor)
```

scatter()函数的参数及其说明如表 8-8 所示。

表 8-8　scatter()函数的参数及其说明

参数	说明
x	x 轴坐标值
y	y 轴坐标值

续表

参数	说明
s	每个点的面积，如果该参数只有一个值或者省略该参数，则表示所有点的大小都一样；如果该参数有多个值，则表示每个点的大小都不一样，此时散点图就变成了气泡图
color	每个点的填充颜色。既可以为所有点填充同一种颜色，也可以为不同的点填充不同的颜色
marker	每个点的形状
linewidth	每个点的边框粗细
edgecolor	每个点的边框颜色

【例 8-15】绘制随机产生的 500 个 0～1 之间的数据点分布图。

```
import matplotlib.pyplot as plt
import random
#显示中文
plt.rcParams['font.sans-serif'] = ['SimHei']
#随机产生 500 个 0～1 之间的数据点
x = []
y = []
for i in range(1,500):
    x.append(random.random())
    y.append(random.random())
#绘制散点图
plt.scatter(x, y,  marker='o')
plt.show()
```

运行结果如图 8-20 所示。

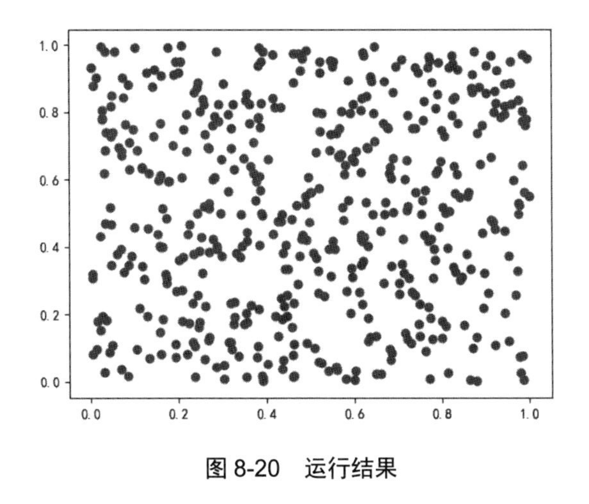

图 8-20　运行结果

8.7　子图

Matplotlib 所绘制的图位于图片对象中，可以使用 figure()函数生成一个新的图片。可以将一幅图分成多幅子图，使用 add_subplot()函数创建一个或多个子图（subplot），然后在每个子图中绘制所需要的图形。

【例 8-16】在一个画布上生成一个 2×2 的网格布局，在每个子图（也称网格）内分别绘制线性图、柱状图、饼图和水平柱状图。

```
import matplotlib.pyplot as plt
#创建一个绘图区域
fig = plt.figure()
#生成 4 个子图
ax1 = fig.add_subplot(2, 2, 1)
ax2 = fig.add_subplot(2, 2, 2)
ax3 = fig.add_subplot(2, 2, 3)
ax4 = fig.add_subplot(2, 2, 4)
x = [1,2,3,4]
y = [1,2,3,4]
#分别在每个子图中绘制图形
ax1.plot(x,y)
ax2.bar(x,y)
ax3.pie(y)
ax4.barh(x,y)
plt.show()
```

运行结果如图 8-21 所示。

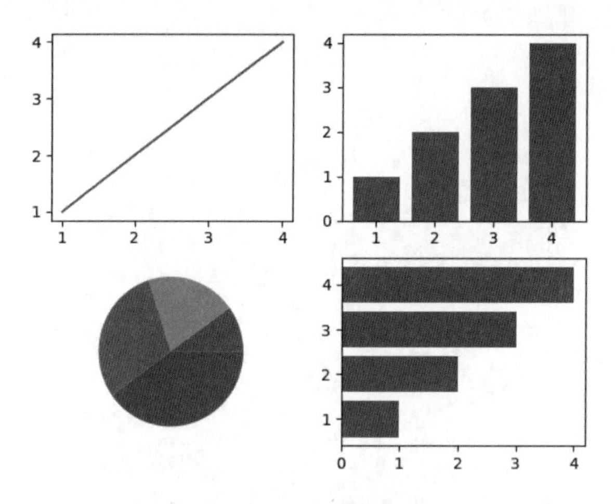

图 8-21　运行结果

除可使用 add_subplot()函数创建子图外，还可以使用其他方式创建和管理子图。

8.7.1　多个绘图区域

Matplotlib 还可以同时管理多个图形，一个 figure()函数代表一个图形，可以通过向 figure()函数传递一个整数表示激活某个 figure()函数相对应的图形。

【例 8-17】创建两个不同图形（figures），并在每个图形中绘制正弦波形。

```
import matplotlib.pyplot as plt
import numpy as np
t = np.arange(0.0, 2.0, 0.01)
s1 = np.sin(2*np.pi*t)
s2 = np.sin(4*np.pi*t)
#在第 1 个 figure 中绘制图形
fig = plt.figure(1)
plt.plot(t,s1)
#在第 2 个 figure 中绘制图形
fig = plt.figure(2)
plt.plot(t,s2)
#重绘第 1 个图形
plt.figure(1)
plt.plot(t, s2, 's')
plt.show()
```

运行结果如图 8-22 所示。

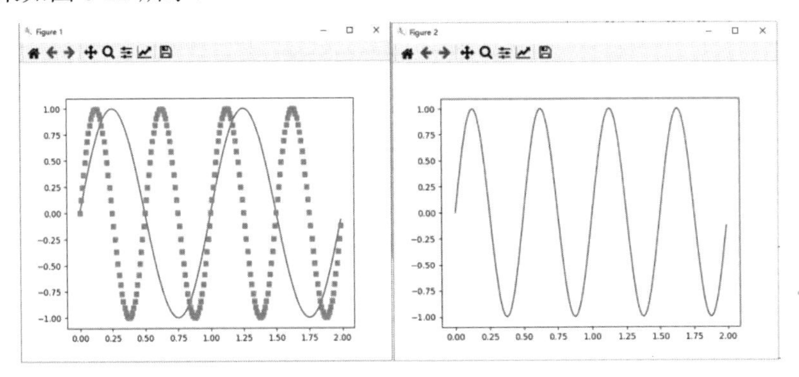

图 8-22　运行结果

在每个图形中可以绘制几个不同的子图。subplot()函数可以将图形分为不同的绘图区域，用参数设置分区模式和当前子图，并能激活特定子图，以便命令控制它。subplot()函数的参数由 3 个整数组成：第 1 个整数决定图形沿垂直方向被分为几部分，第 2 个整数决定图形沿水平方向被分为几部分，第 3 个整数设定可以直接用命令控制的子图。

【例 8-18】生成包含 3 个子图的图形，每个子图中有不同相位差的正弦波。

```
import math
import numpy as np
import matplotlib.pyplot as plt
#产生一系列数据点 t
t = np.arange(0, 2.5, 0.1)
#对 x 轴的一系列数据点 t 应用 sin()函数产生对应的 y 值
y1 = np.sin(math.pi*t)
y2 = np.sin(math.pi*t + math.pi/2)
y3 = np.sin(math.pi*t - math.pi/2)
#分成 3 个子图
```

```
plt.subplot(311)
plt.plot(t, y1, 'b*')
plt.subplot(312)
plt.plot(t, y2, 'g^')
plt.subplot(313)
plt.plot(t, y3, 'ys')
plt.show()
```

其中，传递给 subplot()函数的参数 311 的第 1 个整数 3 指在垂直方向分成 3 个子图，第 2 个整数 1 指在水平方向只有 1 个图形，第 3 个整数 1 指激活第 1 个子图，然后使用 plot()函数进行绘制。运行结果如图 8-23 所示。

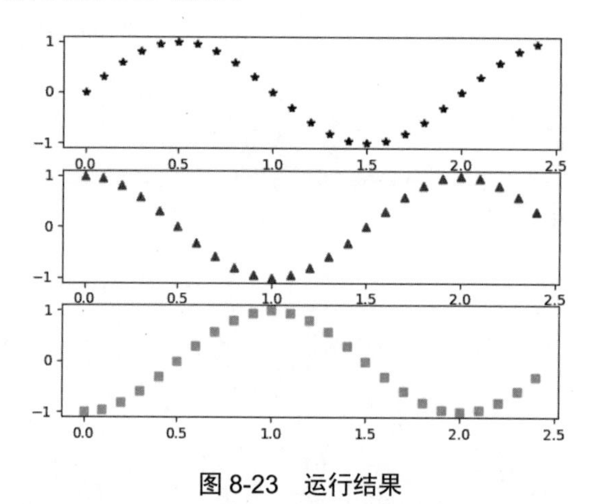

图 8-23　运行结果

【例 8-19】绘制 3 个并排的饼图，分别展示职称、学历、年龄的分布情况。

```
import matplotlib.pyplot as plt
#显示中文
plt.rcParams['font.sans-serif'] = ['Simhei']
#水平分成 3 个图形，激活第 1 个
plt.subplot(131)
plt.title("职称", fontsize=20)
labels = ['教授', '副教授', '讲师', '助教']
values = [20, 30, 40, 10]
plt.pie(values, labels=labels, autopct="%d%%")
#'equal'绘制标准的圆形饼图
plt.axis('equal')
#水平分成 3 个图形，激活第 2 个
plt.subplot(132)
plt.tight_layout()
plt.title("学历", fontsize=20)
labels = ['博士', '硕士', '本科']
values = [30, 50, 20]
plt.pie(values, labels=labels, autopct="%d%%")
#'equal'绘制标准的圆形饼图
```

```
plt.axis('equal')
#水平分成 3 个图形，激活第 3 个
plt.subplot(133)
plt.tight_layout()
plt.title("年龄", fontsize=20)
labels = ['>50', '41-50', '31-40', '其他']
values = [10, 30, 40, 20]
plt.pie(values, labels=labels, autopct="%d%%")
#'equal'绘制标准的圆形饼图
plt.axis('equal')
plt.show()
```

运行结果如图 8-24 所示。

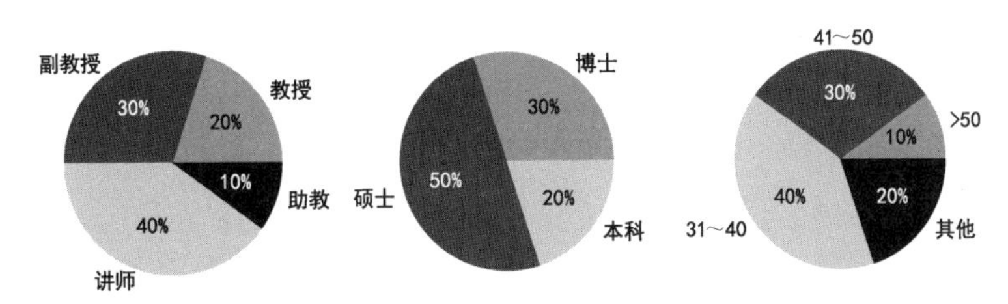

图 8-24　运行结果

8.7.2　在其他子图中显示子图

在一个图形中放置多个图表，可以先使用 figure()函数获取一个 Figure 对象，然后用 add_axes()函数在该对象上面定义两个 Axes 对象。

【例 8-20】使用 Matplotlib 实现嵌套图表的绘制。

```
import matplotlib.pyplot as plt
import numpy as np
#获取一个 Figure 对象
fig = plt.figure()
#定义一个 Axes 对象 ax
#传递的参数是[left, bottom, width, height],表示 figure 的百分比
ax = fig.add_axes([0.1, 0.1, 0.8, 0.8])
#定义第二个 Axes 对象 inner_ax，嵌套在 ax 中
inner_ax = fig.add_axes([0.6, 0.6, 0.25, 0.25])
#定义第 1 个图的数据
x1 = np.arange(10)
y1 = np.array([1,2,7,1,5,2,4,2,3,1])
#定义第 2 个图的数据
```

```
x2 = np.arange(10)
y2 = np.array([1, 3, 4, 5, 4, 5, 2, 6, 4, 3])
#在 ax 中绘制图形
ax.plot(x1, y1)
#在 inner_ax 中绘制图形
inner_ax.plot(x2, y2)
plt.show()
```

运行结果如图 8-25 所示。

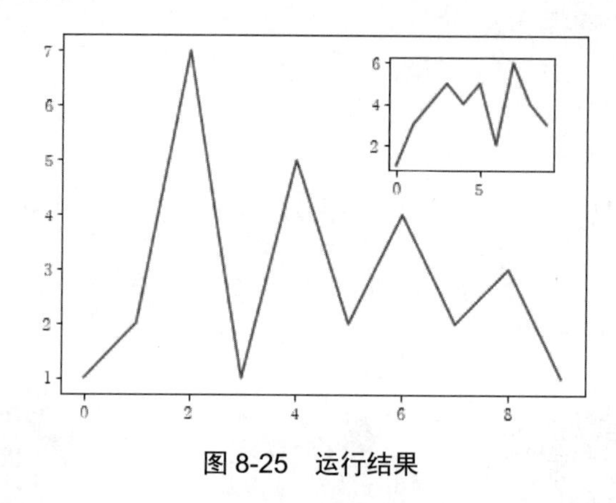

图 8-25　运行结果

8.7.3　子图网格

若要将图形分成多个区域，添加多个子图，则使用 subplots()函数可以生成多个子图。subplots()函数的构造方法的语法格式如下：

```
subplots(nrows=1, ncols=1, *, sharex=False, sharey=False, squeeze=True,
subplot_kw=None, gridspec_kw=None, **fig_kw)
```

其中，参数 nrows 表示生成子图的行数，ncols 表示生成的子图列数，默认为 1。以下代码可以生成一个子图，如图 8-26 所示。

```
import matplotlib.pyplot as plt
#使用变量 ax 表示单个 Axes 对象
fig, ax=plt.subplots()
ax.plot()
plt.show()
```

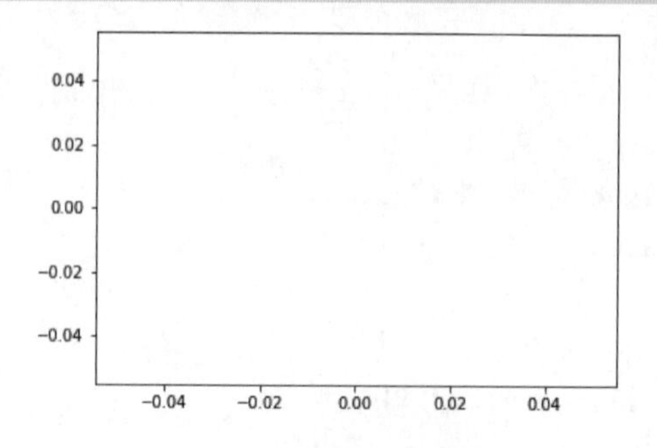

图 8-26　生成一个子图

使用 axs 可以表示多个 Axes 对象，使用 axs 产生 4 个子图。运行结果如图 8-27 所示。

```
import matplotlib.pyplot as plt
#使用 axs 表示多个 Axes 对象，如下产生 4 个子图
fig, axs = plt.subplots(2, 2)
plt.show()
```

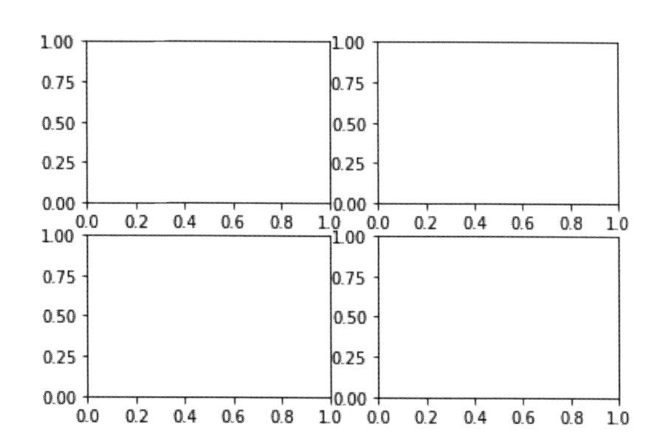

图 8-27　使用 axs 产生 4 个子图

也可以使用元组表示 2 个子图，运行结果如图 8-28 所示。

```
import matplotlib.pyplot as plt
#使用元组表示 2 个子图
fig, (ax1, ax2) = plt.subplots(1, 2)
plt.show()
```

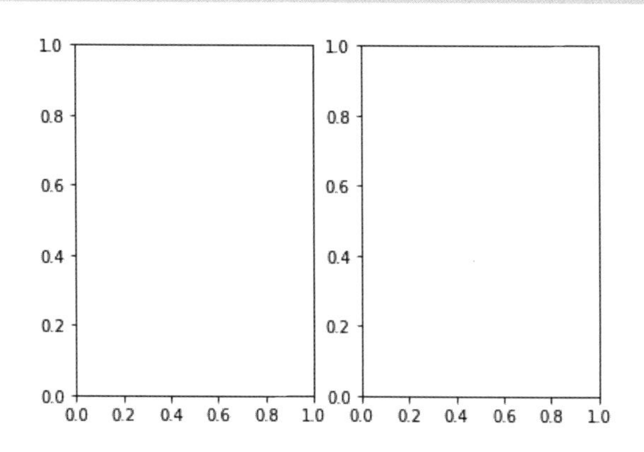

图 8-28　使用元组表示 2 个子图

使用元组表示 4 个子图，运行结果如图 8-29 所示。

```
import matplotlib.pyplot as plt
#使用元组表示 4 个子图
fig, ((ax1, ax2), (ax3, ax4)) = plt.subplots(2, 2)
plt.show()
```

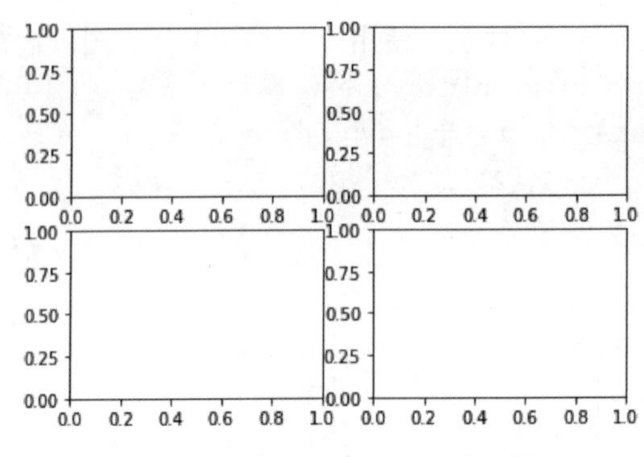

图 8-29 使用元组表示 4 个子图

【例 8-21】使用 subplots()函数在一行内生成 3 个子图，分别绘制柱状图、散点图和折线图。

```
import matplotlib.pyplot as plt
#显示中文
plt.rcParams['font.sans-serif'] = ['SimHei']
#定义数据
data = {'教授': 5, '副教授': 15, '讲师': 20, '助教': 10}
names = list(data.keys())
values = list(data.values())
#创建一行 3 个子图
fig, axs = plt.subplots(1, 3, figsize=(9, 3), sharey=True)
#第 1 个子图绘制柱状图
axs[0].bar(names, values)
#第 2 个子图绘制散点图
axs[1].scatter(names, values)
#第 3 个子图绘制折线图
axs[2].plot(names, values)
fig.suptitle('多类型图形绘制')
plt.show()
```

运行结果如图 8-30 所示。

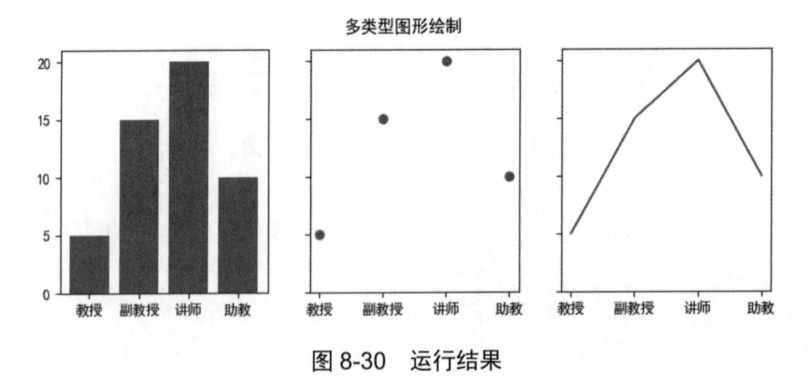

图 8-30 运行结果

Matplotlib 的 Gridspec 模块是专门指定画布中子图位置的模块，该模块中的 GridSpec()函数可以用来管理更为复杂的情况。它把绘图区域分成多个子区域，可以把一个或多个子区域分配给每个子图。GridSpec()函数的构造方法的语法格式如下：

```
GridSpec(nrows,ncols,figure=None,left=None,bottom=None,right=None,top=None,wspace=
None,hspace=None, width ration=None, height ration=None)
```

该方法常用参数的含义如下：nrows 表示行数；ncols 表示列数；figure 表示布局的画布；left、bottom、right、top 表示子图的范围；wspace 表示子图之间预留的宽度量；hspace 表示子图之间预留的高度量。

GridSpec()函数创建了子图的基本布局，但是具体子图的绘制，需要 add_subplot()函数来实现。

【例 8-22】创建一个具有 2 行 2 列、带有自动布局调整功能的复合图表布局。

```
import matplotlib.pyplot as plt
from matplotlib.gridspec import GridSpec
fig = plt.figure(constrained_layout=True)
spec = GridSpec(ncols=2, nrows=2, figure=fig)
f_ax1 = fig.add_subplot(spec2[0, 0])
f_ax2 = fig.add_subplot(spec2[0, 1])
f_ax3 = fig.add_subplot(spec2[1, 0])
f_ax4 = fig.add_subplot(spec2[1, 1])
plt.show()
```

运行结果如图 8-31 所示。

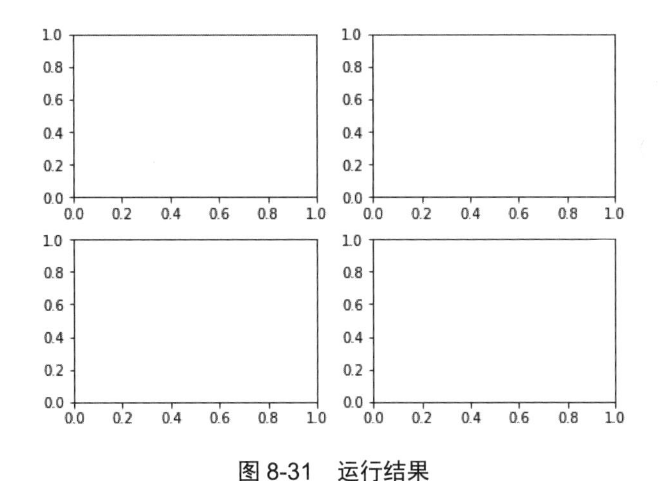

图 8-31　运行结果

Gridspec()函数可以跨网格位置来显示子图，需要修改 add_subplot()函数实现改变。

【例 8-23】使用 GridSpec()函数实现多类型图表的复杂布局绘制。

```
import matplotlib.pyplot as plt
import numpy as np
from matplotlib.gridspec import GridSpec
fig = plt.figure(figsize=(6,6))
#创建 3 行 3 列的 9 个分格
gs = GridSpec(3, 3, figure=fig)
x1 = np.array([1,3,2,5])
y1 = np.array([4,3,7,2])
```

```
#在第 2 行的前 2 列中绘制折线图
s1 = fig.add_subplot(gs[1,:2])
s1.plot(x1,y1,'r')

x2 = np.arange(5)
y2 = np.array([3,2,4,6,4])
#在第 1 行的前 2 列中绘制柱状图
s2 = fig.add_subplot(gs[0,:2])
s2.bar(x2,y2)
#在第 3 行的第 1 列中绘制横向柱状图
s3 = fig.add_subplot(gs[2,0])
s3.barh(x2,y2,color='g')
#在第 1、2 行的第 3 列中绘制折线图
s4 = fig.add_subplot(gs[:2,2])
s4.plot(x2,y2,'k')
#在第 3 行的后 2 列中绘制用三角形和圆点表示的数据点
s5 = fig.add_subplot(gs[2,1:])
s5.plot(x1,y1,'b^',x2,y2,'yo')
plt.show()
```

运行结果如图 8-32 所示。

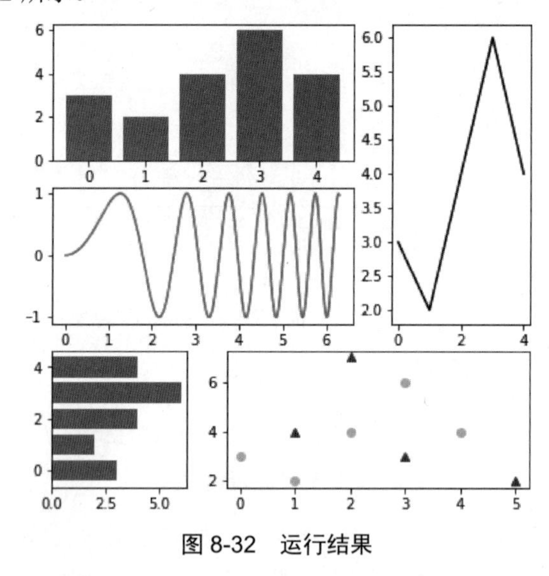

图 8-32　运行结果

8.8　数据图表案例应用

【例 8-24】期末成绩分析。

某校的一份期末的学生成绩单如表 8-9 所示，以 Excel 表的格式存储，其文件名为 grade.xlsx。班级有 30 个学生，学生成绩由平时成绩、期中成绩、实验成绩、期末成绩，以及 4 项成绩的总评组成。现以图表的形式对各项成绩进行展示。

表 8-9 学生成绩单

序号	学号	姓名	平时成绩	期中成绩	实验成绩	期末成绩	总评
1	888807014	云凌可	82	56	93	66	73
2	888807015	郎朝剑	77	64	93	61	71
3	888807022	余梦茂	86	87	100	73	84
4	888807023	凌瑛昼	91	89	100	93	93
5	888807105	吕映冉	82	63	97	89	84
6	888807110	涂翰毅	82	79	91	85	84
7	888807218	魏争博	88	77	92	50	71
8	888807219	周放大	86	69	88	64	74
9	888807221	凌松帆	84	79	97	65	78
10	888807223	文驹治	90	91	100	96	95
11	888807224	柯独杜	87	89	98	88	90
12	888807227	李锐汉	89	85	97	83	87
13	888807301	严锋膝	86	70	88	76	79
14	888807314	李恩妙	80	81	94	74	81
15	888807320	元骞振	84	72	93	58	73
16	888807409	杨舟察	78	59	99	80	79
17	888807415	连解淦	72	81	92	68	76
18	888807503	黎舒旺	85	65	94	59	72
19	888807516	张豆焕	90	85	95	79	86
20	888807604	卢帆新	86	79	100	93	90
21	888807606	华章滕	86	94	97	69	83
22	888807616	林包显	81	76	99	81	84
23	888807705	吴承敖	77	72	80	71	75
24	888807709	李是馨	83	75	89	77	81
25	888807717	刘硕	90	98	88	100	94
26	888807801	叶沙	80	86	76	74	79
27	888807808	张元	80	88	82	82	83
28	888807813	周浩	95	99	100	98	98
29	888807902	张玉瑶	90	86	85	91	88
30	888807912	陈杰	91	97	99	97	96

首先从 Excel 文件的成绩登记表中读取学生的成绩数据，读取时跳过 1 行表头。然后将各项成绩都以列表的形式进行存储，这样就可以针对各列表进行图表绘制。

在该例中，使用 subplots()函数生成子图，首先创建 2 行 2 列的 4 个子图，在每个子图中分别绘制平时成绩、期中成绩、实验成绩和期末成绩的柱状/直方图。然后，在下方创建一个子图，绘制这 4 项成绩的散点图，继续在下方创建一个子图，在该子图中以柱状图绘制期末成绩各成绩档的人数。

```
import numpy as np
import pandas as pd
import matplotlib.pyplot as plt
#显示中文
plt.rcParams['font.sans-serif'] = ['Simhei']
#从 Excel 表中跳过前 1 行，读取 30 行学生的成绩数据
data = pd.read_excel('grade.xlsx', nrows=30)
#提取'平时成绩','期中成绩','实验成绩','期末成绩','总评'成绩数据
df = pd.DataFrame(data,columns=['平时成绩','期中成绩','实验成绩','期末成绩','总评'])
x1 = df['平时成绩'].values.tolist()
x2 = df['期中成绩'].values.tolist()
x3 = df['实验成绩'].values.tolist()
x4 = df['期末成绩'].values.tolist()
x5 = df['总评'].values.tolist()
#计算总评成绩中各档成绩的个数
count={'0～59': 0, '60～69': 0, '70～79': 0, '80～89': 0, '90～100': 0}
for t in x5:
    if t<60:
        count['0～59'] += 1
    elif t<70:
        count['60～69'] += 1
    elif t<80:
        count['70～79'] += 1
    elif t<90:
        count['80～89'] += 1
    else:
        count['90～100'] += 1
#生成 2×2 的 4 个子图，在每个子图中分别绘制平时成绩、期中成绩、实验成绩和期末成绩的柱状/直方图
fig,ax = plt.subplots(2, 2, sharex='all', sharey='all')
ax[0, 0].set_title('平时成绩')
n, bins, patches = ax[0, 0].hist(x1,36)
ax[0, 1].set_title('期中成绩')
n, bins, patches = ax[0, 1].hist(x2,36)
ax[1, 0].set_title('实验成绩')
n, bins, patches = ax[1, 0].hist(x3,36)
ax[1, 1].set_title('期末成绩')
n, bins, patches = ax[1, 1].hist(x4,36)
#生成一个子图，在一个子图内绘制各成绩分布的散点图
fig1, ax1 = plt.subplots()
ax1.set_title('成绩分布')
y = np.arange(1, 31)
ax1.set_xlim(0, 40)
#绘制散点图
```

```
    ax1.scatter(y, x1, color='green', marker='o', label='平时成绩')
    ax1.scatter(y, x2, color='yellow', marker='o', label='期中成绩')
    ax1.scatter(y, x3, color='blue', marker='o', label='实验成绩')
    ax1.scatter(y, x4, color='black', marker='o', label='期末成绩')
    ax1.grid(True)
    ax1.legend(loc=4)
    #生成一个子图，绘制期末成绩统计的柱状图
    fig2, ax2 = plt.subplots()
    ax2.set_title('期末成绩统计')
    ax2.set_ylim(0, 15)
    x = list(count.keys())
    y = list(count.values())
    p = ax2.bar(x, y)
    ax2.bar_label(p,  padding=5)
    plt.show()
```

平时成绩、期中成绩、实验成绩和期末成绩的柱状/直方图及散点图如图 8-33 所示；继续在下方创建一个子图，期末成绩各成绩档的人数如图 8-34 所示。

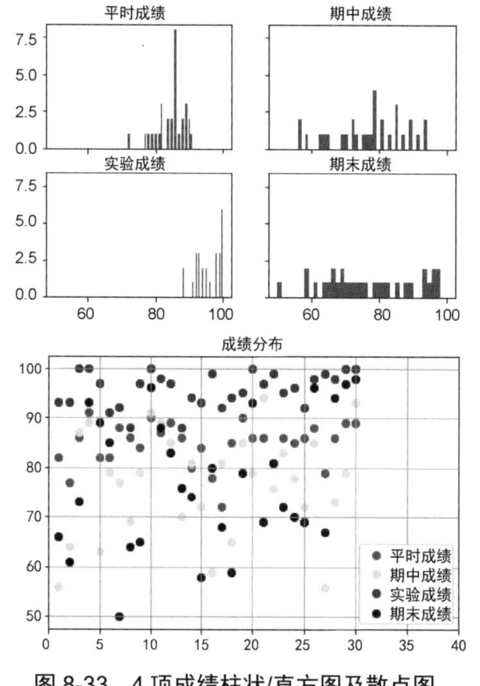

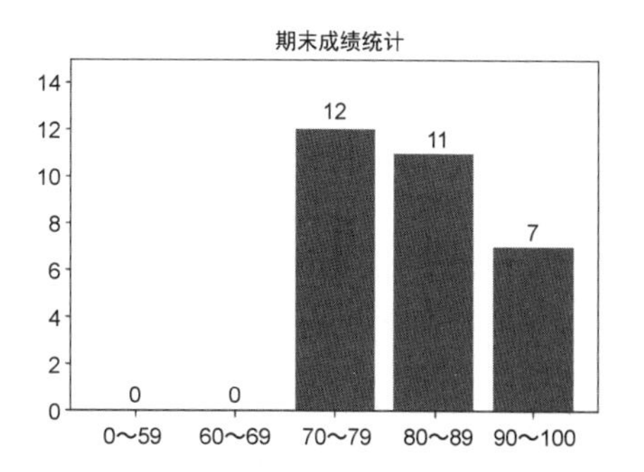

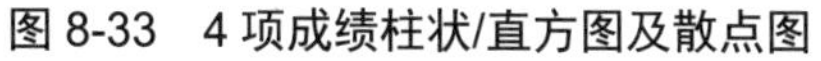

图 8-33　4 项成绩柱状/直方图及散点图

图 8-34　期末成绩各成绩档的人数

【例 8-25】对班级的获奖情况进行统计并绘制堆积柱状图。

某学院一次程序设计竞赛成绩如表 8-10 所示。共有 6 个班级参加竞赛，班级名称分别是 25 计算 1 班、25 计算 2 班、25 计算 3 班、25 电子 1 班、25 电子 2 班、25 电子 3 班。Excel 表中列出了每个学生获得的奖次：一等奖、二等奖、三等奖、优秀奖（图中未完整显示）。要求对每个班的每个奖次进行统计并以图表展示。在本例中以堆积柱状图的形式展现每个班级的各获奖等级人数，即把每个班级每个等级的获奖人数柱状图堆积在一起形成一个更大的长条。

表 8-10 程序设计竞赛成绩

序号	班级	姓名	获奖等级	序号	班级	姓名	获奖等级
1	25 计算 2 班	云凌可	一等奖	17	25 电子 1 班	连解淦	三等奖
2	25 计算 2 班	郎朝剑	一等奖	18	25 计算 2 班	黎舒旺	三等奖
3	25 计算 1 班	余梦茂	一等奖	19	25 计算 2 班	张豆焕	三等奖
4	25 电子 3 班	凌瑛昼	一等奖	20	25 电子 3 班	卢帆新	三等奖
5	25 计算 2 班	吕映冉	二等奖	21	25 电子 3 班	华章滕	三等奖
6	25 计算 3 班	涂翰毅	二等奖	22	25 电子 3 班	林包显	三等奖
7	25 计算 1 班	魏争博	二等奖	23	25 电子 3 班	吴承敖	三等奖
8	25 计算 2 班	周放大	二等奖	24	25 计算 1 班	李是馨	三等奖
9	25 计算 3 班	凌松帆	二等奖	25	25 计算 1 班	刘硕	三等奖
10	25 计算 3 班	文驹治	二等奖	26	25 计算 3 班	叶沙	三等奖
11	25 计算 2 班	柯独杜	二等奖	27	25 计算 3 班	张元	三等奖
12	25 计算 2 班	李锐汉	二等奖	28	25 计算 3 班	周浩	优秀奖
13	25 计算 2 班	严锋滕	二等奖	29	25 电子 1 班	张玉瑶	优秀奖
14	25 计算 3 班	李恩妙	三等奖	30	25 计算 1 班	陈杰	优秀奖
15	25 计算 3 班	元骞振	三等奖	31	25 计算 3 班	张伟业	优秀奖
16	25 计算 1 班	杨舟察	三等奖				

假设该文件名为竞赛获奖表.xlsx。在该例中要关注的是班级和获奖等级，学生姓名可忽略不予处理。

```
import numpy as np
import pandas as pd
import matplotlib.pyplot as plt
#显示中文
plt.rcParams['font.sans-serif'] = ['SimHei']
#从文件中获取数据
def getData(filename):
    #读取 Excel 文件中的内容
    excelframe = pd.read_excel(filename)
    #获取班级和获奖等级两列数据
    resultframe = pd.DataFrame(excelframe, columns=['班级', '获奖等级'])
    #定义所有获奖等级名称
    levelName = ['一等奖', '二等奖', '三等奖', '优秀奖']
    #班级名称
    className = ['25 计算 1 班', '25 计算 2 班', '25 计算 3 班', '25 电子 1 班', '25 电子 2 
班', '25 电子 3 班']
    #定义一个字典，初始化每个班级的获奖等级
    huojiang = {}
    for name in className:
```

```
        huojiang[name] = []
    #初始化每个班级的各个获奖等级数
    counts = {}
    for name in className:
        counts[name] = []
    #汇总每个班级的获奖等级
    for i in range(len(resultframe)):
        level = resultframe.loc[i]['获奖等级']
        banji = resultframe.loc[i]['班级']
        huojiang[banji].append(level)
    #统计每个班级各获奖等级的人数
    for x in className:
        #提取该班级的所有获奖等级
        s = huojiang[x]
        #分别对每个获奖等级，进行人数统计
        for y in levelName:
            #将各获奖等级统计的人数添加到本班的字典中
            counts[x].append(s.count(y))
    #返回获奖等级名称和各班级每个获奖等级人数的字典
    return levelName, counts
#绘制多序列堆积柱状图
def survey(category_names, results ):
    #获取班级名称
    labels = list(results.keys())
    #获取各班级的获奖等级人数转换为数组形式
    data = np.array(list(results.values()))
    data_cum = data.cumsum(axis=1)
    #设置柱状图的不同颜色
    category_colors = plt.get_cmap('RdYlGn')(
        np.linspace(0.15, 0.85, data.shape[1]))

    fig, ax = plt.subplots(figsize=(9.2, 5))
    ax.invert_yaxis()
    ax.xaxis.set_visible(False)
    ax.set_xlim(0, np.sum(data, axis=1).max())
    for i, (colname, color) in enumerate(zip(category_names, category_colors)):
        #确定柱状图的长度
        widths = data[:, i]
        #确定每段柱状图的开始位置
        starts = data_cum[:, i] - widths
        #绘制水平柱状图
        rects = ax.barh(labels, widths, left=starts, height=0.5,
                        label=colname, color=color)
```

```
        #各堆积柱状图上数字标签的颜色和显示
        r, g, b, _ = color
        text_color = 'white' if r * g * b < 0.5 else 'darkgrey'
        ax.bar_label(rects, label_type='center', color=text_color)
        #添加图例
        ax.legend(ncol=len(category_names), bbox_to_anchor=(0, 1),
              loc='lower left', fontsize='small')
    return fig, ax
def main():
    filename = '竞赛获奖表.xlsx'
    #获取数据
    category_names, results = getData(filename)
    #绘制堆积柱状图
    survey(category_names,results)
    plt.show()
main()
```

运行结果如图 8-35 所示。

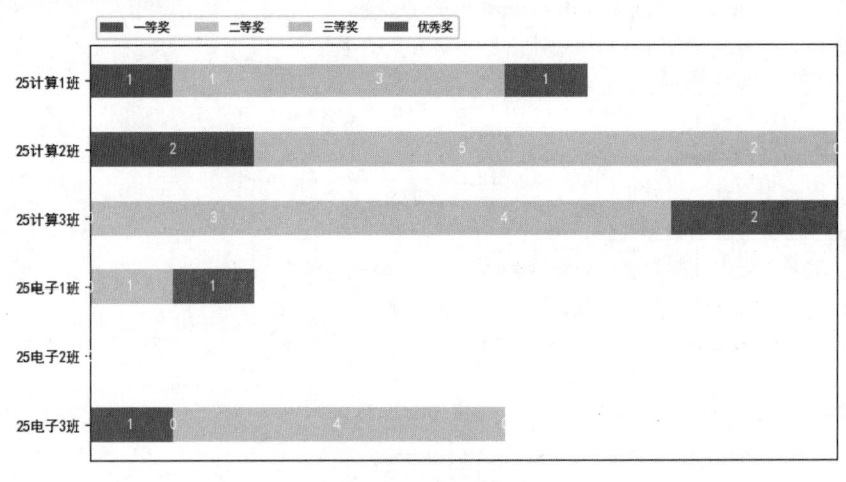

图 8-35　运行结果

8.9　小结

本章主要介绍了使用 Matplotlib 的 Pyplot 模块进行图表的绘制。Pyplot 模块提供一系列函数用于设置图表的相关属性并绘制各种形式的图表。使用 title()函数显示图表标题，使用 legend()函数显示图例，使用 xlabel()和 ylabel()函数分别设置 x 与 y 轴的标签，使用 xticks()和 yticks()函数分别定义 x 轴和 y 轴的刻度线标签，使用 text()函数添加文本显示。

可以使用 plot()函数绘制折线，使用 hist()函数绘制直方图，使用 bar()函数绘制柱状图，使用 pie()函数绘制饼图，使用 scatter()函数绘制散点图；通过对函数参数的传递可设置线型、颜色、宽度等属性。另外，还可使用 add_subplot()和 subplots()等函数绘制多个子图。

习题 8

编程题

1. 编写程序，绘制一个本人本学期各门课程成绩的折线图。
2. 下面是某人在一个月内的消费支出，编写程序，绘制一个饼图展示。
   伙食费为 3000 元，服装费为 800 元，零食为 530 元，日用品为 2100 元，娱乐为 300 元，医疗为 100 元，其他为 900 元。
3. 编写程序，随机产生 1000 个 0～50 范围内的随机数，使用柱状图绘制其频率分布。
4. 如图 8-36 所示，编写程序，绘制每个月的用电量柱状图。

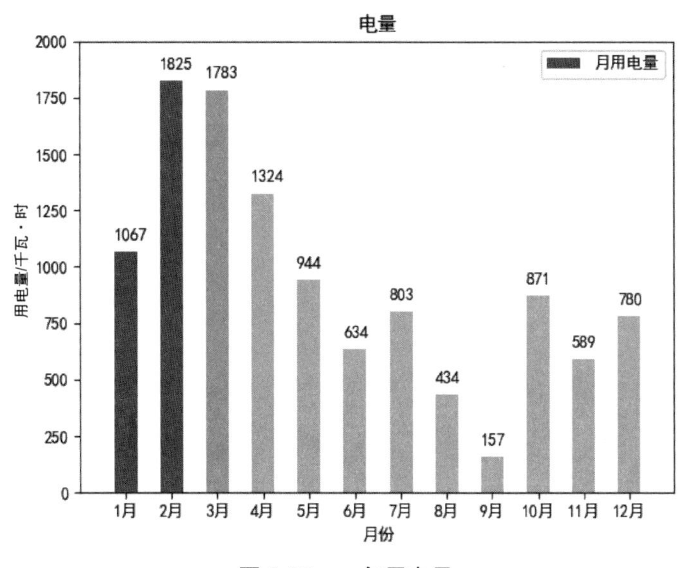

图 8-36　一年用电量

5. 编写程序，绘制最佳拟合线。随机产生 100 对（x,y）随机数。在一个图形区域中绘制散点图，并绘制最佳拟合线。最佳拟合线公式如下，其中 $\overline{x}$、$\overline{y}$ 分别是 x、y 的平均值，$\sum$表示求和。

$$m = \frac{\sum x_i y_i - n\overline{xy}}{\sum x^2 - n\overline{x}^2}$$

$$y = \overline{y} + m(x - \overline{x})$$

6. 绘制子图。新生入学，对所在学院的同学做一个简单的信息调研文案，要求用 Python 编程绘制多个子图，在各子图中分别绘制不同图形展示各信息：
   （1）绘制年龄分布柱状图。
   （2）绘制民族分布横向柱状图。
   （3）绘制每个专业的男女生人数堆积柱状图。
   （4）绘制爱好运动项目（跑步、篮球、排球、足球、羽毛球）的百分比饼图。
   （5）绘制男女生人数的堆积柱状图。
   （6）绘制各专业的最高录取分数线和最低录取分数线折线图。

第 9 章　用 Tkinter 模块实现 GUI 编程

9.1　Tkinter 模块和 GUI

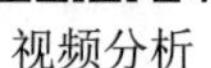

视频分析

Python 中的 Tkinter（TK interface）是一个内置的标准 GUI（Graphical User Interface，图形用户界面）模块，包含创建各种 GUI 的类。安装 Python 后可用 import tkinter 导入 Tkinter 模块。Tkinter 模块提供图形控件，如标签、按钮、文本框和对话框。用户使用 Tkinter 模块提供的控件可以创建各种类型的 GUI 应用程序，实现数据交互和数据可视化。

import tkinter 和 from tkinter import*都可用来导入 Tkinter 模块，但它们的导入方式和作用域有所不同。

1．import tkinter

导入 Tkinter 模块后，在后续的代码中，使用模块名作为前缀来调用模块中的类、函数和变量。例如，创建一个新的窗口对象，写成 tkinter.Tk()，在调用函数或类时也是类似的，如 tkinter.Label(...)。

2．from tkinter import *

Tkinter 模块中的所有类、函数和变量都可直接导入当前的作用域中。可以直接使用这些名称，不需要将模块名作为前缀。例如，创建窗口对象可以直接写成 Tk()，创建标签可以直接写成 Label(...)。使用 from tkinter import *让代码更为简洁，但当导入多个模块时可能有命名冲突产生。

【例 9-1】导入 Tkinter 模块，在程序中创建一个窗口并进行简单的属性设置。

```
import tkinter as tk
#创建主窗口
win = tk.Tk()
#创建一个标签控件
label = tk.Label(win, text="Hello, World!")
label.pack()
#创建一个按钮控件
button = tk.Button(win, text="开启学习之旅!")
button.pack()
#设置窗口标题
win.title("Welcome to Python!")
#设置窗口大小,注意是 x 不是*
win.geometry("300x100")
```

```
#启动主事件循环
win.mainloop()
```

运行结果如图 9-1 所示。

图 9-1　运行结果

9.2　Tkinter 模块的常用控件

利用 Python 的 Tkinter 模块可以实现 GUI 应用程序，将抽象的代码逻辑转化为直观的用户交互体验。Tkinter 模块作为 Python 标准库，它封装了 Tk GUI 工具包的功能。

Tkinter 模块提供多种控件，如标签，按钮和文本框等，这些控件可以在 GUI 应用程序中使用。表 9-1 给出了常用控件及其功能描述。下面对这些控件进行介绍。

表 9-1　常用控件及其功能描述

控件	功能描述
Label	标签。显示静态文本或图像
Button	按钮。单击按钮触发事件
Entry	输入框。用于用户输入单行文本
Frame	控件容器。可以容纳其他控件
Radiobutton	单选按钮。显示一个单选的按钮状态
Checkbutton	复选按钮。用于在程序中提供多项选择框
Canvas	画布。提供了绘制图形、绘制直线、多边形等操作

9.2.1　Label 控件

Label 为标签控件，用于在窗口中显示文本或图像，可包含多行文本，但只能用一种字体。它不接收用户输入，主要用于提供信息指示、标题、提示或状态显示等。表 9-2 给出了 Label 常用参数。Label 控件的基本语法如下：

```
label = Label(master, options)
```

其中，master 指定 Label 控件所在容器（通常是窗口或其他容器控件）的引用。options 是可选参数，以关键字参数的形式给出，用于设置 Label 控件的外观和行为，如文本内容、字体样式、颜色、对齐方式等。本章介绍的其他控件的格式，包括可选参数的设置都和 Label 控件的相似，在此不再赘述。

表 9-2 Label 常用参数

参数	功能
text	设置文本内容，可以包含换行符（\n）
bg	背景颜色
fg	前景颜色（就是字体颜色）
font	字体（样式，大小）
width	控件宽度
height	控件高度
justify	文字的对齐方向，可选值为 RIGHT、CENTER、LEFT，默认为 CENTER
padx	指定水平方向的边距，默认为 1 像素
pady	指定竖直方向的边距，默认为 1 像素
compound	让图片和文字一同显示，默认为 None，compound 等于'left'图像居左，等于'right'图像居右，等于'top'图像居上；等于'bottom'图像居下；等于'center'文字覆盖在图像上

【例 9-2】导入 Tkinter 模块，在程序中创建一个 Label 控件，并设置多种属性。

```
import tkinter as tk
#创建主窗口
win = tk.Tk()
win.geometry("500x250")
#设置窗口标题
win.title("This is LABEL!")
#创建一个 Label 控件并设置多种属性
label = tk.Label(win,
                text="人生苦短,我用 Python!",    #文本内容
                font=("Courier New", 16),      #字体和大小
                foreground="blue",             #文本颜色（前景颜色）
                background="#ffffff",          #背景颜色
                anchor="center",               #文本在标签内的对齐方式（中心对齐）
                justify=tk.CENTER,             #多行文本时的水平对齐方式（居中对齐）
                width=500,                     #标签宽度（单位：字符数）
                height=300,                    #标签高度（单位：行数）
                bd=2,                          #边框宽度（borderwidth）
                relief=tk.RIDGE,               #边框样式（如 RIDGE 表示凸边框）
                padx=10,                       #内部填充距离（左右）
                pady=5)                        #内部填充距离（上下）
#将 Label 控件添加到窗口中
label.pack()
#设置 Label 控件的图片
image = tk.PhotoImage(file="py.png")
label.config(image=image, compound=tk.LEFT)    #图片在左侧，文本在其右侧
#显示窗口并进入消息循环
win.mainloop()
```

运行结果如图 9-2 所示。

图 9-2　运行结果

9.2.2　Button 控件

Button 为按钮控件，用户通过单击它触发特定的动作或者事件。Button 控件可以包含文本、图像或位图，常用于执行函数、打开新窗口、关闭窗口、提交表单等操作。

【例 9-3】一个网络安全教育提示的 Tkinter 界面程序。用户单击按钮时，会弹出一个消息对话框，提醒用户关于网络使用的安全注意事项，包括个人信息保护和远离网络诈骗的警示信息。

```
import tkinter as tk
from tkinter import messagebox
#创建主窗口
win = tk.Tk()
win.geometry("300x100")
#设置窗口标题
win.title("This is Button!")
#定义一个单击按钮时执行的函数，弹出消息对话框
def show_message():
messagebox.showinfo("网络安全提示Message","互联网并非法外之地，要时刻注意个人信息保护。\n"
                    "远离网络诈骗，遇到涉及转账、汇款等信息时，务必谨慎核实。")
    #创建一个 Button 控件
    button = tk.Button(win, text="Click me to see a message!", command=show_message)
    button.pack(pady=20)
    #运行主循环
win.mainloop()
```

程序运行时的第一个窗口中有一个“Click me to see a message!”按钮，如图 9-3（a）所示；单击该按钮会弹出相关提示，如图 9-3（b）所示。

（a）按钮窗口　　（b）Message 窗口

图 9-3　运行结果

9.2.3　Frame 控件

Frame 控件提供了一个矩形区域，在这个区域内可以放置一组相关的控件，从而帮助开发者构建结构清晰、布局有序的用户界面。

【例 9-4】在主窗口内部创建两个独立的 Frame 控件：左侧 Frame 控件采用浅蓝色背景，右侧 Frame 控件采用淡绿色背景。单击左侧按钮，会显示“左侧按钮被单击”；单击右侧按钮，会显示“右侧按钮被单击”。

```
import tkinter as tk
#创建主窗口
root = tk.Tk()
root.title("Frame 控件布局示例")

#创建左侧 Frame 控件
left_frame = tk.Frame(root, bg="lightblue", width=200, height=200, relief="sunken", bd=2)
left_frame.pack(side=tk.LEFT, fill=tk.BOTH, expand=True)

#在左侧 Frame 控件中添加控件
left_label = tk.Label(left_frame, text="左侧区域", bg="lightblue", font=("Arial", 14))
left_label.pack(pady=10, padx=10)

left_button = tk.Button(left_frame, text="左侧按钮", command=lambda: print("左侧按钮被单击"))
left_button.pack(pady=10)

#创建右侧 Frame 控件
right_frame = tk.Frame(root, bg="palegreen", width=200, height=200, relief="groove", bd=2)
right_frame.pack(side=tk.RIGHT, fill=tk.BOTH, expand=True)

#在右侧 Frame 控件中添加控件
right_label = tk.Label(right_frame, text="右侧区域", bg="palegreen", font=("Arial", 14))
right_label.pack(pady=10, padx=10)

right_button = tk.Button(right_frame, text="右侧按钮", command=lambda: print("右侧按钮被单击"))
right_button.pack(pady=10)

#运行主循环
root.mainloop()
```

运行结果如图 9-4 所示。

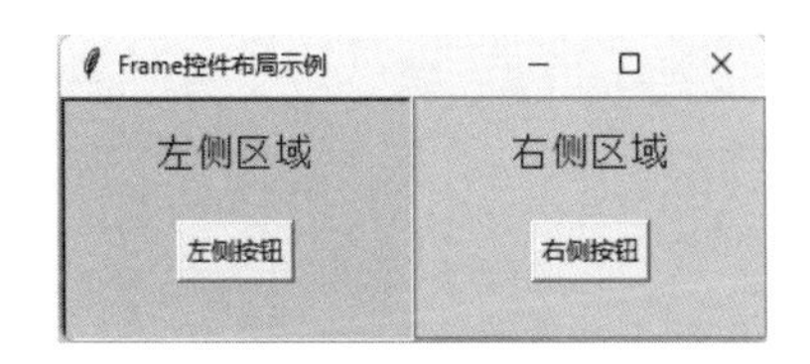

图 9-4　运行结果

9.2.4　Entry 控件

Entry 是输入控件，该控件产生标准的文本框，允许用户输入并编辑一行文本数据。

【例 9-5】创建“红色文化知识问答系统”，提出多个关于红色文化知识的问题，根据用户给出答案，进行对错判断。

```
import tkinter as tk
from tkinter import messagebox
#红色文化知识问答题目
questions_and_answers = {
    "中国共产党的根本宗旨是什么？": "全心全意为人民服务",
    "中国共产党于哪一年成立？": "1921 年",
    "中国共产党第二十次全国代表大会于哪一年召开？": "2022 年",
    #更多的问题和答案……
}
#定义显示问题函数
def show_question(question):
    #修改问题标签的内容为当前问题
    global question_label, answer_entry
    question_label.config(text=question)
    #清空答案输入框
    answer_entry.delete(0, tk.END)
    #设置答案输入框获得焦点，方便用户直接输入答案
    answer_entry.focus_set()
#定义检查答案函数，答案输入后，单击回车键进行答案的判断
def check_answer(event):
    #获取用户在答案输入框中输入的答案并去除两端空白字符
    user_answer = answer_entry.get().strip()
    #获取当前显示的问题作为字典键，获取对应的正确答案
    current_q = question_label.cget("text")
    correct_answer = questions_and_answers[current_q]
    #检查用户答案是否正确
    if user_answer == correct_answer:
        messagebox.showinfo("答题结果", "回答正确！")
    else:
        messagebox.showerror("答题结果",f"很遗憾,你的回答不正确。正确答案是:{correct_
answer}")
    #回答完毕后，调用下一个问题函数
    next_question()
#定义进入下一题函数
```

```
def next_question():
    #更新问题索引
    global question_index
    question_index += 1
    #当所有题目回答完后，提示用户并重置问题索引
    if question_index >= len(questions_and_answers):
        messagebox.showinfo("提示", "已无更多题目，请重新开始！")
        question_index = 0
    else:
        #根据索引获取下一个问题
        current_question = list(questions_and_answers.keys())[question_index]
        #显示下一个问题
        show_question(current_question)
#初始化变量
question_index = 0
#获取第一个问题作为当前问题
current_question = list(questions_and_answers.keys())[question_index]
#创建主窗口
win = tk.Tk()
win.title("红色文化知识问答系统")
win.geometry("300x150")
#创建问题标签
question_label = tk.Label(win, text=current_question, font=("Arial", 11), anchor= "w")
question_label.pack(pady=20)
#创建答案输入框，并绑定回车键事件为检查答案函数
answer_entry = tk.Entry(win, font=("Arial", 11))
answer_entry.bind("<Return>", check_answer)
answer_entry.pack(ipady=5, padx=20, pady=(0, 20))
#创建“下一题”按钮
next_button = tk.Button(win, text="下一题", command=next_question)
next_button.pack(side=tk.BOTTOM, pady=10)
#显示第一题
show_question(current_question)
#运行主循环
win.mainloop()
```

运行结果如图 9-5 所示。

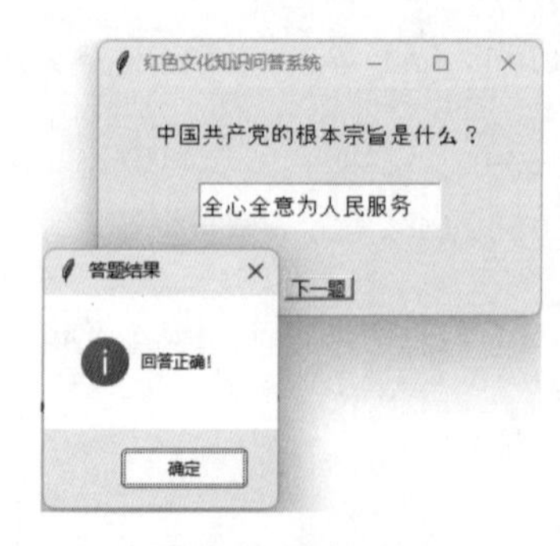

图 9-5　运行结果

9.2.5　Radiobutton 控件和 Checkbutton 控件

1．Radiobutton 控件

Radiobutton 是单选按钮控件，该控件在 GUI 设计中主要用于实现一组选项中的一个选项的选择。

Radiobutton 控件的关键属性如表 9-3 所示。

表 9-3　Radiobutton 控件的关键属性

属性	功能
variable	用于关联Radiobutton控件的一个变量，通常是StringVar或IntVar类型。当用户选择该Radiobutton控件时，变量的值会相应更新为该按钮预先设定的 value 属性值
value	指明当用户选择此 Radiobutton 控件时，关联变量应该接收的值
command	一个可选参数，指向一个函数，当用户单击该 Radiobutton 控件时会调用这个函数
text 或 image	显示在 Radiobutton 控件旁边的文字或图片
indicatoron	决定是否显示默认的圆形选择指示器
justify	文本对齐方式
width 和 height	按钮的尺寸，通常用于调整文本显示区域的宽度，而不会影响整个 Radiobutton 控件的大小
state	可以设置为 normal（正常状态，可交互）、disabled（禁用状态，不可交互）等
anchor	文本相对于按钮的位置

2．Checkbutton 控件

Checkbutton 是复选框控件，可以表示两种状态，即选中或未选中。Checkbutton 控件的提示信息既可以是文字，也可以是图像。提示文本只能使用一种字体，可跨行显示。与单选按钮（只允许用户选择一组选项中的一个选项）不一样的是，复选框允许用户选择多个选项。Checkbutton 控件用于在两个不同的值之间进行选择（通常是打开或关闭功能）。

【例 9-6】设置“饮食偏好调查问卷”，用户可以对早餐口味和喜欢的水果进行选择。单击“提交问卷”按钮后，会通过 messagebox 弹窗展示用户的饮食偏好。

```
import tkinter as tk
from tkinter import ttk
from tkinter import messagebox

#饮食偏好问题
preferences = {
    "早餐口味": ["甜味", "咸味", "清淡"],
    "喜欢的水果": ["苹果", "香蕉", "橙子", "葡萄"],}

#创建主窗口
win = tk.Tk()
win.title("饮食偏好调查问卷")
```

```
    #Radiobutton 和 Checkbutton 的变量集合
    breakfast_var = tk.StringVar()
    fruit_vars = [tk.IntVar() for _ in preferences["喜欢的水果"]]

    #早餐口味 Radiobutton
    for i, option in enumerate(preferences["早餐口味"]):
        rb = ttk.Radiobutton(win, text=option, variable=breakfast_var, value=option)
        rb.pack(anchor=tk.W, padx=10, pady=5)

    #喜欢的水果 Checkbutton
    for i, fruit in enumerate(preferences["喜欢的水果"]):
        cb = ttk.Checkbutton(win, text=fruit, variable=fruit_vars[i])
        cb.pack(anchor=tk.W, padx=10, pady=5)

    def display_preferences():
        breakfast_choice = breakfast_var.get()
        fruit_choices = [preferences["喜欢的水果"][i] for i, var in enumerate(fruit_vars)
if var.get()]

        result_message = f"你的饮食偏好：\n 早餐口味：{breakfast_choice}\n 喜欢的水果：{',
'.join(fruit_choices)}"
        messagebox.showinfo("选择结果", result_message)

    #创建“提交问卷”按钮
    submit_button = tk.Button(win, text="提交问卷", command=display_preferences)
    submit_button.pack(pady=10)

    #运行主循环
    win.mainloop()
```

运行结果如图 9-6 所示。

图 9-6　运行结果

9.3 Canvas 组件

在 GUI 编程中，Canvas 模块（简称 Canvas）是用于绘制图形、图像和动画的基础组件，特别是在 Python 的 Tkinter 模块中，Canvas 提供了丰富的图形绘制功能。Canvas 的主要功能如下，Canvas 的属性及方法如表 9-4 所示。

（1）绘制图形：Canvas 可用于绘制点、线、矩形、圆、椭圆、弧线、多边形等各种形状。

（2）图像展示：虽然 Canvas 主要不是用来显示静态图像的，但可以通过加载位图文件（如 PNG、JPEG）并将其放置在 Canvas 上实现。

（3）动画制作：通过不断清除并重绘画面，Canvas 能制作简单的动画效果。

（4）交互式图形：在 Canvas 上可以绑定事件处理函数，实现拖拽、单击等交互式操作。

（5）数据可视化：结合数据和算法，Canvas 可以用来呈现图表、流程图以及其他形式的数据可视化内容。

表 9-4　Canvas 的属性及方法

属性及方法	功能
width 和 height	定义 Canvas 的宽度和高度（像素）
bg 或 background	设置 Canvas 背景颜色
highlightthickness	定义边框厚度，若设置为 0，则无边框
borderwidth	定义边框宽度
relief	定义边框样式，如 flat（无立体感）、raised（凸起）、sunken（凹陷）
create_*()方法	用于在 Canvas 上创建不同类型的图形元素
delete()方法	用于删除 Canvas 上的特定图形元素
coords()方法	用于修改已有图形元素的坐标
bind()方法	用于绑定事件和事件处理器，如鼠标单击、按键等
tags	为 Canvas 上的图形元素添加标签，便于后续统一操作或查询
fill 和 outline	用于设置图形的填充颜色和轮廓颜色
dash	定义线条的虚线样式
stipple	设置图案填充（点阵填充）
state	定义控件状态，如 normal（正常）、disabled（禁用）等

表 9-4 中的属性和方法的应用能让开发者在 Canvas 上构建丰富多样且互动性强的图形界面。

【例 9-7】在窗口内创建一个大小为 500 像素×500 像素、背景为白色的 Canvas（画布），绘制不同颜色、不同形状的图形。

```
import tkinter as tk
#创建主窗口
win = tk.Tk()
win.title("The Canvas!")
```

```
#创建 Canvas 并设置其大小
canvas = tk.Canvas(win, width=500, height=500, bg="white")
canvas.pack()

#绘制各种图形
#1. 绘制红色填充的椭圆
canvas.create_oval(50, 50, 200, 150, fill="red", outline="black", width=3)

#2. 绘制蓝色实心正方形
canvas.create_rectangle(300, 50, 400, 150, fill="blue", outline="black", width=2)

#3. 绘制绿色三角形
points = [50, 240, 100, 400, 220, 230]
canvas.create_polygon(points, fill="green", outline="black", width=2)

#4. 绘制紫色直线
canvas.create_line(50, 200, 450, 200, fill="purple", width=3)

#5. 绘制青色弧线（扇形）
canvas.create_arc(300, 250, 400, 350, start=0, extent=180, fill="", outline="cyan",
width=3, style=tk.ARC)

#6. 在画布上添加文字
canvas.create_text(250, 450, text="欢迎来到 Canvas 世界!", font=("Arial", 16),
fill="black")

#运行主循环
win.mainloop()
```

运行结果如图 9-7 所示。

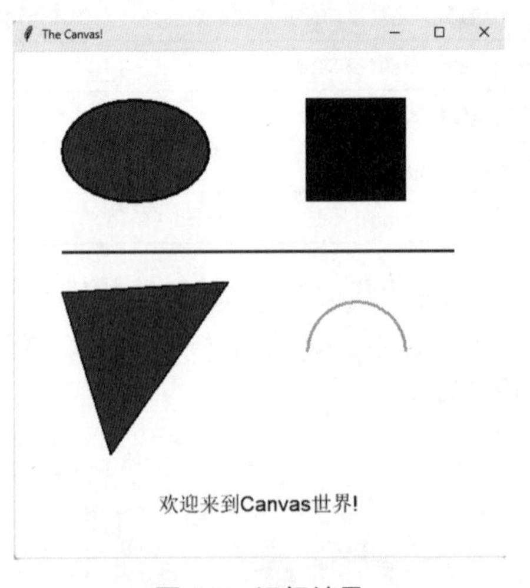

图 9-7 运行结果

9.4　Tkinter GUI 的应用

本节介绍两个案例，使用户对前面介绍的有关控件特性有更深入的理解。

【例 9-8】设计一个登录界面，包含“用户名”输入框、“密码”输入框、“登录”按钮、“重置”按钮，以及显示消息的标签。当输入的用户名和密码正确时，在标签 Label 上显示登录成功。

```
import tkinter as tk
from tkinter import messagebox
def login():
    #预设的用户名和密码
    correct_username = "admin"
    correct_password = "password"

    #获取用户输入
    input_username = username_entry.get()
    input_password = password_entry.get()

    #检查用户名和密码是否正确
    if input_username == correct_username and input_password == correct_password:
        result_label.config(text="登录成功!", fg="green")
    else:
        messagebox.showerror("登录错误", "用户名或密码不正确!")
        result_label.config(text="", fg="red")
def reset_fields():
    #清空输入框并重置消息标签
    username_entry.delete(0, tk.END)
    password_entry.delete(0, tk.END)
    result_label.config(text="")

#创建主窗口
app = tk.Tk()
app.title("登录界面")

#创建一个框架来组织组件
frame = tk.Frame(app, padx=10, pady=10)
frame.pack(padx=20, pady=20)

#"用户名"标签和输入框
username_label = tk.Label(frame, text="用户名:")
username_label.grid(row=0, column=0, sticky=tk.E)
username_entry = tk.Entry(frame)
```

```
username_entry.grid(row=0, column=1)

#"密码"标签和输入框
password_label = tk.Label(frame, text="密码:")
password_label.grid(row=1, column=0, sticky=tk.E)
password_entry = tk.Entry(frame, show="*")  #使用星号隐藏密码
password_entry.grid(row=1, column=1)

#"登录"按钮
login_button = tk.Button(frame, text="登录", command=login)
login_button.grid(row=2, column=0, pady=(10, 0))

#"重置"按钮
reset_button = tk.Button(frame, text="重置", command=reset_fields)
reset_button.grid(row=2, column=1, pady=(10, 0))

#显示消息的标签
result_label = tk.Label(frame, text="")
result_label.grid(row=3, column=0, columnspan=2)

#启动消息循环
app.mainloop()
```

运行结果如图 9-8 所示。

图 9-8　运行结果

【例 9-9】实现简单的学生成绩管理系统，包括添加学生信息（姓名和成绩）、显示所有学生信息、删除学生信息的基本功能。

```
import tkinter as tk
from tkinter import messagebox
class StudentManagementSystem(tk.Tk):
    def __init__(self):
        super().__init__()
        self.title("学生成绩管理系统")
        self.geometry("500x420")
        self.students = []  #存储学生信息的列表
        #创建 UI 组件
        self.create_widgets()
```

```
    def create_widgets(self):
        #添加学生信息的输入框和按钮
        tk.Label(self, text="姓名:").pack()
        self.name_entry = tk.Entry(self)
        self.name_entry.pack()

        tk.Label(self, text="成绩:").pack()
        self.score_entry = tk.Entry(self)
        self.score_entry.pack()

        self.add_button = tk.Button(self, text="添加学生", command=self.add_student)
        self.add_button.pack(pady=5)

        #显示学生信息的文本框
        self.student_listbox = tk.Listbox(self, width=40, height=10)
        self.student_listbox.pack(pady=10)

        #"删除选中学生"按钮
        self.remove_button = tk.Button(self, text="删除选中学生", command=self.
remove_student)
        self.remove_button.pack(pady=5)

        #"刷新列表"按钮
        self.refresh_button = tk.Button(self, text="刷新列表", command=self.
display_students)
        self.refresh_button.pack(pady=5)

        #初始化显示学生列表
        self.display_students()

    def add_student(self):
        name = self.name_entry.get()
        score = self.score_entry.get()

        if not name or not score:
            messagebox.showwarning("警告", "姓名和成绩不能为空！")
            return

        try:
            score = float(score)
            if score < 0 or score > 100:
                messagebox.showerror("错误", "成绩必须在0到100之间！")
```

```
                return
        except ValueError:
            messagebox.showerror("错误", "成绩必须是数字！")
            return

        self.students.append((name, score))
        self.name_entry.delete(0, tk.END)
        self.score_entry.delete(0, tk.END)
        self.display_students()

    def remove_student(self):
        selected_index = self.student_listbox.curselection()
        if selected_index:
            index = int(selected_index[0])
            del self.students[index]
            self.display_students()
        else:
            messagebox.showinfo("提示", "请先选择要删除的学生！")

    def display_students(self):
        self.student_listbox.delete(0, tk.END)
        for student in self.students:
            self.student_listbox.insert(tk.END, f"姓名：{student[0]}, 成绩：{student[1]}")

if __name__ == "__main__":
    app = StudentManagementSystem()
    app.mainloop()
```

运行结果如图 9-9 所示。

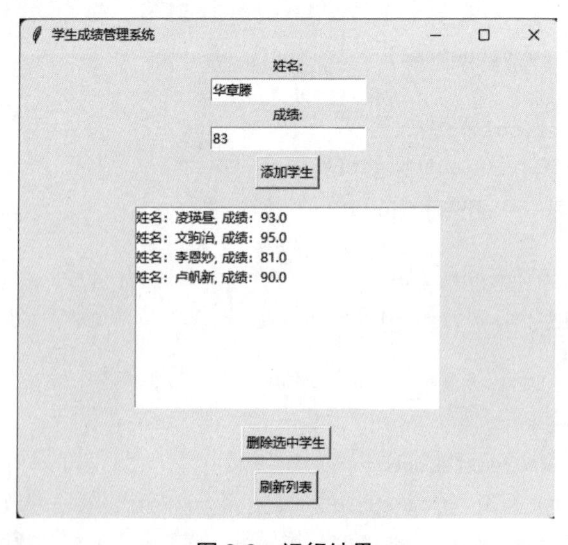

图 9-9 运行结果

9.5　小结

本章引入 Python 标准库——Tkinter 模块，其专为快速开发跨平台的 GUI 应用程序而设计。本章介绍了如何导入 Tkinter 模块，并理解了 GUI 编程的基本步骤，包括窗口创建、控件的添加及使用和 Canvas 画布的使用；并通过两个实例，进一步对控件综合性应用加以说明。

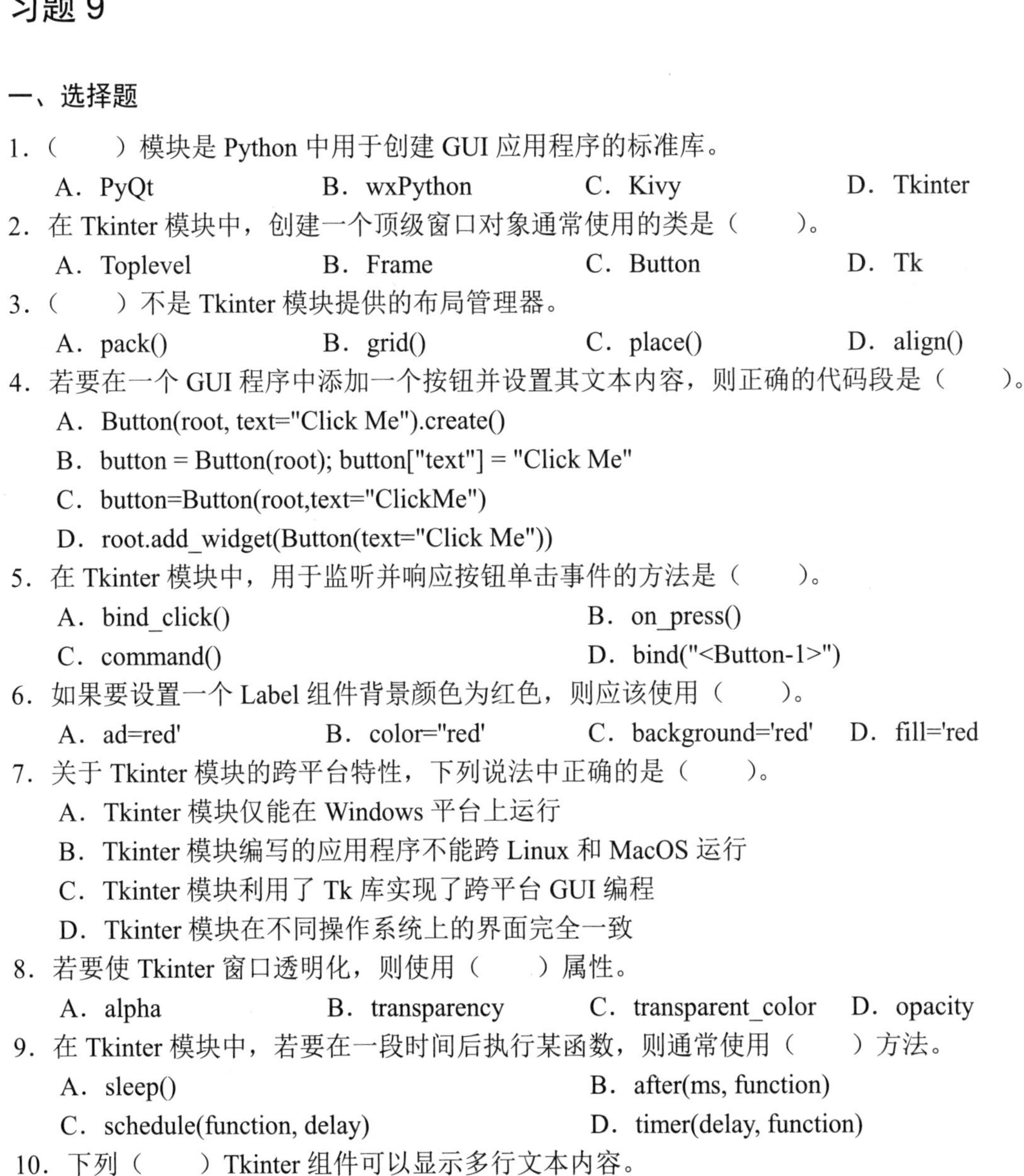

习题 9

一、选择题

1．（　　）模块是 Python 中用于创建 GUI 应用程序的标准库。

A．PyQt　　B．wxPython　　C．Kivy　　D．Tkinter

2．在 Tkinter 模块中，创建一个顶级窗口对象通常使用的类是（　　）。

A．Toplevel　　B．Frame　　C．Button　　D．Tk

3．（　　）不是 Tkinter 模块提供的布局管理器。

A．pack()　　B．grid()　　C．place()　　D．align()

4．若要在一个 GUI 程序中添加一个按钮并设置其文本内容，则正确的代码段是（　　）。

A．Button(root, text="Click Me").create()

B．button = Button(root); button["text"] = "Click Me"

C．button=Button(root,text="ClickMe")

D．root.add_widget(Button(text="Click Me"))

5．在 Tkinter 模块中，用于监听并响应按钮单击事件的方法是（　　）。

A．bind_click()　　B．on_press()

C．command()　　D．bind("<Button-1>")

6．如果要设置一个 Label 组件背景颜色为红色，则应该使用（　　）。

A．ad=red'　　B．color="red'　　C．background='red'　　D．fill='red

7．关于 Tkinter 模块的跨平台特性，下列说法中正确的是（　　）。

A．Tkinter 模块仅能在 Windows 平台上运行

B．Tkinter 模块编写的应用程序不能跨 Linux 和 MacOS 运行

C．Tkinter 模块利用了 Tk 库实现了跨平台 GUI 编程

D．Tkinter 模块在不同操作系统上的界面完全一致

8．若要使 Tkinter 窗口透明化，则使用（　　）属性。

A．alpha　　B．transparency　　C．transparent_color　　D．opacity

9．在 Tkinter 模块中，若要在一段时间后执行某函数，则通常使用（　　）方法。

A．sleep()　　B．after(ms, function)

C．schedule(function, delay)　　D．timer(delay, function)

10．下列（　　）Tkinter 组件可以显示多行文本内容。

A．Label　　B．Button　　C．Entry　　D．Text

11．在 Tkinter 模块中，用于创建复选框的类是（　　）。

A．Checkbutton　　B．RadioButton　　C．Spinbox　　D．Combobox

12．在 Tkinter 模块中，用于获取 Entry 组件中用户输入文本的方法是（　　）。

A．get_value()　　B．read_entry()　　C．get()　　D．retrieve_text()

13．为了显示弹出对话框询问用户是否确定某个操作，可以使用（　　）。

A．MessageDialog　　B．InputDialog

C．QuestionDialog　　D．tkMessageBox.askyesno()

14．Tkinter 模块的 Notebook widget（笔记本小部件）主要用于（　　）。

A．显示多个标签页，每个标签页可以包含不同的内容区域

B．创建滚动条

C．显示固定格式的文本

D．显示进度条

15．在 Tkinter 模块中，当一个窗口被销毁时，执行相关清理工作的合适时机是（　　）。

A．在窗口初始化时　　B．在窗口显示前

C．直接在 destroy()方法内部时　　D．绑定到窗口的 destroy 事件上时

二、判断题

1．Tkinter 模块是 Python 的标准 GUI 库，可用于创建跨平台的桌面应用程序。

2．在所有操作系统上运行 Python 时，默认情况下不需要额外安装 Tkinter 模块，因为它总是预装在 Python 的标准库中。

3．使用 Tkinter 模块可以轻松创建各种 GUI 组件，如按钮（Button）、标签（Label）、文本框（Entry）、列表框（Listbox）等。

4．Tkinter 模块仅适用于简单的 GUI 应用程序开发，不适合大型复杂的应用程序。

5．事件驱动编程在 Tkinter 模块中非常重要，这意味着 GUI 组件会响应用户的输入和其他事件，如单击按钮或关闭窗口。

6．Tk()类在 Tkinter 模块中用于创建应用程序的主窗口。

7．Tkinter 组件的位置和大小只能通过绝对像素值来设定。

8．Label 组件在 Tkinter 模块中只能用于显示静态文本，不能动态更新内容。

三、编程题

编写程序，用 Tkinter 模块制作一个图形界面的应用，计算学生 Python 课程总评成绩，计算总评成绩界面如图 9-10 所示。

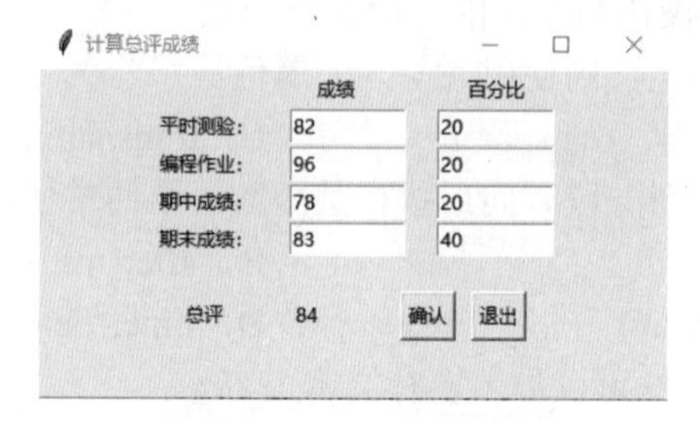

图 9-10　计算总评成绩界面

第10章 游戏编程

视频分析

Pygame 是一个利用 SDL（Simple Direct Media Layer，简单直接媒体层）库编写的游戏库，使用它可以开发具有全部特性的游戏和多媒体软件。它极其轻便，并且可以运行在几乎所有的平台和操作系统上，不仅提供了针对图形和位图的绘制函数，还提供了用于获取用户输入、处理音频播放和监控鼠标和键盘的服务。

Pygame 作为一款广泛应用的开源游戏开发库，其主要功能集中于二维（2D）游戏的设计与实现。在该领域内，Pygame 展现出了强大的适应性和高效性，使得开发者能够便捷地运用 Python 语言，构建出“植物大战僵尸”这类富有创意、趣味盎然的 2D 游戏作品。然而，当涉及“魔兽世界”等复杂度极高、维度扩展至三维（3D）的大型网络游戏开发时，Pygame 的应用则显得相对局限。对于初涉游戏编程的学者来说，选择以 Pygame 为切入点来循序渐进地熟悉游戏开发的整体流程，夯实基础，积累实践经验，是一条明智且稳健的道路。

10.1 安装 Pygame

安装 Pygame 主要有以下两种方法。

1. 通过 pip 安装

pip 是 Python 用于安装软件包的工具。在 Windows 命令行窗口输入以下语句进行安装。

```
pip install pygame
```

2. 通过 IDE 安装

通过 IDE 安装的页面如图 10-1 所示。以 PyCharm 为例，既可以在 PyCharm 的终端中运行以上命令来安装，也可以通过以下步骤来安装。

（1）选择 Project Python 选项，设置选项。

（2）选择 Project Interpreter（项目解释器），如图 10-2 所示。

（3）如图 10-3 所示，在搜索框中输入 pygame，单击 Install Package 按钮进行安装。

要检查 Pygame 是否已正确安装，可以在 IDE 的解释器中输入以下命令，然后按回车键。

```
import pygame
```

如果该命令成功运行且未引发任何错误，如图 10-4 所示，则表明已经成功安装了 Pygame。

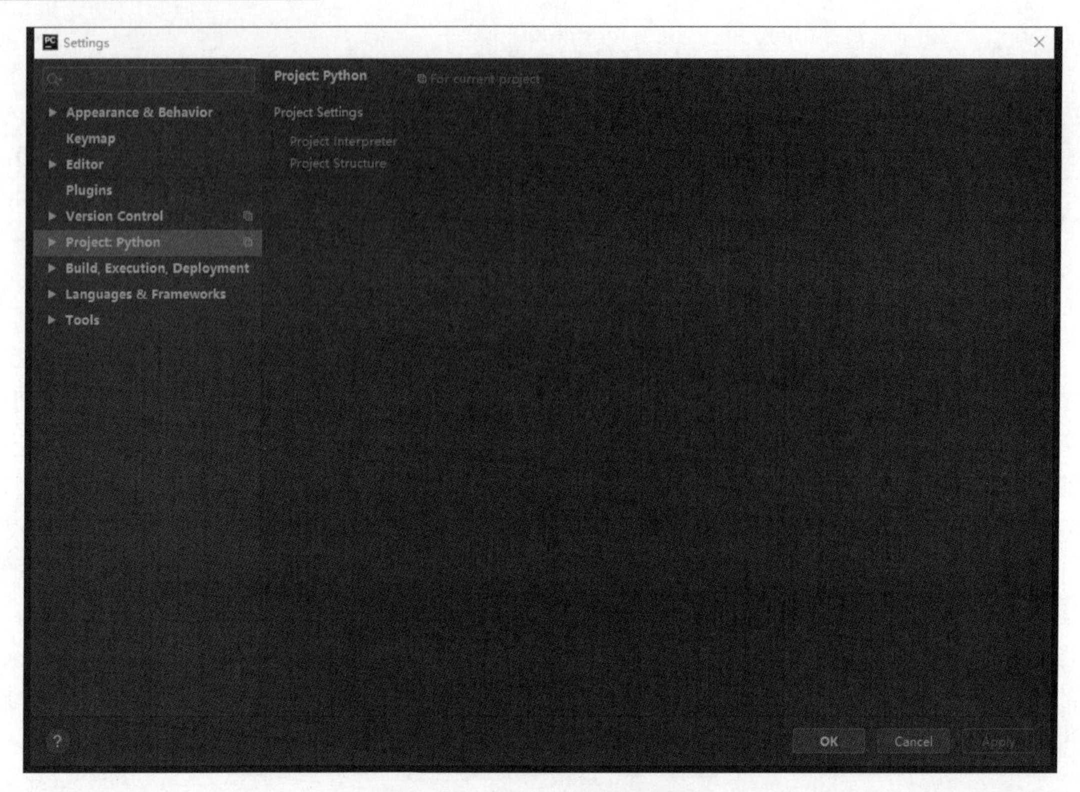

图 10-1　通过 IDE 安装的页面

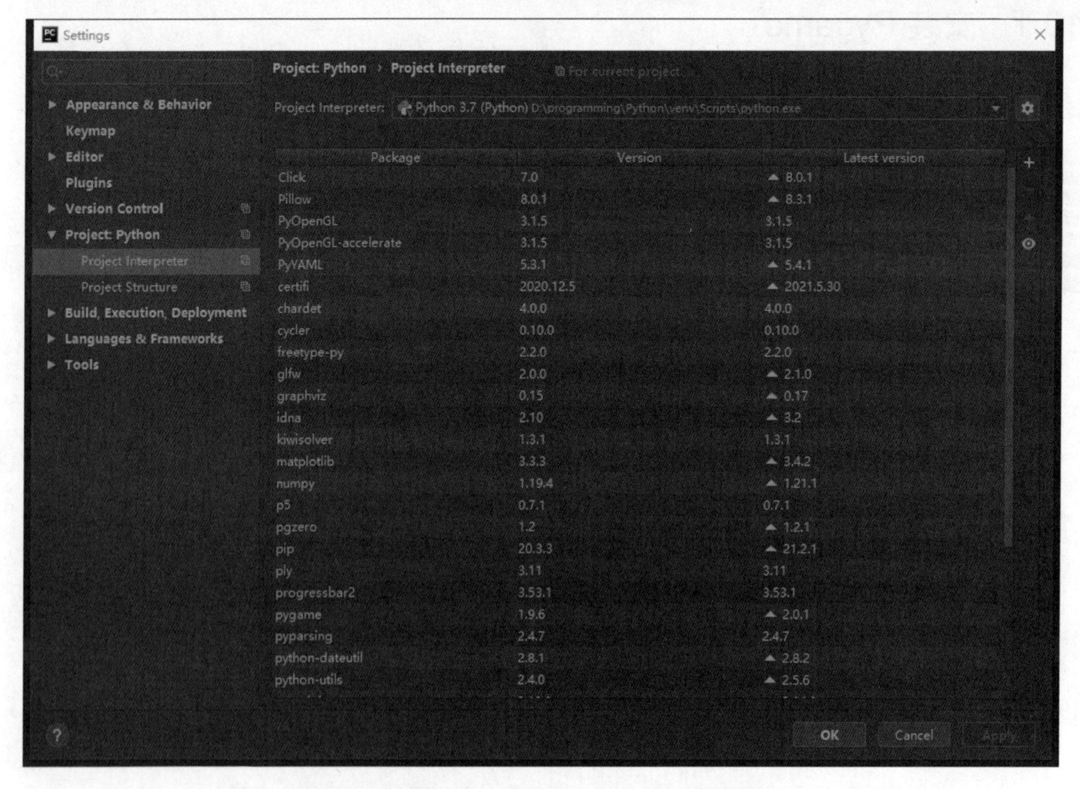

图 10-2　选择 Project Interpreter（项目解释器）

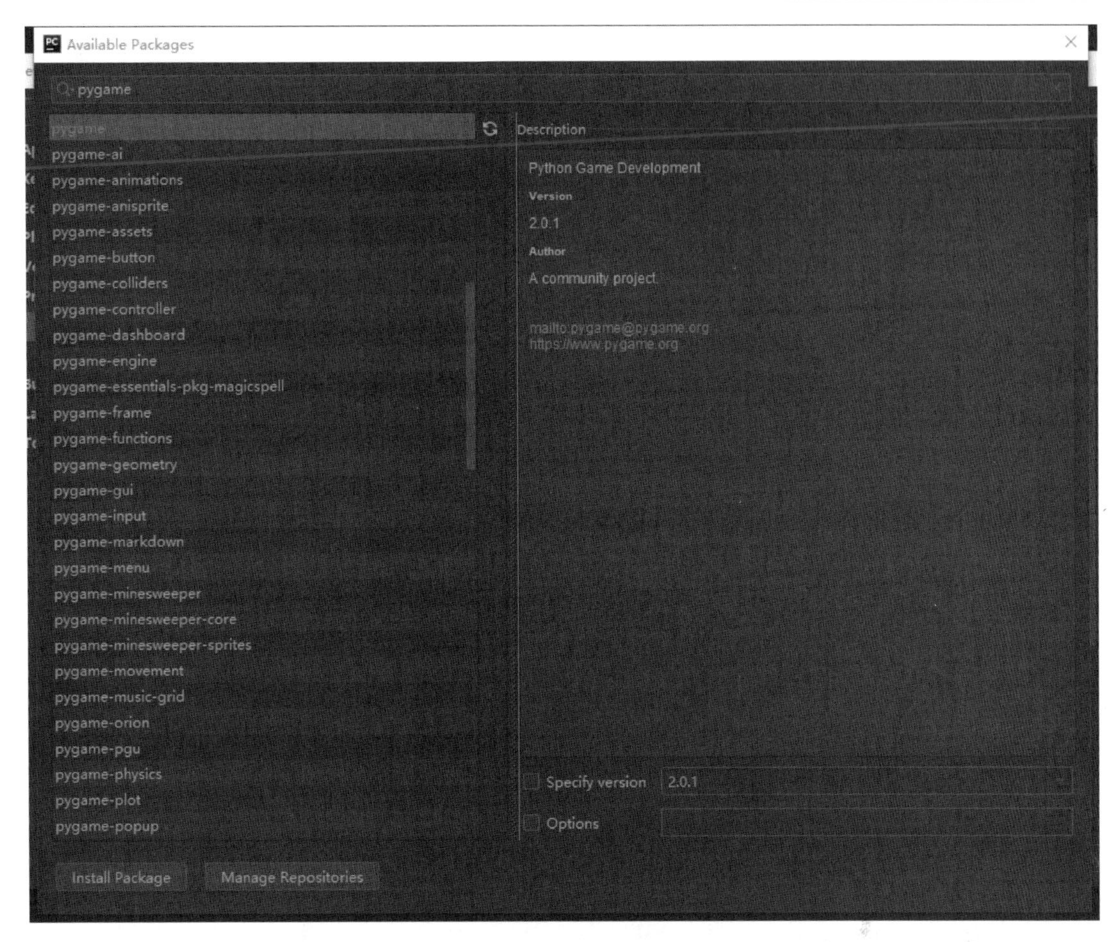

图 10-3　安装页面

```
Python 3.7.3 (v3.7.3:ef4ec6ed12, Mar 25 2019, 22:22:05) [MSC v.1916 64 bit (AMD64)] on win32
>>> import pygame
pygame 1.9.6
Hello from the pygame community. https://www.pygame.org/contribute.html
```

图 10-4　安装成功

Pygame 常用模块如表 10-1 所示。

表 10-1　Pygame 常用模块

模块名	功能	模块名	功能
pygame.cdrom	访问光驱	pygame.image	加载和存储图片
pygame.cursors	加载光标	pygame.joystick	使用游戏手柄或者类似的东西
pygame.display	访问显示设备	pygame.key	读取键盘按键
pygame.draw	绘制形状、线和点	pygame.mixer	声音
pygame.event	管理事件	pygame.mouse	鼠标
pygame.font	使用字体	pygame.movie	播放视频

续表

模块名	功能	模块名	功能
pygame.music	播放音频	pygame.surface	管理图像和屏幕
pygame.overlay	访问高级视频叠加	pygame.surfarray	管理点阵图像数据
pygame.rect	管理矩形区域	pygame.time	管理时间和帧信息
pygame.sndarray	操作声音数据	pygame.transform	缩放和移动图像
pygame.sprite	操作移动图像		

某些模块可能在有的平台上并不存在，可以用 None 测试一下。以下是测试字体模块的代码：

```
if pygame.font is None:
    print('The font module is not available!')
    exit()
```

10.2 Pygame 基础知识

10.2.1 坐标

Pygame 坐标系为传统的笛卡儿坐标系统，如图 10-5 所示。原点(0,0)位于窗口左上角，*X* 轴自左向右，*Y* 轴自上向下，单位为像素。

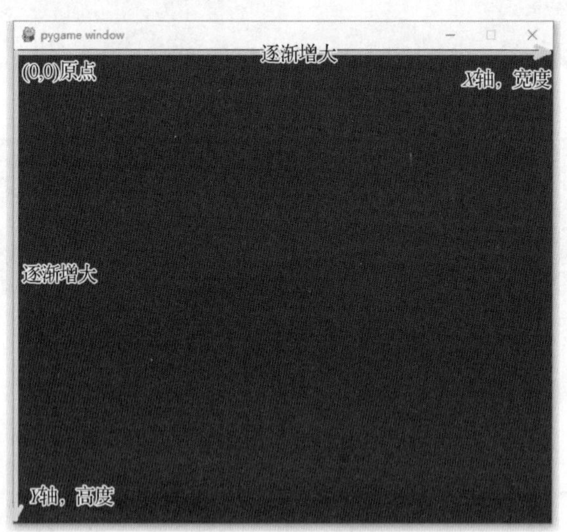

图 10-5 Pygame 坐标系

10.2.2 颜色

Pygame 使用的颜色系统是很多计算机语言和程序的 RGB 颜色系统，用于描述颜色的类是 pygame.color。该类有 r、g、b、a 四个属性分别表示 RGB 颜色的红、绿、蓝和透明度四个分量。

Pygame 还提供了一个命名颜色的列表。下面是使用颜色名的代码：

```
from pygame.color import THECOLORS
pygame.draw.circle(screen,THECOLORS["red"],[100,100],30,0)
```

10.2.3　字体

Pygame 既可以直接调用系统自带字体，也可以调用自己的 TTF 字体。pygame.font 为操作和表示字体的模块。为了使用字体，应该首先创建一个字体对象。

（1）直接调用系统自带字体：

```
myfont=pygame.font.SysFont('arial',16)
```

第一个参数是字体名，第二个参数是字号。在正常情况下，系统都有 arial 字体，如果没有则使用默认字体，默认字体和用户使用的系统有关。用户可以使用 pygame.font.get_fonts() 来获取当前系统所有可用的字体。

（2）调用自己的 TTF 字体：

```
myfont=pygame.font.Font('my_font.ttf',16)
```

这个方法的好处是：可以把字体文件和游戏一起打包分发，避免出现因玩家计算机上没有这个字体而无法显示的问题。

10.3　第一个 Pygame 程序：简单的 Pie 游戏

Pie 游戏是一个非常简单的游戏，但是它也有一个基本的游戏逻辑，玩家获胜时有一个小小的奖品。游戏时，以任意顺序按下 1、2、3 和 4 数字键。当按下每个数字键时，就会绘制对应的饼块。当所有 4 个饼块完成之后，饼块会改变颜色。游戏界面和一些变量示意如图 10-6 所示。

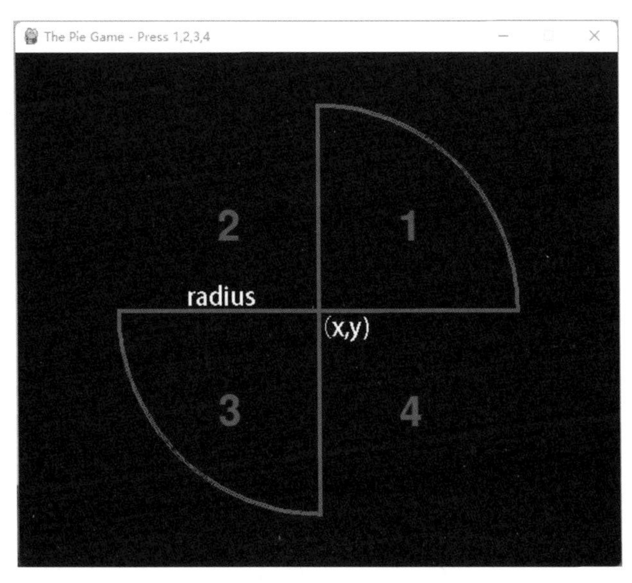

图 10-6　游戏界面和一些变量示意

10.3.1　使用 Pygame

使用 Pygame 的第一步是将 Pygame 导入 Python 程序中，以便在程序中使用，导入代码如下：

```
import pygame
```

接下来导入 Pygame 中的所有常量。这一步非必选，但操作后会让代码更整洁易读，代码如下：

```
from pygame.locals import *
```

10.3.2　初始化并创建窗口

下面进行 Pygame 初始化：

```
pygame.init()
```

初始化 Pygame 后，就可以访问 Pygame 中的所有资源。下一步获取对显示系统的访问，并且创建一个窗口，设置窗口大小，注意窗口宽度和高度要放在圆括号中。

```
screen=pygame.display.set_mode((600,500))
```

给窗口添加标题：

```
pygame.display.set_caption("The Pie Game - Press 1,2,3,4")
```

给窗口填充颜色并更新窗口：

```
screen.fill((0,0,200))
pygame.display.update()
```

10.3.3　打印文本

首先创建一个字体：

```
myfont=pygame.font.Font(None,60)
```

使用 None 参数将会使用默认 Pygame 字体，60 为字体大小。在 Pygame 中绘制文本并不是快速绘制到屏幕上，而是先渲染到一个平面，然后再将其绘制到屏幕上。这个过程需要耗费一点时间。建议先在内存中创建文本平面（或图像），然后再将文本当作一个图像来绘制。先定义屏幕中心位置(x,y)和 Pie 的半径 radius，然后在屏幕上绘制 1、2、3、4 四个字符：

```
color=200,80,60
x=300
y=250
radius=200
textImg1=myfont.render("1",True,color)
textImg2=myfont.render("2",True,color)
textImg3=myfont.render("3",True,color)
textImg4=myfont.render("4",True,color)
```

上述代码中的 render()函数可以有四个参数：第一个参数为文本消息，第二个参数为是否为抗锯齿标志，第三个参数为字体颜色，第四个参数为可选参数。可以指定渲染文本字体的背景颜色，在默认情况下，背景颜色是透明的。

绘制文本一般先要清除屏幕，然后使用 screen.blit()绘制文本平面到指定区域，最后刷新显示。

```
screen.fill((0,0,200))
textImg1=myfont.render("1",True,color)
screen.blit(textImg1,(x+radius/2-20,y-radius/2))
textImg2=myfont.render("2",True,color)
screen.blit(textImg2,(x-radius/2,y-radius/2))
textImg3=myfont.render("3",True,color)
screen.blit(textImg3,(x-radius/2,y+radius/2-20))
textImg4=myfont.render("4",True,color)
screen.blit(textImg4,(x+radius/2-20,y+radius/2-20))
pygame.display.update()
```

至此，完整代码如下（程序 10-1）：

```
import math, pygame, sys
from pygame.locals import *
pygame.init()
screen = pygame.display.set_mode((600, 500))
pygame.display.set_caption("The Pie Game - Press 1,2,3,4")
myfont = pygame.font.Font(None, 60)
color = 200, 80, 60
x = 300
y = 250
radius = 200
screen.fill((0, 0, 200))
textImg1 = myfont.render("1", True, color)
screen.blit(textImg1, (x + radius / 2 - 20, y - radius / 2))
textImg2 = myfont.render("2", True, color)
screen.blit(textImg2, (x - radius / 2, y - radius / 2))
textImg3 = myfont.render("3", True, color)
screen.blit(textImg3, (x - radius / 2, y + radius / 2 - 20))
textImg4 = myfont.render("4", True, color)
screen.blit(textImg4, (x + radius / 2 - 20, y + radius / 2 - 20))
pygame.display.update()
```

10.3.4　事件循环

如果我们就此运行程序 10-1，则会发现窗口在快速出现后马上关闭。我们既无法看清窗口内容，又无法获取用户输入。需要用一个循环来捕获并处理事件。如果发生了用户单击窗口右上角的“×”关闭按钮的情况则关闭窗口。

```
while True:
   for event in pygame.event.get():
      if event.type==QUIT:
         sys.exit()
```

若把程序中清空背景、绘制文本和更新屏幕的代码放在事件循环中，则运行时，窗口就会固定显示而不会消失：

```
import math, pygame, sys
from pygame.locals import *

pygame.init()
screen = pygame.display.set_mode((600, 500))
pygame.display.set_caption("The Pie Game - Press 1,2,3,4")
myfont = pygame.font.Font(None, 60)

color = 200, 80, 60
x = 300
y = 250
radius = 200
while True:
    for event in pygame.event.get():
        if event.type==QUIT:
            sys.exit()
    screen.fill((0, 0, 200))
    textImg1 = myfont.render("1", True, color)
    screen.blit(textImg1, (x + radius / 2 - 20, y - radius / 2))
    textImg2 = myfont.render("2", True, color)
    screen.blit(textImg2, (x - radius / 2, y - radius / 2))
    textImg3 = myfont.render("3", True, color)
    screen.blit(textImg3, (x - radius / 2, y + radius / 2 - 20))
    textImg4 = myfont.render("4", True, color)
    screen.blit(textImg4, (x + radius / 2 - 20, y + radius / 2 - 20))
    pygame.display.update()
```

运行结果如图 10-7 所示。

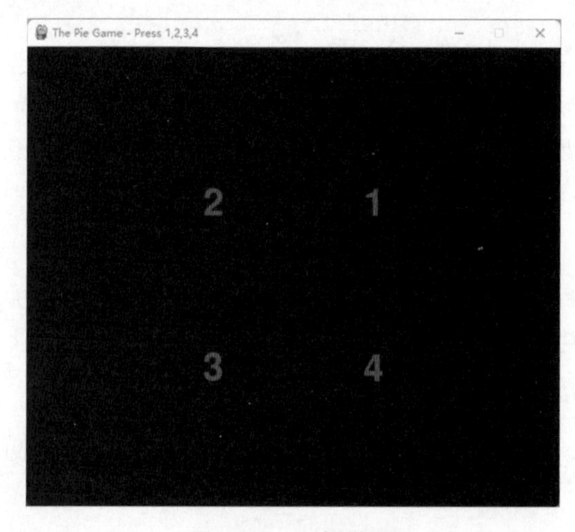

图 10-7　运行结果

每个游戏都有一个事件循环，也称主循环。主循环一般就做三件事：处理事件、更新游戏状态、在屏幕上绘制游戏状态。

用伪代码表示如下：

```
while True:
    for event in pygame.event.get():
    处理事件 event
    更新游戏状态
    在屏幕上绘制游戏状态
```

10.4　事件处理

接下来要处理游戏的事件响应。Pygame 中完整的事件列表如表 10-2 所示。

表 10-2　Pygame 中完整的事件列表

事件	产生途径	参数
QUIT	用户单击“关闭”按钮	none
ACTIVEEVENT	Pygame 被激活或者隐藏	gain,state
KEYDOWN	键盘按键按下	unicode,key,mod
KENUP	键盘按键释放	key,mod
MOUSEMOTION	鼠标移动	pos,rel,buttons
MOUSEBUTTONUP	鼠标按键按下	pos,button
MOUSEBUTTONDOWN	鼠标按键释放	pos,button
JOYAXISMOTION	游戏手柄轴移动	joy,axis,value
JOYBALLMOTION	游戏手柄球移动	joy,axis,value
JOYHATMOTION	游戏手柄帽移动	joy,axis,value
JOYBUTTONUP	游戏操纵杆按钮按下	joy,button
JOYBUTTONDOWN	游戏操纵杆按钮释放	joy,button
VIDEORESIZE	Pygame 窗口缩放	size,w,h
VIDEOEXPOSE	Pygame 窗口部分重绘	none
USEREVENT	用户自定义事件	code

Pygame 支持游戏手柄。如果要进行游戏手柄编程，则先需要插入游戏手柄，并在操作系统中进行正确配置后才能使用。其代码和键盘与鼠标代码是类似的。对此，本章不重点进行介绍。

10.4.1　键盘事件

键盘事件包括 KEYUP 和 KEYDOWN。在处理键盘按键按下事件时，响应 KEYDOWN 事件；在处理键盘按键释放事件时，响应 KEYUP 事件。

退出键响应：一般在游戏中使用 Escape 键作为默认的游戏退出键，这是终止程序的一种标准方式，在 Pie 游戏中也是如此。其响应代码参考如下：

```
while True:
    for event in pygame.event.get():
        if event.type==QUIT:
            sys.exit()
        elif event.type==KEYDOWN:
            if event.key==pygame.K_ESCAPE:
                sys.exit()
```

如果要处理很多键的输入，则可查看 key.name 属性，它会返回包含了键名的字符串。另一种方法是轮询键盘，后面会给出详细介绍。

在默认情况下，Pygame 捕获重复响应持续按下的键，它只是在该键第一次按下时发送一个事件。如果想让一个键持续按下时能够产生重复的事件，则必须用 pygame.key.set_repeat (delay,interval)函数打开键重复功能。该函数有两个参数、delay 是指按住某个键每隔多少毫秒产生一个键盘按键事件，delay 是指在多少毫秒后才开始触发这个事件。

在 Pie 游戏中设置四个布尔变量，分别表示用户是否按下 1、2、3、4 数字键。代码如下：

```
piece1 = False
piece2 = False
piece3 = False
piece4 = False
while True:
    for event in pygame.event.get():
        if event.type == QUIT:
            sys.exit()
        elif event.type == KEYUP:
            if event.key == pygame.K_ESCAPE:
                sys.exit()
            elif event.key == pygame.K_1:
                piece1 = True
            elif event.key == pygame.K_2:
                piece2 = True
            elif event.key == pygame.K_3:
                piece3 = True
            elif event.key == pygame.K_4:
                piece4 = True
```

10.4.2　鼠标事件

Pygame 支持的鼠标事件有 MOUSEMOTION、MOUSEBUTTONUP 和 MOUSEBUTTONDOWN。当鼠标事件发生时，需要通过传进来的事件参数读取事件属性。

对于 MOUSEMOTION 事件，属性是 event.pos、event.rel 和 event.buttons。使用这些属性的参考代码如下：

```
for event in pygame.event.get():
   if event.type == MOSUEMOTION:
       mouse_x,mouse_y=event.pos
              move_x,move_y=event.rel
```

对于 MOUSEBUTTONDOWN 和 MOUSEBUTTONUP 这两个事件，属性是 event.pos 和 event.buttons。使用这两个属性的代码如下：

```
for event in pygame.event.get():
   if event.type==MOSUEBUTTONDOWN:
       mouse_down=event.button
       mouse_down_x,mouse_down_y=event.pos
   elif event.type==MOUSEBUTTONUP:
       mouse_up=event.button
       mouse_up_x,mouse_up_y=event.pos
```

10.4.3　设备轮询

Pygame 中的事件处理系统并非检测用户输入的唯一方法，还可以通过轮询输入设备，来查看用户是否与程序交互。

Pygame 使用 pygame.key.get_pressed()来轮询键盘接口，该方法返回布尔值列表，在列表中每个键都有一个 True 或 False 的标志。通过键常量值来索引所得到的布尔值列表。通过轮询所有键，也可以检测多个键的按下状态。检测 Escape 键的代码如下：

```
keys=pygame.key.get_pressed()
if keys[K_ESCAPE]:
        sys.exit()
```

Pygame 还可以直接轮询鼠标。此时需要了解以下三个函数。

（1）pygame.mouse.get_pos()。返回鼠标当前位置的 x 和 y 值对：

```
pos_x,pos_y=pygame.mouse.get_pos()
```

（2）pygame.mouse.get_rel()。返回鼠标的相对移动距离：

```
rel_x,rel_y=pygame.mouse.get_rel()
```

（3）pygame.mouse.get_pressed()。读取鼠标按键，返回按键状态的一个数组：

```
button1,button2,button3=pygame.mouse.get_pressed()
```

10.5　基本绘制函数

继续 Pie 游戏的实现。程序中对 Esc 键和 1、2、3、4 数字键做了响应。当按下四个数字键时，应当绘制对应的 1/4 饼。Pygame 中使用 pygame.draw 库来绘制各种不同的形状。下面介绍一些常用绘图方法。

（1）pygame.draw.line(Surface,color,start_pos,end_pos,width)：此方法用于绘制一条线段。

（2）pygame.draw.aaline(Surface,color,start_pos,end_pos,blend)：此方法用于绘制一条抗锯齿的线。

（3）pygame.draw.lines(Surface,color,closed,pointlist,width)：此方法用于绘制一条折线。

（4）pygame.draw.rect(Surface,color,Rect)：此方法用于绘制一个矩形。

（5）pygame.draw.rect(Surface,color,Rect,width)：此方法用于绘制一个矩形框。

（6）pygame.draw.ellipse(Surface,color,Rect)：此方法用于绘制一个椭圆。

（7）pygame.draw.ellipse(Surface,color,Rect,width)：此方法用于绘制一个椭圆框。

（8）pygame.draw.polygon(Surface,color,pointlist,width)：此方法用于绘制一个多边形。

（9）pygame.draw.arc(Surface,color,Rect,start_angle,stop_angle,width)：此方法用于绘制一条弧线。

（10）pygame.draw.circle(Surface,color,Rect,radius)：此方法用于绘制一个圆。

1/4 饼就是 1/4 圆弧和线段的绘制，可以调用上述 arc()和 line()方法。先定义圆弧的外接四边形位置，以及所画线条的宽度。代码如下：

```
color = 200, 80, 60
x = 300
y = 250
radius = 200
width = 4
position = x - radius, y - radius, radius * 2, radius * 2
```

当按下不同的数字键时，绘制不同部位的 1/4 圆弧及相应线段的代码如下：

```
if piece1:
    start_angle = math.radians(0)
    end_angle = math.radians(90)
    pygame.draw.arc(screen, color, position, start_angle, end_angle, width)
    pygame.draw.line(screen, color, (x, y), (x, y - radius), width)
    pygame.draw.line(screen, color, (x, y), (x + radius, y), width)
if piece2:
    start_angle = math.radians(90)
    end_angle = math.radians(180)
    pygame.draw.arc(screen, color, position, start_angle, end_angle, width)
    pygame.draw.line(screen, color, (x, y), (x, y - radius), width)
    pygame.draw.line(screen, color, (x, y), (x - radius, y), width)
if piece3:
    start_angle = math.radians(180)
    end_angle = math.radians(270)
    pygame.draw.arc(screen, color, position, start_angle, end_angle, width)
    pygame.draw.line(screen, color, (x, y), (x - radius, y), width)
    pygame.draw.line(screen, color, (x, y), (x, y + radius), width)
if piece4:
    start_angle = math.radians(270)
    end_angle = math.radians(360)
    pygame.draw.arc(screen, color, position, start_angle, end_angle, width)
    pygame.draw.line(screen, color, (x, y), (x, y + radius), width)
    pygame.draw.line(screen, color, (x, y), (x + radius, y), width)
```

当按下全部四个数字键时，所绘图形的颜色变为绿色。

```
if piece1 and piece2 and piece3 and piece4:
    color = 0, 255, 0
```

完整的 Pie 游戏的代码如下：

```
import math, pygame, sys
from pygame.locals import *

#初始化 Pygame
pygame.init()

#设置窗口大小及标题
screen = pygame.display.set_mode((600, 500))
pygame.display.set_caption("The Pie Game - Press 1,2,3,4")

#创建字体对象
myfont = pygame.font.Font(None, 60)

#设置颜色、位置、半径、线宽等参数
color = 200, 80, 60
x = 300
y = 250
radius = 200
width = 4
position = x - radius, y - radius, radius * 2, radius * 2

#初始化四个布尔变量，记录数字键是否按下
piece1 = False
piece2 = False
piece3 = False
piece4 = False

#主循环
while True:
    for event in pygame.event.get():
        if event.type == QUIT:
            sys.exit()
        elif event.type == KEYUP:
            if event.key == pygame.K_ESCAPE:
                sys.exit()
            elif event.key == pygame.K_1:
                piece1 = True
            elif event.key == pygame.K_2:
                piece2 = True
```

```
            elif event.key == pygame.K_3:
                piece3 = True
            elif event.key == pygame.K_4:
                piece4 = True

#清空屏幕
screen.fill((0, 0, 200))
#绘制数字提示
    textImg1 = myfont.render("1", True, color)
    screen.blit(textImg1, (x + radius / 2 - 20, y - radius / 2))
    textImg2 = myfont.render("2", True, color)
    screen.blit(textImg2, (x - radius / 2, y - radius / 2))
    textImg3 = myfont.render("3", True, color)
    screen.blit(textImg3, (x - radius / 2, y + radius / 2 - 20))
    textImg4 = myfont.render("4", True, color)
    screen.blit(textImg4, (x + radius / 2 - 20, y + radius / 2 - 20))

#根据数字键按下情况绘制饼图
    if piece1:
        start_angle = math.radians(0)
        end_angle = math.radians(90)
        pygame.draw.arc(screen, color, position, start_angle, end_angle, width)
        pygame.draw.line(screen, color, (x, y), (x, y - radius), width)
        pygame.draw.line(screen, color, (x, y), (x + radius, y), width)
    if piece2:
        start_angle = math.radians(90)
        end_angle = math.radians(180)
        pygame.draw.arc(screen, color, position, start_angle, end_angle, width)
        pygame.draw.line(screen, color, (x, y), (x, y - radius), width)
        pygame.draw.line(screen, color, (x, y), (x - radius, y), width)
    if piece3:
        start_angle = math.radians(180)
        end_angle = math.radians(270)
        pygame.draw.arc(screen, color, position, start_angle, end_angle, width)
        pygame.draw.line(screen, color, (x, y), (x - radius, y), width)
        pygame.draw.line(screen, color, (x, y), (x, y + radius), width)
    if piece4:
        start_angle = math.radians(270)
        end_angle = math.radians(360)
        pygame.draw.arc(screen, color, position, start_angle, end_angle, width)
        pygame.draw.line(screen, color, (x, y), (x, y + radius), width)
        pygame.draw.line(screen, color, (x, y), (x + radius, y), width)
#如果四个数字键都被按下，绘制完整的饼，并将颜色设为绿色
```

```
    if piece1 and piece2 and piece3 and piece4:
        color = 0, 255, 0
    pygame.display.update()
```

运行结果如图 10-8 所示。

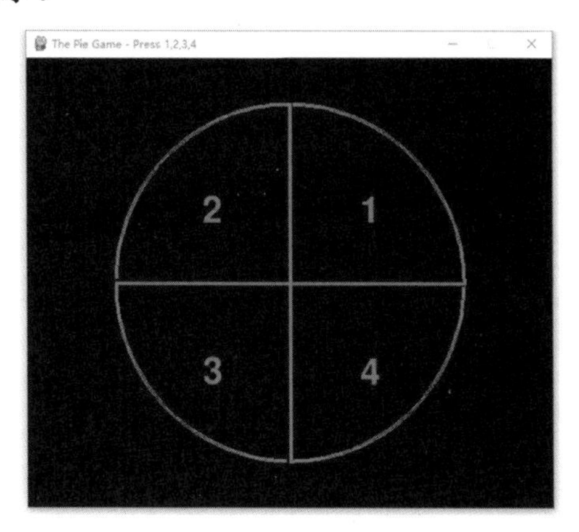

图 10-8 运行结果

10.6 位图和动画

在 Pygame 中既可以使用 pygame.Surface 与 pygame.image 模块加载和绘制位图，也可以用 pygame.spirit 模块实现动画效果。

10.6.1 位图

Pygame 可以通过 pygame.image.load()函数处理 JPG、PNG、GIF、BMP、PCX、TGA、TIF、LBM、PBM、PGM、PPM、XMP 等格式的位图文件。加载位图的代码如下：

```
space=pygame.image.load("space.png").convert()
```

convert()函数将位图转换为窗口的本地颜色深度。如果没有在加载图像时进行转换，则在每次绘制时都要进行转换。该函数还有另一种形式即 convert_alpha()，在加载必须使用透明方式绘制的位图时使用该函数。

在 Pygame 中，位图也称 Surface。之前我们使用的“屏幕”对象就是一个 Surface。当通过调用 pygame.display.set_mode()创建 Pygame 窗口时，返回的就是一个 Surface 对象。Pygame 使用 Surface 对象来绘制位图。Surface 类有一个名为 blit()的函数用来绘制位图。blit 是“bit block transfer”的缩写，它是把一块内存从一个位置复制到另一个位置的绘制方法。例如，把加载的 space 位图从左上角开始绘制：

```
screen.blit(space,(0,0))
```

使用 surface.get_size()可以获取位图的宽度和高度，也可以分别使用 surface.get_width()和 surface.get_height()获取宽度与高度。例如：

```
width,height=space.get_size()
screen.blit(space,(400-width/2,300-height/2))
```

另外，使用 pygame.transform 模块可以对位图进行缩放、翻转及其他操作。

10.6.2 动画

在 Pygame 中，pygame.sprite 模块可以实现动画，它并不是完整的解决方案，其功能比较少，但它是 Pygame 动画学习的起点。pygame.sprite.Sprite 包含一幅图像（image）和一个位置（rect），编写动画代码需要围绕这两个属性进行。先介绍如何使用 Sprite 类加载动画。通过定义自己的 Sprite 类来扩展其功能，从而提供一个功能较完备的 Sprite 类来实现想要的功能。

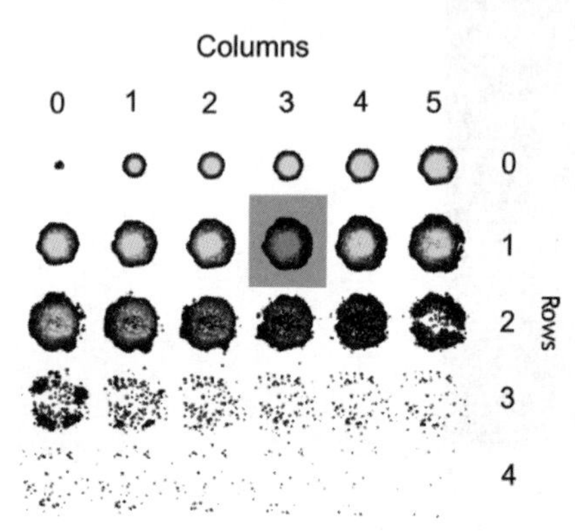

图 10-9 典型的精灵序列图

1. 精灵序列图

先将要加载的动画帧放在一个精灵序列图里，然后在程序里调用它。Pygame 会自动更新动画帧，这样一个动态的图像就展现出来了。图 10-9 是一个典型的精灵序列图，Rows（行）和 Columns（列）的索引都从 0 开始。

2. 加载精灵序列图

在加载精灵序列图时，需要获知程序一帧的大小（传入帧的宽度和高度、文件名）。同时，还需要告诉精灵，精灵序列图里有多少列。load()函数可以加载一个精灵序列图：

```
def load(self, filename, width, height, columns):
    self.master_image = pygame.image.load(filename).convert_alpha()
    self.frame_width = width
    self.frame_height = height
    self.rect = 0,0,width,height
    self.columns = columns
```

3. 更新帧

一个循环动画通常是这样工作的：从第一帧不断加载，直到最后一帧为止，然后再返回第一帧，并不断重复这个操作。

```
self.frame += 1
if self.frame>self.last_frame:
self.frame = self.first_frame
```

如果只是这样做的话，则程序会一口气将动画播放完。如果想让它根据时间一张一张地播放，需要加入定时的代码。

首先，使用 pygame.time.Clock()方法创建一个帧速率对象变量，设置帧速率的代码如下：

```
framerate=pygame.time.Clock()
framerate.tick(30)
```

当调用 Clock()方法的时候，启动一个内部定时器，可以选择将游戏设置为固定的帧速率运行。在游戏主循环中，调用 framerate.tick(30)设置帧速率为 30。

其次，还需要一个定时变量，它并不是以帧速率的速度运行，而是以毫秒级的速度运行。Pygame 中的 time 模块有一个 get_ticks()方法可以满足定时的需要。

```
ticks=pygame.time.get_ticks()
```

最后，将 ticks 变量传给 sprite 的 update 函数，这样就可以轻松让动画按照帧速率来播放了。

4. 绘制帧

Sprite.draw()方法是用来绘制帧的，但这个函数是由精灵自动调用的，我们没有办法重写，因此需要在 update 函数里做一些工作。

首先计算单个帧左上角的 x、y 位置值，然后将计算好的 x、y 位置值传递给位置 rect 属性：

```
frame_x = (self.frame % self.columns) * self.frame_width
frame_y = (self.frame // self.columns) * self.frame_height
rect = ( frame_x, frame_y, self.frame_width, self.frame_height )
self.image = self.master_image.subsurface(rect)
```

5. 精灵组

当程序中有大量对象实例时，操作这些实例是一件麻烦的事情，使用精灵组可以将这些精灵放在一起统一管理。Pygame 使用精灵组来管理精灵的绘制和更新，精灵组是一个简单的容器。使用 pygame.sprite.Group()函数可以创建一个精灵组：

```
group=pygame.sprite.Group()
group.add(sprite_one)
```

其中，参数 sprite_one 是已经创建的一个精灵对象。精灵组也有 update()和 draw()方法：

```
group.update()
group.draw()
```

精灵组的 update()方法可以让组里所有的精灵调用自己的 update()方法更新位置，而精灵组的 draw()方法可以在屏幕上绘制组中所有精灵。为了测试程序，制作如图 10-10 所示的简单精灵序列图。

图 10-10　简单精灵序列图

然后将精灵序列图命名为 sprite.png，并将其存储在于 Pygame 代码文件相同的路径下，最后再给出完整的自定义精灵类及它的使用代码：

```
import pygame
from pygame.locals import *

class MySprite(pygame.sprite.Sprite):
    def __init__(self, target):
pygame.sprite.Sprite.__init__(self)
        self.target_surface = target
```

```
        self.image = None
        self.master_image = None
        self.rect = None
        self.topleft = 0,0
        self.frame = 0
        self.old_frame = -1
        self.frame_width = 1
        self.frame_height = 1
        self.first_frame = 0
        self.last_frame = 0
        self.columns = 1
        self.last_time = 0
    def load(self, filename, width, height, columns):
    self.master_image = pygame.image.load(filename).convert_alpha()
        self.frame_width = width
        self.frame_height = height
        self.rect = 0,0,width,height
        self.columns = columns
        rect = self.master_image.get_rect()
        self.last_frame = (rect.width // width) * (rect.height // height) - 1
    def update(self, current_time, rate=60):
    if current_time > self.last_time + rate:
    self.frame += 1
    if self.frame > self.last_frame:
        self.frame = self.first_frame
    self.last_time = current_time
        if self.frame != self.old_frame:
    frame_x = (self.frame % self.columns) * self.frame_width
    frame_y = (self.frame // self.columns) * self.frame_height
    rect = ( frame_x, frame_y, self.frame_width, self.frame_height )
    self.image = self.master_image.subsurface(rect)
            self.old_frame = self.frame

pygame.init()
screen = pygame.display.set_mode((800,600),0,32)
pygame.display.set_caption("精灵类测试")
font = pygame.font.Font(None, 18)
framerate = pygame.time.Clock()
cat = MySprite(screen)
cat.load("sprite.png", 100, 100, 4)
group = pygame.sprite.Group()
group.add(cat)
while True:
```

```
    framerate.tick(30)
    ticks = pygame.time.get_ticks()
    for event in pygame.event.get():
        if event.type == pygame.QUIT:
            pygame.quit()
            exit()
    key = pygame.key.get_pressed()
    if key[pygame.K_ESCAPE]:
    exit()
    screen.fill((0,0,100))
    group.update(ticks)
    group.draw(screen)
    pygame.display.update()
```

运行结果如图 10-11 所示。

图 10-11　运行结果

10.7　播放音频

在 Pygame 中播放音频有两个方法：一个方法用来播放特效声音，另一个方法用来播放背景音乐。

（1）pygame.mixer.Sound(filename)：该方法返回一个 Sound 对象，调用它的 play()方法，即可播放较短的音频文件（比如玩家受到伤害、收集到金币等）。

（2）pygame.mixer.music.load(filename)：该方法用来加载背景音乐，之后调用 pygame.mixer.music.play()方法就可以播放背景音乐。Pygame 只允许在同一个时刻加载一个背景音乐。

实例代码如下：

```
import pygame,sys
from pygame.locals import *
```

```
pygame.init()
screen=pygame.display.set_mode((500,400))
pygame.display.set_caption('Audio')
WHITE=(255,255,255)
screen.fill(WHITE)

sound=pygame.mixer.Sound('bounce.ogg')
sound.play()
pygame.mixer.music.load('bgmusic.mp3')
pygame.mixer.music.play(-1,0.0)

while True:
    for event in pygame.event.get():
        if event.type==QUIT:
            pygame.mixer.music.stop()
            pygame.quit()
            sys.exit()
        pygame.display.update()
```

10.8　Cat Catcher 游戏实现

本游戏综合了鼠标输入、一些基本图形绘制、播放音频、精灵图的使用及一些碰撞检测的原理。当小猫到达屏幕底部的时候，玩家没有抓住它就会丢掉性命（性命数显示在左上方）。如果小猫撞击到挡板，则玩家抓住了小猫，另一个随机产生的小猫还会继续落下。程序代码如下：

```
import sys, random, pygame
from pygame.locals import *

class CatSprite(pygame.sprite.Sprite):
    def __init__(self, target):
        pygame.sprite.Sprite.__init__(self)
        self.target_surface = target
        self.image = None
        self.master_image = None
        self.rect = None
        self.frame = 0
        self.old_frame = -1
        self.frame_width = 1
        self.frame_height = 1
        self.first_frame = 0
        self.last_frame = 0
        self.columns = 1
```

```
        self.last_time = 0

    def load(self, filename, width, height, columns):
        self.master_image = pygame.image.load(filename).convert_alpha()
        self.frame_width = width
        self.frame_height = height
        self.rect = 0, 0, width, height
        self.columns = columns
        rect = self.master_image.get_rect()
        self.last_frame = (rect.width // width) * (rect.height // height) - 1

    def update(self, current_time, rate=60):
        if current_time > self.last_time + rate:
            self.frame += 1
            if self.frame > self.last_frame:
                self.frame = self.first_frame
            self.last_time = current_time
        if self.frame != self.old_frame:
            frame_x = (self.frame % self.columns) * self.frame_width
            frame_y = (self.frame // self.columns) * self.frame_height
            rect = (frame_x, frame_y, self.frame_width, self.frame_height)
            self.image = self.master_image.subsurface(rect)
            self.old_frame = self.frame

def print_text(font, x, y, text, color=(255, 255, 255)):
    imgText = font.render(text, True, color)
    screen.blit(imgText, (x, y))

pygame.init()
screen = pygame.display.set_mode((800, 600))
pygame.display.set_caption("Cat Catching Game")
font1 = pygame.font.Font(None, 24)
framerate = pygame.time.Clock()
cat = CatSprite(screen)
cat.load("sprite.png", 100, 100, 4)
group = pygame.sprite.Group()
group.add(cat)
pygame.mouse.set_visible(True)
white = 255, 255, 255
red = 220, 50, 50
yellow = 230, 230, 50
black = 0, 0, 0
```

```
lives, score, game_over = 3, 0, True
mouse_x = mouse_y = 0
pos_x = 300
pos_y = 560
cat_x = random.randint(0, 700)
cat_y = -50
vel_y = 10

pygame.mixer.music.load('bgmusic.mp3')
pygame.mixer.music.play(-1, 0.0)

while True:
    framerate.tick(30)
    ticks = pygame.time.get_ticks()
    for event in pygame.event.get():
        if event.type == QUIT:
            sys.exit()
        elif event.type == MOUSEMOTION:
            mouse_x, mouse_y = event.pos
            move_x, move_y = event.rel
        elif event.type == MOUSEBUTTONUP:
            if game_over:
                lives, score, game_over = 3, 0, False
    keys = pygame.key.get_pressed()
    if keys[K_ESCAPE]:
        sys.exit()
    screen.fill((0, 0, 100))
    if game_over:
        print_text(font1, 100, 200, "<CLICK TO PLAY>")
    else:
        cat_y += vel_y
        cat.rect = cat_x, cat_y, 100, 100
        if cat_y > 600:
            if cat_x + 100 < pos_x or cat_x > pos_x + 120:
                cat_x = random.randint(0, 700)
                cat_y = -50
                lives -= 1
                if lives == 0:
                    game_over = True
        elif cat_y + 100 > pos_y:
            if pos_x + 120 > cat_x > pos_x - 100:
                score += 10
                cat_x = random.randint(0, 700)
```

```
                cat_y = -50
        group.update(ticks)
        group.draw(screen)
        pos_x = mouse_x
        if pos_x < 0:
            pos_x = 0
        elif pos_x > 700:
            pos_x = 700
        pygame.draw.rect(screen, black, (pos_x - 4, pos_y - 4, 120, 40), 0)
        pygame.draw.rect(screen, red, (pos_x, pos_y, 120, 40), 0)
    print_text(font1, 0, 0, "LIVES:" + str(lives))
    print_text(font1, 700, 0, "SCORE:" + str(score))
    pygame.display.update()
```

运行结果如图 10-12 所示。

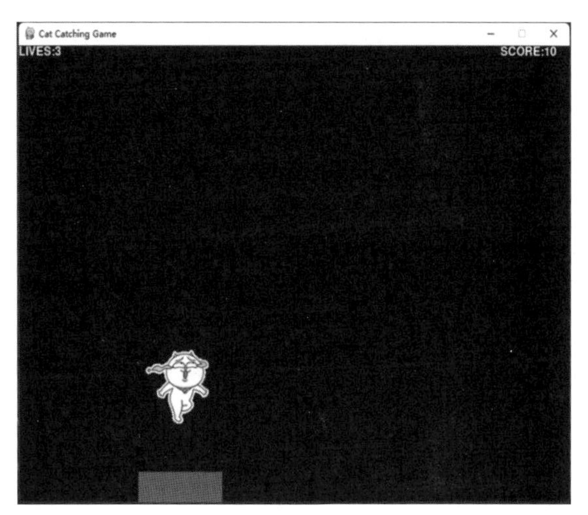

图 10-12　运行结果

上述例子主要展示了精灵组和矩形之间的碰撞检测。实际上，sprite 模块中的碰撞检测可以分为以下几类。

（1）两个精灵之间的矩形碰撞检测：collide_rect(first_sprite, second_sprite)。

（2）两个精灵之间的圆碰撞检测：collide_circle(first_sprite, second_sprite)。

（3）两个精灵之间的像素精确遮罩碰撞检测：collide_mask(first_sprite, second_sprite)。

（4）精灵与精灵组之间的矩形碰撞检测：spritecollide(sprite,group,False)，第三个参数如果为 True，则组中所有冲突的精灵都会被删除；如果为 False 则不会被删除。

（5）精灵组之间的矩形碰撞检测：groupcollide(first_group,second_group, True,False)，两个布尔值参数指明了当发生碰撞时是否应该从两个组中删除精灵。

10.9　小结

在游戏开发领域，Python 也得到越来越广泛的应用。本章首先介绍了 Pygame 的安装及相关基础知识：坐标、颜色和字体。然后，通过介绍 Pie 游戏的开发引入了 Pygame 的使用、初始化与窗口创建、文本打印、事件循环及处理、基本绘制函数、位图与动画的使用、音频播放。最后，通过一个完整的 Cat Catcher 游戏巩固了上述知识点的使用。

第 11 章 Python 函数式编程

视频分析

按照编程范式分类，编程语言可以分为命令式编程语言（或称面向过程编程语言）、面向对象编程语言、函数式编程语言和逻辑式编程语言这四大类。其中，Python 既是面向对象编程语言，也是函数式编程语言，是支撑这两种范式的混合语言。Python 既具有较好的面向对象性能，又具有优秀的函数式风格。下面来看一个例子，假设需要过滤一个数值列表 lst 中的所有正数并将其存放在一个新列表 new_lst 中，通常实现代码如下：

```
new_lst = list()
    for i in range(len(lst)):
      if lst[i] > 0:
        new_lst.append(lst[i])
```

这段代码将从创建新列表、循环、取出元素、判断、添加至新列表的整个流程完整地展示出来，相当于手把手地指导解释器该如何一步一步地进行工作。实际上，Python 还可以通过另一种方式满足上述要求，代码如下：

```
new_lst = filter(lambda n: n>0, lst)
```

仅用一条语句便完成了任务。这便是 Python 的函数式特性及函数式风格支撑了这条看似奇怪的语句。那么，这又是一种什么样的语法格式呢？为什么它能实现从列表中过滤出元素？这就需要了解和学习的函数式编程范式。

11.1 函数式编程概述

Python 函数式编程是学习 Python 中最难的一部分，甚至有些 Python 程序员也不了解函数式编程的特性，比如不会将函数当成参数一样传递给另一个函数；也不知道 lambda 是什么；不使用 map()、filter()、reduce()等高阶函数简化代码等。实际上，学习并使用函数式编程风格可以颠覆我们之前所学的整个编程思想，还会有意想不到的收获。

11.1.1 什么是函数式编程

函数式编程是一种将函数作为程序组成的基本单元的方法。函数式程序可以看成一系列嵌套函数的集合，而函数式程序的执行可以看成对这一系列嵌套函数的调用。在函数式程序中，输入的数据“流经”这一系列嵌套函数，每个函数根据输入的数据产生对应的输出。

函数式程序中的函数主要有三个特性，即引用透明（Referential Transparency）、无副作用（No Side Effort）和纯函数（Pure Function）。

引用透明要求函数的运行不依赖于外部变量或状态，只依赖于输入的参数，且任何时候只要参数相同，函数所得到的返回值必须相同。无副作用要求函数在正常工作任务之外并没有对外部环境（主函数）施加任何附加影响，如修改了函数的外部变量或参数，改变程序内部状态等。纯函数要求函数同时是引用透明和无副作用的，即函数的输出仅和输入的数据有关，并不受程序内部状态的影响，任何情况下，将相同的数据传递给函数始终能产生同样的结果，而且不会改变程序内部的状态。通过下面一个简单的例子来说明。

```
a = 1
def func(b):
  global a
  a = a + b
  return a

x = func(2)
y = func(2)
print(x, y)
```

在上面代码中，定义了一个函数 func()，两次调用函数 func()，并将其结果打印出来。若执行上述代码，屏幕上打印出的结果分别是 3 和 5。那么读者可以思考一下，这是否符合函数式编程的特征？答案是否定的。函数 func()不仅和输入数据 b 有关，还依赖于一个外部变量 a，调用了两次函数 func()，在函数 func()两次输入数据相同的情况下，输出结果不同，所以不是引用透明；函数 func()在调用之后不只是简单地返回一个值，还修改了函数 func()的外部变量 a（或称全局变量 a），所以函数 func()是有副作用的。因此，函数 func()既不是引用透明，也有副作用，不是纯函数。对函数 func()修改如下：

```
def func1(a, b):
      a = a + b
      return a
x = func1(1, 2)
y = func1(1, 2)
pirnt(x, y)
```

函数 func1()的输出只和函数的输入数据有关，不依赖于外部变量或状态，并且函数 func1()也不会改变其外部变量或状态。因此，函数 func1()既是引用透明，也是无副作用，还是纯函数。

对于如何判断一个函数的副作用，简单来说，只要是与函数外部环境发生的交互则是副作用。具体地说，当完成了函数既定的计算任务后，但同时因为访问了外部数据，尤其是因为对外部数据进行了写操作，从而在一定程度上改变了系统环境，这就是函数的副作用。函数式编程通常反对使用带有副作用的函数，函数的副作用会修改程序内部状态，或者引起一些无法体现在函数的返回值中的变化，所以该副作用有时会给程序设计带来不必要的麻烦，给程序带来十分难以查找的错误，并且降低程序的可读性。但并不是说要禁止一切副作用，而是要让它们在可控的范围内发生。例如，在 Python 中，调用函数 print()或者 time.sleep()并不会返回有用的结果；它们的用途只在于副作用，向屏幕发送一段文字或暂停一秒钟。

纯函数是模块化的、可组合，因为它从返回值和输入参数中分离了计算本身的逻辑，就像一个黑盒子。而且，纯函数还有可缓存、可移植、可测试、可并行等优点：纯函数可以根据输入来缓存结果，可以加快程序重复执行时的运算速度；纯函数因为其固定的输入与输出，使得测试更加简便；纯函数还使得维护和重构代码变得更加容易，可以放心地重构一个纯函数，不必操心没注意到的副作用搞乱了整个应用而导致最终程序崩溃；因为纯函数不需要访问共享内存，所以函数间也不会因为引用而进入竞争状态。正确地使用纯函数可以产生更加高质量的代码，并且也是一种更加干净的编码方式。

对比面向对象编程和函数式编程，可以认为函数式编程刚好站在了面向对象编程的对立面。面向对象编程通常包含内部状态（字段）和许多能修改这些状态的函数，程序则由不断修改状态构成；函数式编程极力避免状态改动，并通过在函数间传递数据流进行工作。但这并不是说无法同时使用函数式编程和面向对象编程，事实上，复杂的系统一般会采用面向对象技术建模，但混合使用函数式风格还能让开发人员额外享受函数式风格的优点。

11.1.2　函数是一等公民

一等公民（First-class citizen）与函数有什么样的关系？为了解释这个问题，先来看看关于一等公民在维基百科中的定义：In programming language design, a first-class citizen (also type, object, entity, or value) in a given programming language is an entity which supports all the operations generally available to other entities. These operations typically include being passed as an argument, returned from a function, modified, and assigned to a variable。

上段英文的大意是说，在编程语言中，一等公民，是指支持所有操作的实体，这些操作通常包括作为函数参数，作为函数返回值，修改并分配赋值给变量等。比如，字符串在几乎所有编程语言中都是一等公民，字符串可以作为参数传递给函数，字符串可以作为函数返回值，字符串也可以赋值给变量。类似地，函数若是一等公民，则意味着可以把函数赋值给变量或存储在数据结构中，也可以把函数作为其他函数的输入参数或者返回值。

关于函数作为一等公民的概念是在 1960 年由英国计算机学家克里斯 • 托弗（Christopher Strachey）提出的。然而，并非所有编程语言都将函数作为一等公民，特别是在早期，比如，在 C 语言中，函数就不是一等公民，一些功能通过函数指针来实现；再比如 C++、Java 等中的函数式功能都是在后来的版本中才加上的。一般来说，函数式编程语言、动态语言和现代编程语言，通常都会将函数作为一等公民，比如 Scala、Julia 等函数式语言，Python、JavaScript 等动态语言，Go、Rust、Swift 等现代编译型语言都将函数视为一等公民。

下面，先看看在 Python 中，函数作为一等公民是如何赋值给其他变量的。假设有四个函数 add()、multiply()、succ()、pred()：

```
def add(a, b):
  return a + b
def multiply(a, b):
  return a * b
def succ(a):
  return a + 1
def pred(a):
  return a - 1
```

可以创建一组变量，将函数分别赋值这些变量，然后变量就可以替代其引用的函数，执行函数调用的所有操作。在 Python 的交互模式下，导入上述四个函数后，操作如下：

```
>>> f1 = add
>>> f2 = multiply
>>> f3 = succ
>>> f4 = pred
>>> f1(1,2)
3
>>> f2(1,2)
2
>>> f3(1)
2
>>> f4(1)
0
```

在上面的例子中，特别需要注意函数括号的用法，在什么情况下需要加括号，而在什么情况下不需要加括号。在对变量进行赋值时，直接将函数名赋值给变量，不需要加括号。将变量当成函数进行调用时需要加括号及参数。换个角度来看，变量就相当于函数名的另一个名字，称为函数别名，与原名的使用方法一致，而原函数名也可以像普通变量一样在程序中使用，将函数赋值给变量，为使用、存储和操作函数提供了一种强大的程序设计方法。比如，函数也可以像普通变量一样存储在列表中，并能赋值给循环变量，然后通过循环变量调用：

```
>>> funclst = [add, multiply, succ, pred]
>>> for f in funclst:
...   print(f(1, 2))
...
3
2
2
0
```

11.1.3　Lambda 表达式

Lambda 表达式本质上就是一个匿名函数，Lambda 表达式由数学中的 λ 演算得名。下面就用几个例子引出什么是匿名函数。假设给定一个二元函数 $f(x, y) = x + y$ ，函数名是 f，两个参数分别是 x 与 y，函数的返回值为 x+y。当将数值 1 和 2 分别传递给 x 与 y 时，可得 $f(1,2) = 1 + 2 = 3$ 。

这种函数的表示法的优点是：对函数的表述比较完整。其实对于函数来说，还有其他的表示法，比如在一些计算机编程的书籍或文献中，会以如下的形式重写函数 f(x,y)，(x,y)→x+y。

这种函数表示法称为匿名函数，因为相对于 f(x,y)=x+y 的函数名 f，(x,y)→x+y 的确没有函数名，但如果非要追根到底问其名字的话，则这个函数的整体就是其函数名。其实这也不难理解，每个人都有自己名字，名字可以代表其本人。但如果一个人没有名字，也不能说明这个人不存在。人是主体，人的名字只是为了方便而使用的代号而已。如果一个人没有名字，则他本人就能指代他的名字。对于函数也是一个道理。因此，f 和(x,y)→x+y 其实是等价的，都是同一个函数的函数名（都代表同一个函数），即 $f \equiv (x,y) \to x+y$ 。

既然两者等价，不妨将 f 和(x,y)→x+y 做个替换，可得 $((x,y) \to x+y)(x,y) = x+y$ 。

那么，当把 1 和 2 分别传递给 x,y 时， $((x,y) \to x+y)(1,2) = 1+2 = 3$ 。

由此可见，有名函数和匿名函数其实本质上是完全相同的，只是表示方法不同。

在 Python 中，一些简单的函数同样可以使用有名函数和匿名函数这两种方式来表示。其中，有名函数表示法就是使用关键字 def 来定义函数，比如有名函数 add()定义如下：

```
def add(x, y):
  return x + y
```

因此，该函数的函数名为 add，包含两个参数（分别是 x 和 y），函数返回值是 x+y。

Python 中的匿名函数本质上也是使用函数本身指代函数，将其称为 Lambda 表达式，Lambda 表达式主要由三部分组成，分别是 lambda 关键字、函数参数（若有多个参数，则使用逗号隔开）、函数返回值的表达式。其中，函数参数与函数返回值的表达式之间要使用冒号隔开，具体格式如下：

```
lambda 参数1,参数2,…,参数n:单行表达式或函数调用
```

与函数 add()完全等价的匿名函数如下：

```
lambda x, y: x+y
```

其中，lambda 关键字表明此表达式为一个匿名函数，匿名函数的参数为 x 和 y，返回值为 x+y。接着在 Python 交互模式下验证有名函数 add()和 Lambda 表达式 lambda x, y: x + y 的等价关系：

```
>>> def add(x,y):
...  return x+y
...
>>> add(1,2)
3
>>> (lambda x, y: x+y)(1,2)
3
```

由此可见，匿名函数可以像有名函数一样使用，但要注意的是，在 Python 中使用 Lambda 表达式时，一般需要用括号将整个表达式括起来使用。同时也可以看出，相比于有名函数，匿名函数（Lambda 表达式）更加简洁和高效。

特别是，在 Python 中，匿名函数虽然没有显示的命名，但也可以给匿名函数（Lambda 表达式）取个名字并且使用它：

```
>>> f = lambda x, y : x + y
>>> f(1,2)
3
>>> f(2,3)
5
```

使用 Lambda 表达式的主要优点是：函数可以赋值给一个变量，可以提高函数的通用性；对于只需要使用一次函数，可以通过 Lambda 表达式来减少代码量。

还需要注意，对于 Lambda 表达式来说，参数可有可无；普通函数的参数用法在 Lambda 表达式中也完全适用；Lambda 表达式能接收任何数量的参数，但只能返回一个表达式的值，示例如下：

```
>>> f1 = lambda : 10 + 20
>>> f1()
30
>>> f2 = lambda *args : args
>>> f2(1,2,3)
(1,2,3)
>>> f3 = lambda *args : sum(args)
>>> f3(1,2,3)
6
>>> f4 = lambda **kwargs : kwargs
>>> f4(name="Alice", age=20)
{'name': 'Alice', 'age': 20}
>>> f5 = lambda a,b,c=10 : a + b + c
>>> f5(1,2,3)
6
>>> f5(1,2)
13
```

和普通函数相比，Lambda 表达式中不能使用 while 循环、for 循环，只能编写单行的表达式，或函数调用；Lambda 表达式的返回结果也不需要使用 return，表达式的运行结果就是返回结果；有时，Lambda 表达式中也可以不返回结果，比如 lambda : print("hello world")。但是，在 Lambda 表达式中既可以使用 if else 双分支选择结构，也可以使用嵌套式选择结构，示例如下：

```
>>> f1 = lambda x, y : x if x > y else y
>>> f1(1,3)
3
>>> f2 = lambda x, y, z : x if x > y else (z if x> z else y)
>>> f2(1,2,3)
2
```

11.1.4　柯里化函数

函数作为一等公民，除可以赋值给变量外，还必须可以作为其他函数的参数，或作为其他函数的返回值。我们将返回值为一个函数的函数称为柯里化函数。

但在介绍柯里化函数之前，先思考这样一个问题：一个二元函数是否可转变成一个一元函数？答案是肯定的，这个回答可能会使读者感到惊讶，但实际上确实如此。假设给定一个二元函数 f(x,y)，然后将参数 x=1 和 y=2 传递给 f(x,y)计算函数的值，方法有两种：第一，可以先把 x=1 代入，然后把 y=2 代入进行求解；第二，可以将 x=1 和 y=2 同时代入求解。如果采用第一种将参数先后代入的方法，那么一个二元函数就变成了一元函数。举个例子，假设给定一个二元匿名函数 $(x,y)\to x+y$，可以得出如下等价关系：$(x,y)\to x+y\equiv x\to(y\to x+y)\equiv y\to(x\to x+y)$。

由上述恒等式可知，二元匿名函数 $(x,y)\to x+y$ 与函数 $x\to(y\to x+y)$ 和函数 $y\to(x\to x+y)$ 之间相互等价。

函数 $x\to(y\to x+y)$ 和 $y\to(x\to x+y)$ 都是一元函数，也是柯里化函数。$x\to(y\to x+y)$ 是一个由变量 x 映射到函数 $y\to x+y$ 的函数，$y\to(x\to x+y)$ 是一个由变量 y 映射到函数 $x\to x+y$ 的函数。它们作为柯里化函数的特点就是都把一个函数作为返回值。

接着来看看如何求解此类函数，将 x=1，y=2 代入二元函数 $(x,y)\to x+y$：$((x,y)\to x+y)(1,2)=1+2=3$。

将 x=1，y=2 先后代入柯里化函数 $x\to(y\to x+y)$：$((x\to(y\to x+y))(1))(2)=(y\to 1+y)(2)=1+2=3$。

将 y=2，x=1 先后代入柯里化函数 $y\to(x\to x+y)$：$((y\to(x\to x+y))(2))(1)=(x\to x+2)(1)=1+2=3$。

由此，也可以看出柯里化函数本质上就是对多元函数参数的分步调用。而将多元函数转化成一元函数的过程，也就称为函数柯里化（Currying）。

函数柯里化这个做法其实最早来源于 λ 演算（Lambda Calculus）的设计。因为 λ 演算中的函数都只有一个参数，所以为了能够表示多参数的函数，哈斯凯尔·柯里发明了这个方法。

函数柯里化是解释型程序设计语言中常见的一种特性，Python、JavaScript 都支持函数柯里化，有两种理解，当然这两种理解的本质实际上是表达同一层含义。

定义一：柯里化是一个函数中有个多个参数，若只固定其中某个或者几个参数的值，而接收另外几个还未固定的参数，则函数就演变成了一个新的函数。

定义二：函数柯里化又称部分求值。一个柯里化函数首先会接收一些参数，在接收了这些参数之后，该函数并不会立即求值，而是继续返回另外一个函数，刚才传入的参数在函数形成的闭包中被保存起来。待到函数被真正需要求值时，之前传入的所有参数才会被一次性用于求值。

定义三：一些函数式语言的工作原理是将多参数函数转化为单参数函数集合，这一过程称为柯里化，其形式相当于将函数 $z=f(x, y)$转换成 $z=(f(x))(y)$或 $z=f(x)(y)$的形式。在柯里化之前，函数 $z=f(x, y)$接收两个参数，经过柯里化之后，变为两个接收单参数的函数 f(x)、(f(x))(y)或 f(x)(y)。

由于 Python 语言支持函数式范式的特征，所以在 Python 中也可以实现柯里化函数。一个普通的二元函数 add()的写法如下：

```
>>> def add(x, y):
...   return x + y
...
>>> add(1,2)
3
```

若要将二元函数 add()转化为柯里化函数，则需要将原有函数内的一层映射转变为两层映射。柯里化的写法如下：

```
>>> def curryAdd(x):
```

```
...   def curryAddX(y):
...     return x + y
...   return curryAddX
...
>>> curryAdd1 = curryAdd(1)
>>> curryAdd5 = curryAdd(5)
>>> curryAdd(1)
<function curryAdd.<locals>.curryAddX at 0x000002A4D3004160>
>>> curryAdd(5)
<function curryAdd.<locals>.curryAddX at 0x000002A4D3004280>
>>> curryAdd(1)(2)
3
>>> curryAdd1(2)
3
>>> curryAdd(5)(2)
7
>>> curryAdd5(2)
7
```

当把参数 x=1 传递给函数 curryAdd()后，会返回一个新函数 curryAdd(1)=1+y；调用函数 curryAdd(1)，解释器会返回其类型和存储的内存地址。若再将参数 y=2 传递给函数 curryAdd(1)，则返回最终值 curryAdd(1)(2) = 3。

总结一下，函数 curryAdd()返回了另一个函数 curryAddX()，于是可以用函数 curryAdd()来构造各种版本的 curryAdd()函数，如 curryAdd1()和 curryAdd5()。其实，这种构造就是函数柯里化技术。函数柯里化技术也体现了函数式编程的理念，即把函数当成变量来使用，重点关注于声明或描述一个问题而不过多关注于问题是如何实现的。这种函数式编程范式下的程序代码的可读性更高、更易于理解。

为了更好地理解柯里化函数，结合之前介绍的 Lambda 表达式，在函数柯里化过程中间生成的函数可以使用 Lambda 表达式表示：

```
>>> def curryAdd(x):
...   return lambda y : x + y
...
>>> (curryAdd(1))(2)
3
>>> curryAdd(1)(2)
3
```

还可以将整个柯里化函数写成 Lambda 表达式的形式：

```
>>> lambdaCurryAdd = lambda x : (lambda y : x + y)
>>> lambdaCurryAdd(1)
<function <lambda>.<locals>.<lambda> at 0x000002A4D30043A0>
>>> type(lambdaCurryAdd(1))
<class 'function'>
>>> lambdaCurryAdd1 = lambdaCurryAdd(1)
```

```
>>> lambdaCurryAdd(1)(2)
3
>>> lambdaCurryAdd1(2)
3
```

从函数柯里化的 Lambda 表达式的构造中，能清晰地发现柯里化函数的结构，同时也能更加容易地掌握柯里化函数部分调用参数的过程。

在 Lambda 表达式中，冒号:的前面是函数的输入参数，后面是函数的返回值。因此，Lambda 表达式中的括号和冒号有助于清晰地区分函数 lambdaCurryAdd()在执行部分调用时的参数与返回值。

第一个冒号表示函数 lambdaCurryAdd()接收一个输入参数 x，然后返回一个匿名函数 lambda y:x+y；第二个冒号表示匿名函数 lambda y:x+y 接收一个输入参数 y，然后返回 x+y。当函数的两个输入分别为 1 与 2 时，函数对两个参数的部分调用过程如下：对第一个参数进行调用，lambdaCurryAdd(1)生成 lambda y:1+y；然后对第二个参数进行调用，lambdaCurryAdd(1)(2)即(lambda y:1+y)(2)生成最终结果 3。在上例中，若只将一个参数传递给 Lambda 表达式，则返回一个新的 Lambda 表达式（类型是函数）；若继续将另一个参数传递给新生成的 Lambda 表达式，则返回最终值。

在函数式编程范式中，当需要定义一个多参数函数时，一般都将其声明为柯里化函数。利用函数对参数的部分调用，即一次只获取一个参数，使函数的返回值为另一个函数。

需要注意的是：（1）在 Python 中调用函数时，等号=左侧函数名与参数名直接遵循左结合，所以可以省略一些括号；（2）Lambda 表达式中的冒号遵循右结合，所以可以省略一些括号。比如，函数 lambdaCurryAdd()的定义也可以改写如下，对函数 lambdaCurryAdd()进行调用时的一些括号也可以省略如下。

```
>>> lambdaCurryAdd = lambda x : lambda y : x + y
>>> lambdaCurryAdd1 = lambdaCurryAdd(1)
>>> lambdaCurryAdd(1)(2)
3
>>> (lambdaCurryAdd(1))(2)
3
>>> lambdaCurryAdd1(2)
3
```

11.1.5 闭包

在介绍闭包之前，先看下面一段代码：

```
>>> def sum(nums):
...     s = 0
...     for i in nums:
...         s += i
...     return s
...
>>> sum([1, 2, 3, 4])
10
```

这里定义了一个函数 sum()，用于计算参数中所有元素之和。当将一个参数列表[1,2,3,4]传递给函数 sum()后，函数马上执行并返回计算结果为 10。对于函数 sum()，一旦将参数传递给它后，就会立刻执行并返回计算结果。对于这样的计算方式，如果运算量较小，则比较实用和方便；但如果运算量很大，则会造成时间和空间的开销，而且当将计算结果返回之后，这个结果可能也并非立即被使用。既然如此，为解决这类问题，通常将函数的返回值设置成另一个函数，当真正需要用到它时再执行，从而延迟了计算。比如，将函数 sum()作为另一个函数 delay_sum()的返回值，代码修改如下：

```
>>> def delay_sum(nums):
...     def sum():
...         s = 0
...         for i in nums:
...             s += i
...         return s
...     return sum
...
>>> delay_sum([1, 2, 3, 4])
<function delay_sum.<locals>.sum at 0x000001D4340B40D0>
>>> delay_sum([1, 2, 3, 4])()
10
```

当将参数列表[1,2,3,4]传递给函数 delay_sum()后，实际上返回的是另一个函数，从打印信息里可以看出这一点。还可以继续执行这个返回的新函数，最后得到的计算结果也为 10。此时，函数 delay_sum()便完成了延迟计算。

接着，再来回顾一下函数 delay_sum()，其内部实现了一个 sum()函数，而且函数 sum()中也使用了函数 delay_sum()传入的参数。我们称函数 sum()这种对外部作用域的变量进行引用的内部函数为闭包。闭包是一类特殊的函数，是由函数及其相关的引用环境组合而成的实体（闭包=函数+引用环境）。如果一个函数 f 定义在另一个函数 g 的作用域中（函数 g 中定义了一个嵌套函数 f），并且函数 f 中引用了外部函数 g 的局部变量，最后外部函数 g 将嵌套函数 f 作为返回值返回，那么嵌套函数 f 就是一个闭包。

在函数编程中经常用到闭包。那么闭包是什么？它是怎么产生的及用来解决什么问题呢？继续之前的代码：

```
>>> def delay_sum(nums):
...     def sum():
...         s = 0
...         for i in nums:
...             s += i
...         return s
...     return sum
...
>>> myfunc1 = delay_sum([1, 2, 3, 4])
>>> myfunc1()
10
```

```
>>> myfunc2 = delay_sum([2, 3, 4, 5])
>>> myfunc2()
14
```

在上述代码中，函数 sum()是函数 delay_sum()的内嵌函数，并且也是函数 delay_sum()的返回值。内嵌函数 sum()中引用到外层函数中的局部变量 nums。当调用分别由不同的参数调用函数 delay_sum()返回的函数（myfunc1()，myfunc2()）时，得到的结果是隔离的，也就是说每次调用函数 delay_sum()后都将生成并保存一个新的局部变量 nums。其实，这里由函数 delay_sum()返回的就是闭包。

按照命令式语言的规则，函数 delay_sum()只是返回了内嵌函数 sum()的地址，在执行函数 sum()时将会由于在其作用域内找不到 nums 变量而出错。而在函数式语言中，当内嵌函数体内引用到体外的变量时，将会把定义时涉及的引用环境和函数体打包成一个闭包返回，所以就解决了函数式编程中的函数嵌套所引发的问题。例如，在上述代码中，当每次调用函数 delay_sum()时都将返回一个新的闭包，这些闭包之间是相互隔离的，分别包含调用时不同的引用环境。其实，闭包这个概念也非常形象，因为闭包内部引用的是外部函数的变量（引用环境），这对于调用闭包的一方来说是完全封闭的，是一个黑盒，除非查看源码，否则永远不知道闭包中的数据及其来源。

再来看一个简单的例子。在 Python 中可以加载 math 模块，然后使用模块中的 pow()函数计算指数，比如计算 x 的平方，代码如下：

```
>>> import math
>>> math.pow(3,2)
9.0
>>> def my_power(bas, exp):
...     return math.pow(bas, exp)
...
>>> my_power(3,2)
9.0
```

但是，如果只需要定义一个计算平方的函数，则每次都要额外再传入一个参数 2，这会显得非常麻烦。这个时候就可以使用闭包简化操作，代码修改如下：

```
>>> import math
>>> def my_power(exp):
...     def powerx(bas):
...         return math.pow(bas, exp)
...     return powerx
...
>>> power2 = my_power(2)
>>> power2(6)
36
```

通过闭包，把变量 exp 固定了，这样只需要使用 power2 就可以实现计算平方的功能了。如果需求变更需要计算三次方或者四次方，则只需要修改函数 my_power()的传入参数即可，完全不需要修改代码。实际上，这也是闭包的最大使用场景，可以通过闭包实现一些非常灵活的功能，以及通过配置修改一些功能等操作，而不再需要将特定功能硬编码于源代码中。

此外还要注意的是：在使用闭包时，返回函数不要引用任何循环变量，或者后续会发生变化的变量。下面看一个例子：

```
>>> def test():
...     fs = []
...     for i in range(1, 4):
...         def f():
...             return i ** 2
...         fs.append(f)
...     return fs
...
>>> fs = test()
>>> for f in fs:
...     print(f())
...
9
9
9
```

分析上述代码，这三个闭包是都是通过 for 循环创建的，并且在闭包中用到了循环变量 i。按照之前的想法，这三个闭包返回的结果应该是 1、4、9，但事实上返回的结果是 9、9、9。这是由 Python 解释器中对闭包执行的逻辑导致的，循环变量 i 并不是在创建闭包时就被设置好的，而是当执行闭包时，再去寻找变量 i 对应的取值，显然当运行闭包时，循环已经执行完了，此时变量 i 的值就是 3。因此，这三个闭包的执行结果都是 9。

但是，我们可以通过再创建一个函数解决这个问题，用该函数的参数绑定循环变量当前的值，无论该循环变量后续如何更改，已绑定到函数参数的值都不变，代码修改如下，

```
>>> def test():
...     def f(j):
...         def g():
...             return j ** 2
...         return g
...     fs = []
...     for i in range(1, 4):
...         fs.append(f(i))
...     return fs
...
>>> fs = test()
>>> for f in fs:
...     print(f())
...
1
4
9
```

11.2 高阶函数

从之前的介绍中已知，在函数式编程范式中，函数是一等公民，函数可以赋值给变量，函数可以作为另一个函数的输入参数或返回值。下面给出正式的定义：一个能以函数作为输入参数或输出返回值为函数的函数称为高阶函数（High Order Function）。因此，柯里化函数就是高阶函数，因为柯里化函数的返回值通常都是一个函数。然而，在习惯中为了更好地加以区分，一般把输出返回值为函数的函数称为柯里化函数，而把将输入参数为函数的函数称为高阶函数。在本节中，主要介绍这种输入参数为函数的高阶函数。

在 Python 中，也允许一个函数的参数是另一个函数。例如，定义一个函数 twice()接收一个函数 f 和一个值 x，并返回将函数 f 应用于值 x 两次的结果，函数 twice()可以定义如下：

```
>>> def twice(f, x):
...   return f(f(x))
...
>>> twice(lambda a:a+1, 1)
3
>>> twice(lambda a:a*2, 1)
4
```

在上述函数声明和调用中可以，函数 twice()的第一个参数 f 是一个一元函数，函数 twice()的第二个参数 x 就是一个普通的值类型参数。在函数 twice()中，先将函数 f()应用参数 x 上，再将返回的结果以参数的形式重新传递给函数 f()，返回最终的结果。因此，当函数第一个参数为 lambda a:a+1 时，则是将第二个参数连续做了两次加 1 操作；当函数第一个参数为 lambda a:a*1 时，则是将第二个参数连续做了两次乘 2 操作。

11.2.1 高阶函数 map()

在写函数式程序时，因为序列（列表、元组、字符串、字典和集合）是经常用到的存储数据的结构，所以对序列中的每个数据项的处理也就成了不可避免的工作。可以通过循环或者递归来遍历序列中的每个数据项目，同时也可以对序列中的每个数据项做相对应的处理。在 Python 中提供了一个这样的高阶函数 map()，它接收一个函数 f()和一到多个序列，返回一个新的序列对象，其中返回的序列中的数据项是参数序列中的数据项传递给参数函数 f()后的返回结果。高阶函数 map()的语法格式如下：

```
map(映射函数,序列 1,序列 2,…,序列 n)
```

在高阶函数 map()的参数中，可以存在多个序列，这取决于映射函数的参数数量。序列 1、序列 2 等序列中的元素会按照数学作为映射函数的参数，映射函数的返回值将作为高阶函数 map()的返回序列的数据项。下面在 Python 的交互模式下来测试高阶函数 map()的用法：

```
>>> def succ(n):
...   return n + 1
...
```

```
>>> def add(x, y)
...   return x + y
...
>>> seq1 = map(succ, [1,2,3])
>>> seq1
<map object at 0x00000262F755A4F0>
>>> list(seq1)
[2,3,4]
>>> seq2 = map(add, [1,2,3], [2,3,4])
>>> tuple(seq2)
(3,5,7)
>>> list(map(succ, range(1,4)))
[2, 3, 4]
>>> tuple(map(add, range(1,4), range(2,5)))
(3,5,7)
```

在上述代码中，由于高阶函数 map()返回的都是序列，而序列可以被转化为列表、元组、集合等可迭代对象，所以若要将返回的序列显示并打印在屏幕上，则必须将其转化为列表、元组或集合。

同样，对于高阶函数 map()中的映射函数，也可以用 Lambda 表达式来替代：

```
>>> seq1 = map((lambda x : x + 1), [1,2,3])
>>> seq1
<map object at 0x00000262F755A4F0>
>>> list(seq1)
[2,3,4]
>>> seq2 = map((lambda x, y : x + y), [1,2,3], [2,3,4])
>>> tuple(seq2)
[3,5,7]
>>> list(map((lambda x : x >= 1), [1,0,-1]))
[True,False,False]
>>> tuple(map((lambda x : x or False), [True,False,True]))
(True,False,True)
>>> set(map((lambda x : x+"!"), ["C++","Java","Python"]))
{"C++!","Java!","Python!"}
```

根据对高阶函数 map()的描述，其实也可以通过 Python 自己定义一个具有高阶函数 map()类似功能的函数 list_map()，该自定义函数可以接收一个函数 f 和一个列表 lst 作为参数，返回一个新列表，新列表中的每个元素都是函数 f 映射到列表 lst 中对应元素的返回结果。下面通过循环定义高阶函数 list_map()：

```
#通过循环定义
def list_map(f,lst):
  if lst == []:
    return []
  else:
```

```
    newlst = []
    for i in lst:
      newlst.append(f(i))
    return newlst
```

也可以通过递归来定义高阶函数 list_map()：

```
#通过递归定义
def list_map(f,lst):
  if lst == []:
     return []
  else:
     return [f(lst[0])] + list_map(f, lst[1:])
```

甚至还可以使用列表推导式定义高阶函数 list_map()：

```
#通过列表推导式定义
def list_map(f,lst):
  if lst == []:
    return []
  else:
    return [ f(i) for i in lst ]
```

因此，高阶函数 list_map()对一个列表的简单操作也完全可以通过列表推导式来实现，即使用列表推导式来处理一个列表和使用高阶函数 list_map()来处理一个列表是完全等价的。例如：

```
>>> lst1 = list_map((lambda x : x + 1), [1,2,3])
>>> print(lst1)
[2,3,4]
>>> [(lambda x : x + 1)(i) for i in [1,2,3]]
[2,3,4]
```

11.2.2　高阶函数 filter()

在 Python 中，除高阶函数 map()外，还有一个内置的高阶函数 filter()，用来对序列中的数据项按照某个条件进行筛选，删除不满足的条件的数据项，保留满足条件的数据项并返回一个新序列。高阶函数 filter()的语法格式如下：

```
filter(筛选条件,序列)
```

所谓的筛选条件本质上也就是一个返回值为布尔类型的函数，所以高阶函数 filter()接收一个函数 g（筛选条件）和一个序列 seq 作为参数，将参数序列 seq 中的每个数据项依次传递给参数函数进行筛选，若 g（数据项）的返回值为 True，则保留该数据项；否则剔除该数据项。最后将所有通过筛选的数据项按照筛选时的顺序存入一个新序列，这个新序列就是高阶函数 filter()。简单来说，高阶函数 filter()返回的是一个序列，该序列由给定的参数序列中根据指定的筛选条件保留下来的数据项组成。下面在 Python 的交互模式下来测试高阶函数 filter()的用法：

```
>>> def is_even(n):
...    if n % 2 == 0:
```

```
...         return True
...     else:
...         return False
...
>>> seq1 = filter(is_even, [1,2,3,4])
>>> seq1
<filter object at 0x00000262F755A4F2>
>>> list(seq1)
[2,4]
>>> tuple(seq1)
(2,4)
>>> list(is_even, range(1,5))
[2,4]
>>> tuple(is_even, range(1,5))
(2,4)
```

与高阶函数 map()一样，高阶函数 filter()的返回值也是序列，返回的序列也可以被转化为列表、元组、集合等可迭代对象。此外，对于高阶函数 filter()中的筛选条件，也可以用 Lambda 表达式来替代：

```
>>> seq1 = filter((lambda x : x % 2 == 0), [1,2,3,4])
>>> seq1
<filter object at 0x00000262F755A450>
>>> list(seq1)
[2,4]
>>> list(filter((lambda x : x > 2), [1,2,3]))
[3]
>>> tuple(filter((lambda x : x or False), [True,False,True]))
(True,True)
```

根据对高阶函数 filter()的描述，也可以通过 Python 自定义一个具有高阶函数 filter()类似功能的高阶函数 list_filter()，该自定义函数可以接收一个函数 g 和一个列表 lst 作为参数，返回一个新列表，新列表中的每个元素都是函数 g 筛选列表 lst 后的结果。下面首先通过循环定义高阶函数 list_filter()：

```
#通过循环定义
def list_filter(g,lst):
  if lst == []:
     return []
  else:
     newlst = []
     for i in lst:
        if g(i) == True
           newlst.append(i)
     return newlst
```

也可以通过递归来定义高阶函数 list_filter()。当列表为空时，高阶函数 list_filter()返回空列表；当列表为非空时，首先对非空列表中索引值为 0 的元素进行判断，如果符合筛选条件则保留，如果不符合条件则剔除；然后递归处理剩余元素组成的子列表，从中继续筛选元素：

```
#通过递归定义
def list_filter(g,lst):
  if lst == []:
     return []
  else:
     if g(lst[0]) == True:
        return [lst[0]] + list_filter(g, lst[1:])
     else:
        return list_filter(g, lst[1:])
```

高阶函数 list_filter()的也可以通过列表推导式定义：

```
#通过列表推导式定义
def list_filter(g,lst):
  if lst == []:
     return []
  else:
     return [ i for i in lst if g(i) == True ]
```

根据列表推导式的知识可以得知，高阶函数 list_filter()的参数函数 g 其实就是列表推导式中的条件谓词。使用高阶函数 list_filter()与直接使用列表推导式筛选列表中的元素是完全等价的。多次使用高阶函数 list_filter()与在列表推导式中用多个谓词也是等价的，例如：

```
>>> lst1 = list_filter((lambda x : x > 2), (list_filter((lambda x : x < 5), [0,1,2,3,4,5]))
>>> print(lst1)
[3,4]
>>> [ x for x in [0,1,2,3,4,5] if (lambda x : x > 2)(x) if (lambda x : x < 5)(x) ]
[3,4]
```

11.3　折叠函数

在函数式编程范式中，处理序列的函数基本上都可以通过递归来实现。在递归定义中，通常会结合序列的实际情况，把参数序列分为空序列和非空序列来分别进行匹配。采用递归定义，虽然比较简单直接，但定义时每次都要对参数序列进行模式匹配。若使用折叠函数来代替递归，则完全可以解决这个问题。

在介绍折叠函数之前，首先举个例子引出折叠函数的概念。将一个序列看成一张记录满一个班学生姓名的的纸条，当老师在课上点名时需要遍历纸条上的所有学生姓名。这个老师应该如何进行点名呢？老师非常有经验，他从纸条的一端向另一端开始点名，为了防止多读、漏读，当他每次点完一个学生姓名后，就将纸条往里折叠一次，盖住之前点过的学生姓名，然后纸条上的可见部分就只留下未读的学生姓名，依次继续，当纸条全部折叠完毕后即所有的学生姓名都被盖住时，说明老师已经完成对班上同学的点名，即已遍历了纸条上的所有姓名。当然，老师在点名的过程中，也可以记住未答到学生的姓名与人数。老师通过把纸条折叠的方式实现了对班级同学的点名。我们笼统地将这种方式称为“折叠函数”。

11.3.1　折叠函数 reduce()

Python 中的折叠就是借用了这种折叠遍历纸条的思想，实现了用一种称为折叠函数 reduce()的高阶函数来折叠序列，遍历序列中的所有数据项。折叠函数封装了对序列的递归，从而简化了遍历序列的过程。若需要遍历序列中的所有数据项，则可以使用折叠函数 reduce()替代对序列数据项的递归来实现。实际上，折叠函数 reduce()将参数序列从左至右进行折叠化简，即从左到右遍历了参数序列中的所有数据项。函数 reduce()的语法格式如下：

```
reduce(二元函数,序列,初始累计值)
```

折叠函数 reduce()有三个参数：二元函数、序列和初始累计值。当函数 reduce()执行后，将从参数序列的最左端开始折叠，将初始累计值和序列中最左边（第一个）的数据项分别传递给二元函数，生成一个新累计值，然后再将更新后的累加值和序列中的第二个数据项传递给二元函数，在序列中从左至右依此类推，直到遍历完列表中的所有数据项，计算出最后结果。下面举几个使用折叠函数 reduce()的例子：

```
>>> from functools import reduce
>>> reduce(lambda x,y: x + y, range(1,5), 0)
10
>>> reduce(lambda x,y: x - y, range(1,5), 5)
-5
```

由于 Python 的解释器中并不包含折叠函数 reduce()，所以在使用折叠函数 reduce()之前必须导入 functools 模块。接着详细分析上面的折叠语句。

```
reduce(lambda x, y: x + y, range(1, 5), 0)
```

Lambda 表达式 lambda x,y: x + y 是一个二元函数，其参数 x 与 y 分别代表累计值和当前序列的数据项；range(1,5)为待折叠的序列；0 为初始累计值。开始时，初始累计值为 0，待折叠序列 range(1,5)的最左边的数据项为 1，将其分别传递给二元函数 lambda x,y: x + y，返回累计值 1。接下来，将更新后的累计值 1 和序列中的第二个数据项 2 传递给二元函数，返回累计值 3。然后，将累计值 3 和当前序列数据项 3 传递给二元函数，更新累计值为 6；最后，将累计值 6 和当前序列数据项 4 传递给二元函数，最终返回 10。到此，折叠函数 reduce()完成了对一个序列从左往右的折叠。

```
reduce(lambda x, y: x - y, range(1, 5), 5)
```

同理，在上述折叠语句中，二元函数为 lambda x,y: x - y；range(1,5)为待折叠的序列；5 为初始累计值。折叠开始时，将初始累计值 5 和序列中最左边的数据项 1 传递给二元函数 lambda x,y: x - y，返回新的累计值 4。接下来，将新累计值 4 和序列中的第二个数据项 2 传递给二元函数，更新累计值为 2。接着，将新累计值 2 和当前数据项 3 传递给二元函数，返回新累计值-1；最后，把新累计值-1 和当前数据项 4 传递给二元函数，最终返回-5。

也可以将上面折叠函数 reduce()中的 Lambda 表达式替换为普通的二元函数，例如：

```
>>> def add(x, y):
...     return x + y
```

```
...
>>> def minus(x, y):
...     return x * y
...
>>> from functools import reduce
>>> reduce(add, range(1,5), 0)
10
>>> reduce(minus, range(1,5), 5)
-5
```

通过上面的介绍，可大致了解折叠函数 reduce()及其执行运算的过程。实际上，也可以自定义一个折叠函数 list_reduce()，通过循环定义如下：

```
#通过循环定义
def list_reduce(f, lst, c):
    if lst == []:
        return c
    else:
        cnt = c
        for i in lst:
            cnt = f(cnt, i)
        return cnt
```

也可以通过递归来定义折叠函数 list_reduce()：

```
def list_reduce(f, lst, c):
    if lst == []:
        return 0
    else:
        return list_reduce(f, lst[1:], f(c, lst[0]))
```

当列表为空时，折叠函数 list_reduce()返回初始累计值 c；当列表为非空(x:xs)时，计算折叠函数 list_reduce(f, lst, c)的返回值就等于先将初始累计值 c 和列表 lst 的第一个元素 lst[0]传递给二元函数 f 后返回的结果 f(c, lst[0])作为更新后的累计值，再继续左折叠 lst 除了第一个元素的切片 lst[1:]，依此类推，直到左折叠的列表切片成空列表[]为止。

根据折叠函数 list_reduce()的递归定义，接着来观察折叠函数 list_reduce()是如何运算的。

list_reduce(add, [1,2,3,4], 0) = list_reduce(add, [2,3,4], (0+1))
= list_reduce(add, [3,4], ((0+1)+2))
= list_reduce(add, [4], (((0+1)+2)+3))
= list_reduce(add, [ ], ((((0+1)+2)+3)+4))
= (((0+1)+2)+3)+4
= 10

list_reduce(minus, [1,2,3,4], 5) = list_reduce(minus, [2,3,4], (5-1))
= list_reduce(minus, [3,4], ((5-1)-2))
= list_reduce(minus, [4], (((5-1)-2)-3))
= list_reduce(minus, [ ], ((((5-1)-2)-3)-4))
= (((5-1)-2)-3)-4
= -5

通过上面例子的运算过程，可以发现折叠函数 list_reduce()对列表的遍历的确都是从左往右进行的。

11.3.2　用折叠函数定义其他函数

本质上，折叠函数 reduce()其实就是对函数递归模式的一种封装，所以许多由循环或递归实现的函数也都可以由折叠函数 reduce()来定义。比如，使用折叠函数定义计算序列中所有数据项之和的函数 my_sum()，计算序列中所有数据项个数的函数 my_len()，将列表中所以元素次序颠倒的函数 my_reverse()分别如下：

```
from functools import reduce
def my_sum(seq):
   eturn reduce(lambda x,y: x+y, seq, 0)

def my_len(seq):
   return reduce(lambda x,y: x+1, seq, 0)

def my_reverse(lst):
   return reduce(lambda x,y: [y]+x, lst, [])
```

甚至还可以通过折叠函数实现类似高阶函数 map()和 filter()功能的函数 my_map()和 my_filter()分别如下：

```
from functools import reduce
def my_map(f, lst):
   return reduce(lambda x,y: x + [f(y)], lst, [])

def my_filter(g, lst):
   return reduce(lambda x,y: x + [y] if g(y) else x, lst, [])
```

11.3.3　折叠函数总结

总结折叠函数 reduce()的结构，对于折叠函数 reduce(f, lst, c)，若参数列表 lst 为空，则 reduce(f, [], n) = c。

若参数列表 lst 为非空，则 reduce(f, [x_0, x_1, …, x_n], c) = f(…f(f(c, x_0), x_1)…, x_n)。

若二元函数 f 为一个二元运算符⊗，则 reduce(f, [x_0, x_1, …, x_n], c) = $(\cdots((c \otimes x_0) \otimes x_1)\cdots) \otimes x_n$。

11.4　特殊折叠函数

之前介绍的折叠函数 reduce()的参数都必须含有一个初始累计值，然后从左到右叠折参数序列，更新累计值，从而遍历参数序列的每个数据项。对于折叠函数来说，初始累计值是不是必需的呢？答案是否定的，因为折叠函数 reduce()的第三个参数初始累计值是一个可选参数，若折叠函数 reduce()缺省初始累计值，则会将参数序列最左边的数据项来代替作为初始累计值，所以当折叠函数 reduce()缺省初始累计值时，参数序列不能为空，否则 Python 解释器会报出异常。此时的折叠函数 reduce()的语法格式如下：

```
reduce(二元函数,序列)
```

折叠函数 reduce()只有两个参数，分别是一个二元函数和一个序列。当折叠函数 reduce()执行后，会将参数序列中最左边的（第一个）数据项作为初始累计值，将序列中的第一个数据项和第二个数据项分别传递给二元函数，生成一个新累计值，然后再将更新后的累加值和序列中的第三个数据项传递给二元函数，在序列中从左往右依此类推，直到遍历完列表中的所有数据项，即从左到右的折叠参数序列中的所有数据项，计算出最后结果。比如：

```
>>> from functools import reduce
>>> reduce(lambda x,y: x + y, range(1,5))
10
>>> reduce(lambda x,y: x - y, range(1,5))
-8
>>> reduce(lambda x,y: x - y, range(0))
Traceback (most recent call last):
  File "<stdin>", line 1, in <module>
TypeError: reduce() of empty sequence with no initial value
```

接着分析上面的三条折叠语句：

```
reduce(lambda x, y: x + y, range(1, 5))
```

Lambda 表达式 lambda x,y: x + y 是一个二元函数，其参数 x 和 y 分别代表累计值和当前序列的数据项；range(1,5)为待折叠的序列。开始时，待折叠序列 range(1,5)的第一个数据项为 1，所以初始累计值也为 1，接着将初始累计值 1 和第二个数据项 2 传递给二元函数 lambda x,y: x + y，返回累计值 3。然后，将更新后的累计值 3 和序列中的第三个数据项 3 传递给二元函数，返回累计值 6。最后，将累计值 6 和当前序列中的第四个数据项 4 传递给二元函数，最终返回 10。到此，折叠函数 reduce()完成了对一个序列从左往右的折叠：

```
reduce(lambda x, y: x - y, range(1, 5))
```

同理，在上述折叠语句中，二元函数为 lambda x,y: x - y；range(1,5)为待折叠的序列。折叠开始时，将序列中的第一个数据项 1 作为初始累计值。接着，将初始累计值 1 和序列中的第二个数据项 2 传递给二元函数 lambda x,y: x - y，返回新累计值-1。然后，将新累计值-1 和序列中的第三个数据项 3 传递给二元函数，更新累计值为-4。最后，把新累计值-4 和当前序列中的第四个数据项 4 传递给二元函数，最终返回-8：

```
reduce(lambda x, y: x - y, range(0))
```

在上述折叠语句中，二元函数为 lambda x,y: x - y；range(0)为待折叠的序列。但由于待折叠的序列为一个空序列，所以 Python 解释器报出异常，显示传递了一个没有初始数据项的空序列。

同理，也可以自定义一个只需要两个参数的折叠函数 list_reduce()，首先通过循环定义折叠函数：

```
#通过循环定义
def list_reduce(f, lst):
```

```
    if lst == []:
        print("TypeError: empty list")
    else:
        cnt = lst[0]
        for i in lst[1:]:
            cnt = f(cnt, i)
        return cnt
```

也可以通过递归来定义折叠函数 list_reduce()：

```
#通过递归定义
def list_reduce(f, lst):
    if lst == []:
        raise TypeError
    elif len(lst) == 1:
        return lst[0]
    else:
        return f(list_reduce(f, lst[0:-1]), lst[-1])
```

在折叠函数 list_reduce()的递归定义中包含两个参数，分别是一个二元函数 f 和一个列表 lst。通过将列表分为空列表，对元素个数为 1 的列表和元素个数大于 1 的列表 xs 分别进行匹配，也就是说，当列表为空时，返回一个报错信息；当列表元素个数为 1 时，返回值为列表的元素；当列表元素个数大于 1 时，返回值等于将列表切片 lst[0:-1]的递归处理结果和列表 lst 的最后一个元素 lst[-1]分别传递给函数 f 后的返回值。

根据折叠函数 list_reduce()的递归定义，假设 add=lambda x,y:x+y，下面将 add 和列表[1,2,3,4]传递给折叠函数 list_reduce()后，折叠函数 list_reduce()执行运算的步骤如下：

```
list_reduce(add, [1,2,3,4]) = list_reduce(add, [1,2,3])+4
                            = (list_reduce(add, [1,2])+3)+4
                            = ((list_reduce(add, [1])+2)+3)+4
                            = ((1+2)+3)+4
                            = 10
```

11.5 迭代器

在介绍迭代器之前，先介绍可迭代（Iterable）这个概念。简单来说，迭代就是更新换代的意思，可迭代的数据类型（对象）是指可以按顺序依次返回内部的组成元素。比如在 Python 中，字符串是可迭代的，因为字符串由一系列字符组成，可以依次访问组成字符串的每个字符；整数不是可迭代的，因为整数是一个整体，并不能被分开访问。可以通过如下方式检测 Python 中哪些数据类型（对象）是可迭代的：

```
>>> from collections import Iterable
>>> isinstance(520, Iterable)
False
>>> isinstance(5.20, Iterable)
```

```
False
>>> isinstance(True, Iterable)
False
>>> isinstance('a', Iterable)
False
>>> isinstance([1,2,3,4], Iterable)
True
>>> isinstance((1,2,3,4), Iterable)
True
>>> isinstance("abcd", Iterable)
True
>>> isinstance({1,2,3,4}, Iterable)
True
>>> isinstance({1:"a",2:"b",3:"c"}, Iterable)
True
>>> isinstance(range(5), Iterable)
True
>>> file = f1 = open("db.txt", "w", encoding="utf-8")
>>> isinstance(file, Iterable)
True
```

由此可知，整数类型、浮点数类型、布尔类型和字符类型都不是可迭代的数据类型，而文件对象和序列，包括列表、元组、字符串、字典和集合，都是可迭代的数据类型（对象）。

11.5.1 迭代器概述

在 Python 中，字符串，列表和元组这类有序的可迭代对象，可以使用 while 循环和索引遍历其中的每个数据项；但对于字典和集合这类无序的可迭代对象，就不能使用 while 循环和索引遍历其中的数据项，此时只可以使用 for 循环（当然 for 循环同样也可以用来遍历有序的数据类型）来遍历无序可迭代对象中的数据项。for 循环是如何完成遍历的呢？实际上，Python 提供了一种不依赖于索引的迭代方式，即会在一些对象中内置__iter__()和__next__()方法。如果一个对象有__iter__()方法，那么这个对象就是一个可迭代对象，可迭代对象调用__iter__()方法后会生成一个迭代器，迭代器调用__next__()方法后便可以成功访问可迭代对象中的下一个数据项。

在 Python 中，迭代器是访问可迭代对象内数据项的一种方式。迭代器从可迭代对象的第一个数据项开始访问，直到所有的数据项都被访问一遍后结束。实际上，迭代器就是根据上一个结果生成下一个结果、一直循环往复不断重复的过程。要注意的是，迭代器在进行访问可迭代对象的数据项时，不能回退，只能不断往前进行迭代。下面看一个简单的例子：

```
>>> set = {1,2,3}
>>> it =  set1.__iter__()
>>> it
<set_iterator object at 0x00000174A38C5840>
>>> it.__next__()
```

```
1
>>> it.__next__()
2
>>> it.__next__()
3
>>> it.__next__()
Traceback (most recent call last):
  File "<stdin>", line 1, in <module>
StopIteration
```

在上述代码中，集合对象 set 调用__iter__()方法可以生成一个迭代器对象 it，然后使用迭代器对象 it 调用__next__()方法可以访问集合对象 set1 中的下一个元素。当将集合中的所有元素都访问完后，再调用__next__()方法会出现什么情况呢？可以看到，Python 解释器在第四次执行__next__()方法时，抛出了 StopIteration 的错误，这说明当执行__next__()方法的次数超出迭代器的长度时，Python 解释会抛出异常。事实上，Python 正是根据是否检查到这个异常来决定是否停止迭代的。

除让可迭代对象调用__iter__()方法生成一个迭代器对象，迭代器调用__next__()方法访问可迭代对象的下一个数据项外，还可以使用函数 iter()和 next()来替代，语法格式如下：

```
iter(可迭代对象)          #生成一个迭代器对象
next(迭代器对象)          #访问可迭代对象的下一个数据项
```

将之前的例子用函数 iter()和 next()重写如下：

```
>>> set = {1,2,3}
>>> it = iter(set1)
>>> it
<set_iterator object at 0x00000174A38C5841>
>>> next(it)
1
>>> next(it)
2
>>> next(it)
3
>>> next(it)
Traceback (most recent call last):
  File "<stdin>", line 1, in <module>
StopIteration
```

当有了迭代器之后，便可以结合 while 循环和迭代器对无序的可迭代对象进行遍历了。代码如下：

```
set = {1,2,3}
it = set.__iter__()
try:
   while True:
     n = it.__next__()
     print(n)
```

```
    except StopIteration:
        break
```

同样，上述代码的功能也可以使用 for 循环来实现：

```
set = {1,2,3}
for n in set:
  print(n)
```

实际上，for 循环是对 in 后面的可迭代对象执行__iter__()方法，得到一个迭代器对象，然后不停地执行迭代器对象中的__next__()方法，访问可迭代对象中的数据项，之后把迭代出来的数据项赋值给 n，再调用 print()方法打印数据项 n，直到 for 循环捕捉到 StopIteration 异常，结束循环，程序停止。这就是 Python 中 for 循环的原理，也可以将 for 循环理解为 while 循环和迭代器相结合的一个语法糖（Python 推出的一个使用@的快捷代码）。

11.5.2　可迭代对象与迭代器的关系

若一个对象中有__iter__()方法，则这个对象是一个可迭代对象；若一个对象中既有__iter__()方法又有__next__()方法，则这个对象是一个迭代器对象。在迭代器对象中，__iter__()方法返回迭代器本身，而__next__()方法返回下一个元素。可以通过如下方式检测 Python 中哪些常用的对象是迭代器对象：

```
>>> from collections import Iterator
>>> isinstance([1,2,3,4], Iterator)
False
>>> isinstance((1,2,3,4), Iterator)
False
>>> isinstance("abcd", Iterator)
False
>>> isinstance({1,2,3,4}, Iterator)
False
>>> isinstance({1:"a",2:"b",3:"c"}, Iterator)
False
>>> isinstance(range(5), Iterator)
False
>>> f = open("test.txt", "w", encoding="utf-8")
>>> isinstance(f, Iterator)
True
```

从上面例子中可以看出，字符串、列表、元组、集合和字典这些可迭代对象都不是迭代器对象，只有文件既是迭代器对象，也是可迭代对象。

构建可迭代对象和迭代器时经常会出现错误，其原因是混淆了两者。可迭代对象必须实现__iter__()方法，调用该方法每次都实例化一个新的迭代器，但可迭代对象不能实现__next__()方法。迭代器对象是一直可以迭代的，迭代器的__iter__()方法返回迭代器本身；迭代器对象还要实现__next__()方法，返回单个的数据项。

虽然可迭代对象和迭代器都有__iter__()方法，但是两者的功能不一样，可迭代对象的

__iter__()方法用于实例化一个迭代器对象；而迭代器中的__iter__()方法用于返回迭代器本身，与__next__()方法共同完成迭代器的迭代作用。可迭代对象和迭代器对象的关系如图 11-1 所示。因此，迭代器可以迭代，但可迭代对象不是迭代器。

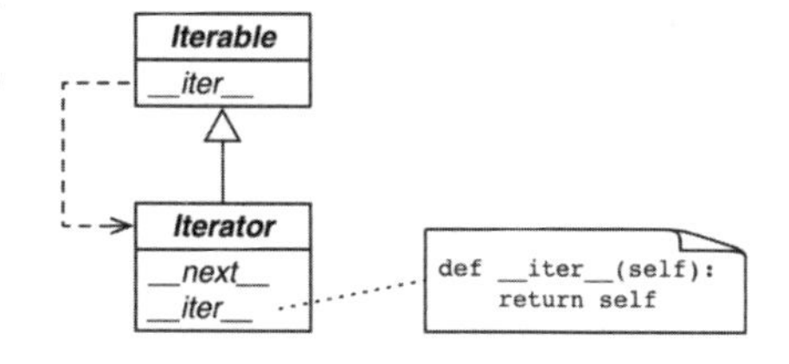

图 11-1 可迭代对象和迭代器对象的关系

之前得到一个文件对象，其本身既是一个迭代器对象，也是一个可迭代对象，验证如下。首先打开一个文件，得到这个文件对象 f，再调用文件对象的__iter__()方法得到迭代器对象 it：

```
>>> f = open("test.txt", "w", encoding="utf-8")
>>> f
<_io.TextIOWrapper name='test.txt' mode='w' encoding='utf-8'>
>>> it = f.__iter__()
>>> it
<_io.TextIOWrapper name='test.txt' mode='w' encoding='utf-8'>
>>> it is f
True
```

可以发现，文件对象 f 和文件对象生成的迭代器对象 it 是同一个对象。所以验证了迭代器对象执行__iter__()方法后，得到的结果仍然是其本身。

迭代器对象的实现只需要让类中的__iter__()方法返回一个对象，这个对象拥有一个__next__()方法，能在恰当的时候抛出 StopIteration 异常（异常并不是非抛出不可的，不抛出该异常的迭代器将进行无限迭代，在某些情况下，这样的迭代器很有用。在这种情况下，需要自己判断元素并中止迭代，否则就会死循环！）。为了便于说明，自定义一个类 Even 用于生成偶数序列的迭代器对象。

```
class Even:
    def __init__(self, start=0):
        self.cur = start

    def __iter__(self):
        return self

    def __next__(self):
        value = self.cur
        self.cur += 2
        return value
```

先实例化一个 Even 类，得到一个对象 even；然后调用__iter__ ()方法，得到 even 本身；最后调用__next__()方法，得到对象中的下一个数据项。

```
>>> even = Even()
>>> even.__iter__()
>>> even.__next__()
0
>>> even.__next__()
```

```
2
>>> even.__next__()
4
>>> even.__next__()
4
```

生成的迭代器对象 even 可以调用__next__()方法无限地访问下一个数据项。若要限制访问的范围，则生成指定范围内的偶数，需要修改原来的代码如下：

```
class Even:
    def __init__(self, start=0, end=4):
        self.cur = start
        self.end = end

    def __iter__(self):
        return self

    def __next__(self):
        if self.cur > self.end:
            raise StopIteration
        value = self.cur
        self.cur += 2
        return value
```

在修改后的Even类的__init__()初始化方法中，规定了访问范围为0～4，然后在__next__()方法中，设置了超出访问范围报出 StopIteration 异常。下面重新实例化 Even 类，得到一个对象 even：

```
>>> even = Even()
>>> even.__iter__()
>>> even.__next__()
0
>>> even.__next__()
2
>>> even.__next__()
4
>>> even.__next__()
Traceback (most recent call last):
  File "<pyshell#5>", line 1, in <module>
    even.__next__()
  File "C:\Users\Thinkpad\Desktop\even.py", line 11, in __next__
    raise StopIteration
StopIteration
```

11.5.3　迭代器的特点

迭代器提供一种不依赖于索引的取值方式，让 while 循环读取无序数据类型中的数据项成为可能。

迭代器的另一个优点是，它不要求提前准备好整个迭代过程中的所有数据项。迭代器仅在迭代至某个数据项时才计算该数据项，而在这之前或之后，数据项可以不存在或者被销毁。这个特点使得它特别适合用于遍历一些巨大的或无限的集合，如几个 GB 的文件或斐波那契数列等。这个特点称为延迟计算或惰性求值（lazy evaluation）。迭代器每执行一次__next__()方法，不论所有数据项有多大，都只从中取出一个数据项，所以占用的内存空间只有一个数据项的大小，非常节省内存空间。

```
>>> from sys import getsizeof
>>> a = [1] * 10000
>>> getsizeof(a)
80064
>>> ita = a.__iter__()
>>> getsizeof(ita)
48
```

在上述代码中，创建了一个有 10000 个元素 1 的列表 a，它所占的内存空间为 80KB 左右[在 64 位系统上，每个引用（或指针）占用 8B。因此，仅考虑这些引用，10000 个元素的列表将占用大约 80KB 的内存（10000×8B）]。若将列表 a 变成一个迭代器 ita，则只占用了 48B。也正因为迭代器具有惰性计算求值的特点，才实现了这个优势。

迭代器还可以支持无限个数据项，比如在 11.5.2 节中创建的第一个 Even 类，它的实例 even 表示所有偶数的迭代器。而列表、元组等普通的数据容器是没法容纳无限个元素的。

但是，迭代器也有它自身的缺点。

首先，迭代器的取值比较麻烦。如果想取出迭代器对象中的第三个值，则必须调用三次__next__()方法，才能取出第三个值，而前两次取出的值实际上是没有作用的。

其次，不能获取到迭代器的长度，也没有办法检查迭代器中是否还有遗留的数据项，只能不停地执行__next__()方法，直到出现 StopIteration 的提示时才能知道迭代器的情况。

最后，迭代器是一次性的，没有办法还原迭代器，迭代器只能向后迭代，不能回退。比如，当一个迭代器执行两次__next__()方法后，就不可能回退再去访问迭代器的第一个值。如果想再次迭代，则需要之前构建迭代器的可迭代对象再次调用__iter__()方法生成一个新迭代器。

```
>>> lst = [1, 2, 3, 4]
>>> it = lst.__iter__()
>>> it
<list_iterator object at 0x00000232C7873970>
>>> 3 in it
True
>>> 3 in it
False
>>> 3 in lst
True
>>> 3 in lst
True
```

因为 it 是列表迭代器，第一次查找元素 3 的时候，找到了，所以返回 True；但由于经过第一次迭代，已经跳过了元素 3，第二次就找不到了，所以返回 False。迭代器确实是一次性的。但是，列表 lst 作为可迭代对象，不管查找几次都是正常的。因为每次执行时，关键字 in 都会调用可迭代对象的__iter__()方法获取到新迭代器。

11.6 生成器

生成器其实就是一种迭代器。换句话说，生成器提供了非常简单方便的自定义一个常规的迭代器方法。生成器对象也拥有__iter__()和__next__()方法且行为与迭代器完全相同，这意味着生成器也可以用于 Python 的 for 循环中。

11.6.1 生成器函数

实际上，在 Python 中创建一个常规迭代器的最方便的方法就是使用生成器。获取生成器通常有两种方式：生成器函数和生成器表达式。先介绍生成器函数，生成器函数的语法类似于普通函数，但是没有 return 语句返回函数的值。取而代之的是使用 yield 语句，用来显示序列中的每个数据项。当一个 Python 函数的函数体中存在关键字 yield 时，则说明该函数就是一个生成器函数，执行该生成器函数就可得到一个生成器对象。如何构造一个生成器？首先来看一段代码：

```
>>> def generator_even():
...   print("zero")
...   yield
...   print("two")
...   yield
...   print("four")
...   yield
...
>>> generator_even
<function generator_even at 0x00000219B46CE040>
```

在上面代码中定义了一个函数 generator_even()，但与普通函数不同的是，函数 generator_even()的函数体内包含了关键字 yield，所以函数 generator_even()是一个生成器函数。当调用生成器函数 generator_even()后将返回一个生成器对象，代码如下：

```
>>> g = generator_even()
>>> g
<generator object generator_even at 0x00000219B482D890>
```

生成器函数执行的结果 g 就是一个生成器对象。也可以通过调用函数 dir()查看生成器对象中包含的方法：

```
>>> dir(g)
>>> g
['__class__',  '__del__',  '__delattr__',  '__dir__',  '__doc__',  '__eq__',
```

```
'__format__', '__ge__', '__getattribute__', '__gt__', '__hash__', '__init__',
'__init_subclass__', '__iter__', '__le__', '__lt__', '__name__', '__ne__', '__new__',
'__next__', '__qualname__', '__reduce__', '__reduce_ex__', '__repr__', '__setattr__',
'__sizeof__', '__str__', '__subclasshook__', 'close', 'gi_code', 'gi_frame',
'gi_running', 'gi_yieldfrom', 'send', 'throw']
```

在这些结果中，可以看到存在__iter__()方法和__next__()方法，由此可以判断出生成器对象的本质就是一个迭代器对象。还以通过另一种方式验证生成器和迭代器的关系：

```
>>> from collections import Iterator
>>> isinstance(g, Iterator)
True
```

通过验证生成器对象 g 是否为迭代器的实例也可以说明：生成器的本质是迭代器，生成器就是迭代器的一种。既然生成器的本质是迭代器，那么调用生成器的__iter__()方法和__next__()方法后得到的结果会是什么呢？

```
>>> g
<generator object generator_even at 0x00000219B482D890>
>>> g.__iter__()
<generator object generator_even at 0x00000219B482D890>
>>> g.__next__()
zero
```

从上面程序的执行结果可以看出：生成器 g 和生成器 g 调用__iter__()方法后，得到的结果都是生成器对象 g 在内存中的地址。生成器 g 调用__next__()方法，实际上就是从生成器 g 中取出一个数据项，并返回数据项的值，执行一次__next__()方法就触发一次生成器的取值操作，这个过程在上面的代码中表现为 generator_even()函数的向下执行的过程。

对于普通函数来说，函数开始执行到 return 语句，函数才会停止执行，但对于生成器对象 g 来说，执行一次__next__()方法，generator_even()函数也执行一段代码，直到遇到 yield 才暂停。在这里，yield 好像起到了类似 return 的作用。实际上，yield 与 return 的功能类似，都可以返回值，但不同的是在一个函数中可以多次调用 yield 来返回值，程序执行一旦遇到 yield，则意味着本次调用__next__()方法执行完毕。

此外，在普通函数的执行过程中，如果函数有返回值，则函数执行完成后的结果就是 return 语句后的值；若函数没有返回值或 return 语句后没有值，则函数的执行结果默认为 None。对于生成器函数也是类似，如果生成器函数中的 yield 后没有返回值，则生成器函数的执行结果也默认为 None。

```
>>> def generator_even():
...     print("zero")
...     yield
...     print("two")
...     yield
...     print("four")
...     yield
...
>>> g = generator_even()
```

```
>>> print(g.__next__())
zero
None
```

可以看到，生成器对象 g 调用__next__()方法时，由于生成器函数 generator_even()中的关键字 yield 后面没有返回值，所以此时 yield 默认的返回值也是 None。若修改代码，则在关键字 yield 后添加一个返回值：

```
>>> def generator_even():
...   print("zero")
...   yield 0
...   print("two")
...   yield 2
...   print("four")
...   yield 4
...
>>> g = generator_even()
>>> g.__next__()
zero
0
>>> g.__next__()
two
2
>>> g.__next__()
four
4
>>> g.__next__()
Traceback (most recent call last):
  File "<stdin>", line 1, in <module>
StopIteration
```

关键字 yield 把 generator_even()变成一个生成器函数，执行生成器函数 generator_even()时，并不会立即执行生成器函数 generator_even()，而是先返回一个生成器对象 g，当生成器对象 g 调用__next__()方法时，生成器函数 generator_even()开始向下执行直至遇到 yield，程序暂停，同时也将 yield 后面的返回值 1 返回；当生成器对象 g 下一次调用__next__()方法时，生成器函数 generator_even()继续从上一次暂停的地方开始向下执行直至遇到 yield 再次暂停，并返回 yield 后面的返回值 2。

每调用一次生成器对象的__next__()方法，都会得到一个返回值，就相当于从迭代器中取一个值。如果程序在执行过程中没有得到返回值，则说明生成器函数结束了或生成器的最后一个值已经被遍历完成了，所以此时再调用__next__()方法，程序就会抛出 StopIteration 异常。

为了避免出现 StopIteration 异常，可以使用 for 循环来遍历生成器对象：

```
>>> def generator_even():
...   print("zero")
...   yield 0
...   print("two")
```

```
...     yield 2
...     print("four")
...     yield 4
...
>>> g = generator_even()
>>> for n in g:
...      print(n)
...
zero
0
two
2
four
4
```

每执行一次 for 循环，就相当于生成器对象 g 调用一次__next__()方法，执行 yield 之前的语句并返回 yield 后的值，所以 for 循环前两次都是执行 print()函数和返回 yield 后的值。当 for 循环将要执行到第三次时，程序会抛出 StopIteration 异常，随后，StopIteration 异常会被 for 循环捕捉到，然后终止 for 循环。

生成器函数作为函数的一种，实际上也是支持函数的所有参数形式，所以还可以在生成器函数中添加参数，并且在生成器函数中使用 for 或 while 循环，比如将生成器函数 generator_even()修改如下：

```
def generator_even(start = 0, end = 10):
     for n in range(start, end + 1):
         if n % 2 == 0:
            yield n
```

或

```
def generator_even(start = 0):
     while True:
        yield start
        start = start + 2
```

11.6.2 生成器表达式

简单的生成器函数，还可以替换成生成器表达式（Generator Expression）。生成器表达式可以理解为惰性版本的列表推导式（List Comprehension），生成器表达式不会迫切地构建序列，而是返回一个生成器，按照实际需要惰性计算生成新的数据项。生成器表达式的用法与列表推导式非常相似，在形式上，生成器表达式使用圆括号（Parentheses）作为定界符，而不是列表推导式所使用的方括号（Square Brackets）。但是，生成器表达式比列表推导式具有更高的效率，占用更少的内存资源，尤其适合大数据处理的场合。如果说列表推导式是快速构造列表的工厂，则生成器表达式就是快速构造生成器对象的工厂。一个简单的生成器表达式如下：

```
>>> g = (n for n in range(0, 5) if n % 2 == 0)
>>> g
<generator object <genexpr> at 0x0000026D7DBC7E40>
>>> g.__iter__()
<generator object <genexpr> at 0x0000026D7DBC7E40>
>>> g.__next__()
0
>>> g.__next__()
2
>>> g.__next__()
4
>>> g.__next__()
Traceback (most recent call last):
  File "<stdin>", line 1, in <module>
StopIteration
```

在上面的例子中，由生成器表达式构造的生成器对象 g 与由生成器函数构造的生成器对象一样，也可以调用__iter__()和__next__()方法，分别获取生成器对象 g 本身和生成器中的下一个数据项。同理，也可以使用 for 循环来访问生成器对象。

```
>>> for v in (n for n in range(0, 5) if n % 2 == 0):
...     print(v)
...
0
2
4
```

相比于生成器函数，生成器表达式是创建生成器的简洁句法，但对于一些复杂的情况，仍需要使用生成器函数，因为生成器函数比较灵活、可读性高，可以使用多个语句实现复杂的逻辑。同时，生成器函数有名称，因此可以重用。

到目前为止，介绍了构造迭代器的三种方式，分别是自定义迭代器类、生成器函数和生成器表达式。应该如何选择呢？若生成器表达式能满足迭代器需求，则使用生成器表达式；若迭代器中还需添加比较复杂的逻辑，则使用生成器函数；若前两者都不满足需求，则只能使用自定义迭代器类。总之，选择最简单的方式。

11.7　装饰器

装饰器（decorator）是 Python 编程中一项重要的特性。简而言之，装饰器是一种用于修改或增强其他函数功能的函数。通过使用装饰器，可以为原本简单的函数添加额外的功能，从而使其变得更加强大且优雅，并有助于编写更加简洁且符合 Python 风格（Pythonic）的代码。从技术层面上讲，装饰器本身是一个接收函数作为参数的高阶函数，并通过对这些参数函数的操作来扩展其行为而不改变其源代码。从另一个角度来看，装饰器是闭包的一种具体应用形式，只不过它所操作的对象是函数本身。

装饰器保留了主体原有的特质，同时赋予了新的能力或特性。

引入装饰器机制能够简化开发流程并促进代码的复用。正如在舞台上，装饰器的作用就像是一套神奇的行头，它可以在一瞬间让你化身为你所扮演的角色，同时又完好地保留着你自身的特征。当有一天你想要恢复本来面目时，只需轻松地卸下这些装饰即可。相较之下，如果为了更贴近角色而直接改变了自己的发型（这就好比直接修改原函数的内部代码），则当你想要恢复原状时就会变得复杂得多。通过这样的比喻，我们可以清楚地看到装饰器的价值所在：它不仅增强了代码的灵活性，还保持了原有功能的完整性，使得我们在无须改动原始逻辑的情况下就能方便地增加或切换功能。下面介绍在哪些情景中使用装饰器可以让 Python 代码更简洁，更便于复用和开发。

11.7.1　如何使用装饰器

我们通过两个例子来说明装饰器的用法。首先，介绍如何通过装饰器来扩展函数的功能，创建一个名为 nezha 的函数，表达哪吒是一个小英雄。当执行函数 nezha()后，就会打印出哪吒的信息：

```
def nezha():
    print("he is a hero")


nezha()
```

若想用函数 nezha()表达出哪吒拥有的法宝是风火轮，则可以直接在函数里加一条语句：

```
def nezha():
    print("he is a hero")
    print("has a pair of wind fire wheels")
```

直接修改函数的内部代码可能会破坏原有的结构，特别是在函数本身已经相当复杂时，这样的改动可能会带来难以预料的问题，甚至导致程序出现严重的错误。如果想在不改变原函数内部结构的前提下为其增加新的功能，则可以利用装饰器来实现这一目标。装饰器允许我们在不触碰原函数代码的基础上，为其扩展出新的功能。下面是一个使用装饰器来增强 nezha()函数功能的例子：

```
#func 就是指函数 nezha
def golden_light_cave(func):
    #*args, **kwargs 是函数 func 的参数列表，虽然函数 func 没有传参数，但建议都写上
    def get_artifact(*args, **kwargs):
        #增加新功能，比如哪吒进入乾元山金光洞修炼后，就得到了法宝风火轮
        print("has a pair of wind fire wheels")
        #保留原来的功能，原来哪吒就是一个小英雄
        return func(*args, **kwargs)
    #得到风火轮，哪吒变得更强大
    return get_artifact

@golden_light_cave
def nezha():
```

```
    print("he is a hero")

nezha()
```

执行上述代码后得到如下输出结果：

```
has a pair of wind fire wheels
he is a hero
```

通过装饰器可扩展函数的权限认证。比如，函数 play()的功能是播放《封神榜》，代码如下：

```
def play():
    print("start to play Creation of the Gods")

play()
```

然而，假设有一天我们需要限定只有成年人才能观看《封神榜》，该怎么做呢？按照之前的方法，我们可以在 play()函数内部添加年龄检查的代码，但这会破坏原有函数的结构。相反，如果使用装饰器，事情就会变得简单得多。装饰器不仅能够让我们在不改变原函数代码的情况下添加新的功能，还能方便地将这种年龄验证的需求扩展应用到其他需要类似检查的函数上。这样一来，我们既保持了代码的整洁性，又提高了功能的复用性。

```
user_age = 18

def age_restriction(func):
        def decorator(*args, **kwargs):
        if user_age >= 18:
            return func(*args, **kwargs)
        print("your age is not allowed to watch")
    return decorator

@age_restriction
def play():
    print("start to play Creation of the Gods")

play()
```

执行上述代码后得到如下输出结果：

```
start to play Creation of the Gods
```

若将代码中的变量 user_age 修改为 user_age = 9，则代码执行后得到的输出结果如下：

```
your age is not allowed to watch
```

从以上两个例子可以看出，当我们需要为某个函数添加权限验证或其他功能时，而又不想或不方便直接修改原有函数的代码，就可以利用装饰器来扩展其功能。装饰器不仅避免了对原函数的直接改动，还能够灵活地将这类需求应用于多个函数，从而保持代码的清晰和高效。

11.7.2　装饰器背后的实现原理

下面深入介绍装饰器的实现原理。

```
def golden_light_cave(func):
    def get_artifact(*args, **kwargs):
        print("has a pair of wind fire wheels")
        return func(*args, **kwargs)
    return get_artifact

def nezha():
    print("he is a hero")

#哪吒进入乾元山金光洞，从此诞生了获得风火轮的新的哪吒
nezha = golden_light_cave(nezha)

#执行进入乾元山金光洞，新的哪吒诞生
nezha()
```

由于上述代码写起来比较烦琐，所以 Python 推出了一个使用@的快捷代码，也就是语法糖，使用了语法糖的上述代码如下：

```
def golden_light_cave(func):
    def get_artifact(*args, **kwargs):
        print("has a pair of wind fire wheels")
        return func(*args, **kwargs)
    return get_artifact

#哪吒进入乾元山金光洞，脚踏风火轮的新的哪吒即将诞生
@golden_light_cave
def nezha():
    print("he is a hero")

#执行进入乾元山金光洞，新的哪吒诞生
nezha()
```

这时我们可能会问：是否可以在一个函数上同时使用多个装饰器呢？答案是肯定的。接下来，我们继续以哪吒为例，让他在乾元山金光洞中继续修炼，并从太乙真人处学会三头六臂的法术，同时还从太乙真人处获得武器火尖枪。通过这种方式，可以看到多个装饰器是如何依次作用于同一个函数上的。

```
def golden_light_cave(func):
    def get_artifact(*args, **kwargs):
        print("has a pair of wind fire wheels")
        return func(*args, **kwargs)
    return get_artifact

def learning(func):
    def learn_3heads_6arms(*args, **kwargs):
        print("knows 3heads and 6arms transformations")
        return func(*args, **kwargs)
```

```
    return learn_3heads_6arms

def taiyi_zhenren(func):
    def get_weapon(*args, **kwargs):
        print("has a red armillary sash")
        return func(*args, **kwargs)
    return get_weapon


@taiyi_zhenren
@learning
@golden_light_cave
def nezha():
    print("he is a hero")


nezha()
```

执行上述代码后得到如下输出结果：

```
has a red armillary sash
knows 3heads and 6arms transformations
has a pair of wind fire wheels
he is a hero
```

为什么是这个执行顺序呢？因为上述代码等价于

```
taiyi_zhenren(learning(golden_light_cave(nezha)))
```

代码的执行顺序是从内到外依次进行的，因此首先会在金光洞修炼，然后学习法术，最后从太乙真人那里获得武器。这时，可能会有人提出疑问：既然首先是执行在金光洞修炼，为什么最先输出的不是“拥有风火轮”，而是“从太乙真人处得到了火尖枪”呢？这个问题将在下一节中详细解答。

11.7.3　多个装饰器的执行顺序

这里开始讨论使用多个装饰器后，装饰器的实际执行顺序。大部分涉及多个装饰器装饰的函数调用顺序时都会说明它们是自上而下的，比如下面这个例子：

```
def decorator_a(func):
    print("Get in decorator_a")
    def inner_a(*args, **kwargs):
        print("Get in inner_a")
        return func(*args, **kwargs)
    return inner_a

def decorator_b(func):
    print("Get in decorator_b")
    def inner_b(*args, **kwargs):
        print("Get in inner_b")
        return func(*args, **kwargs)
```

```
    return inner_b

@decorator_b
@decorator_a
def f(x):
    print("Get in f")
    return x * 2


f(1)
```

上面代码先定义两个函数，即 decorator_a 和 decorator_b，这两个函数都接收函数 func 作为参数。然后，分别返回新创建的函数 inner_a 和 inner_b，新创建的函数 inner_a 与 inner_b 里调用的是作为装饰器 decorator_a、decorator_b 参数的函数 func。最后，函数 f 采用上面定义的 decorator_a、decorator_b 作为装饰器。在我们将参数 1 传递给执行调用装饰后的函数 f 后，装饰器 decorator_a 和 decorator_b 的执行顺序是什么呢？（为了表示函数执行的先后顺序，采用打印输出的方式来查看装饰器的执行顺序。）

如果不假思索地根据自下而上的原则来判断，我们会认为先执行 decorator_a，然后执行 decorator_b，那么会先输出 Get in decorator_a、Get in inner_a，然后输出 Get in decorator_b、Get in inner_b；最后输出 Get in f。然而，事实并非如此，实际运行结果如下：

```
Get in decorator_a
Get in decorator_b
Get in inner_b
Get in inner_a
Get in f
```

为什么是先执行 inner_b，再执行 inner_a 呢？为了彻底看清上面的问题，得先分清函数和函数调用的区别。在上面的例子中，f 称为函数，f(1)称为函数调用，后者是对前者传入参数进行求值的结果。在 Python 中，函数可以看成一个对象，所以 f 是指代一个函数对象，它的值是函数本身，f(1)是对函数的调用，它的值是调用的结果，在这样的定义下，f(1)的值为 2。同样，例子中对装饰器 decorator_a 来说，它返回的是个函数对象 inner_a，这个函数对象是在它内部定义的。在 inner_a 里调用了函数 func，并将 func 的调用结果作为值返回。

其次，我们还必须了解一个问题，即当装饰器装饰一个函数时，究竟发生了什么。现在简化之前的例子如下：

```
def decorator_a(func):
    print("Get in decorator_a")
    def inner_a(*args, **kwargs):
        print("Get in inner_a")
        return func(*args, **kwargs)
    return inner_a

@decorator_a
def f(x):
    print("Get in f")
    return x * 2
```

```
f(1)
```

正如之前介绍的一样，使用@快捷代码表示装饰器 decorator_a 装饰函数 f 和如下代码等价：

```
def f(x):
    print("Get in f")
    return x * 2

f = decorator_a(f)
f(1)
```

因此，当解释器执行这段代码时，decorator_a 已经调用了，它以函数 f 作为参数，返回它内部生成的一个函数，此后 f 指代的是 decorater_a 里面返回的 inner_a。当以后调用 f 时，实际上相当于调用 inner_a，传给 f 的参数会传给 inner_a，在调用 inner_a 时会把接收到的参数传给 inner_a 里的 func 即 f，最后返回的是 f 调用的值，所以在最外面看起来就像直接在调用 f 一样。因此，函数在被装饰器定义好后立即执行。

```
@decorator_b
@decorator_a
def f(x):
    print("Get in f")
    return x * 2

f(1)
```

当理清函数、函数调用的区别及函数在被装饰器定义好后立即执行这两个概念之后，就可以清楚地看清最开始的例子中发生了什么。

其实，当解释器执行上述代码时，按照从下到上的顺序已经依次调用了 decorator_a 和 decorator_b，这时会输出对应的 Get in decorator_a 和 Get in decorator_b。此时，f 已经相当于 decorator_b 里的 inner_b。但因为 f 并没有被调用，所以 inner_b 也并没有调用，依次类推 inner_b 内部的 inner_a 也没有调用，Get in inner_a 和 Get in inner_b 也不会被输出。当解释器执行到最后一行时，我们对函数 f 传入参数 1 进行调用，inner_b 被调用了，它会先打印 Get in inner_b，然后在 inner_b 内部调用了 inner_a，所以会再打印 Get in inner_a，在 inner_a 内部调用的原来的 f，并且将结果作为最终的返回。运行的结果如下：

```
Get in decorator_a
Get in decorator_b
Get in inner_b
Get in inner_a
Get in f
```

如果上述解释仍然让人感到困惑，则可以通过将装饰器的使用还原成不使用@语法糖的形式，而是采用嵌套函数的方式来展示，这样或许能更好地理解多个装饰器的实际执行顺序。下面是将装饰器展开为嵌套函数形式的示例代码，相信通过这种方式，读者会对装饰器的工作机制及其执行顺序有更清晰的认识。

```
def f(x):
   print("Get in f")
    return x * 2
```

```
f = decorator_b(decorator_a(f))
f(1)
```

11.8　命令式编程与函数式编程的对比

下面用一个简单的例子对比一下，如何使用不同的程序设计范式解决同一个问题，以及分析范式背后的哲学思想。

问题：给定一个列表，计算列表中所有的正数之和。

（1）方案一：以命令式范式求解问题，代码如下：

```
lst = [2,-6,11,-7,8,15,-14,-1,10,-13,18]
sum = 0
for i in lst
    if i > 0:
        sum = sum + i
print(sum)
```

在上述代码中，先将问题一步一步地拆解，然后将各个步骤整合且并入命令式程序的顺序结构、选择结构、循环结构中，当程序执行完成后，则所有的对应步骤也相应完成，即完成了答案的求解。在命令式程序中，首先需要编程人员知道应该如何解决问题或怎么做（How），才能编写出相应的程序。

（2）方案二：以函数式范式求解问题，代码如下：

```
from functools import reduce
lst = [2,-6,11,-7,8,15,-14,-1,10,-13,18]
poslst = filter(lambda x: x > 0, lst)
sum = reduce(lambda x,y: x + y, poslst)
print(sum)
```

相比于命令式程序，函数式程序具有如下特点：代码更简单，数据操作和返回值都在一起，没有循环体，没有临时变量，不用去分析程序的步骤流程即数据的变化过程。在函数式程序中，编程人员只需要描述问题是什么（What），而不是描述怎么做（How），也不是描述求解的具体细节，就可以将函数式程序代码完成。这就是命令式程序与函数式程序的最大不同。

11.9　小结

尽管 Python 并不是一个纯粹的函数式编程语言，但它确实支持许多函数式编程特性，这些特性能够让代码变得更加简洁、易读且易于维护。通过合理地运用这些特性，开发者可以编写出更加优雅和高效的 Python 代码。掌握 Python 中的函数式编程技巧不仅能提升个人的编程能力，还能加深对函数式编程理念的理解，这对于学习和使用其他纯粹的函数式编程语言（如 Haskell）大有裨益。熟悉 Python 中的函数式编程模式，不仅能够帮助开发者构建更加模块化的应用程序，还能促进代码复用性和可测试性的提升，这些都是现代软件开发中不可或缺的要素。

附录 A　ASCII 码表

低四位		高四位																						
		ASCII 非打印控制字符										ASCII 打印字符												
		0000					0001					0010		0011		0100		0101		01110		0111		
		0					1					2		3		4		5		6		7		
		十进制数	字符	strl	代码	字符解释	十进制数	字符	strl	代码	字符解释	十进制数	字符	十进制数	字符	十进制数	字符	十进制数	字符	十进制数	字符	十进制数	字符	ctrl
0000	0	0	BLANK NULL	^0	NULL	空	16	►	^P	DLE	数据链路转意	32	（space）	48	0	64	@	80	P	96	、	112	p	
0001	1	1	☺	^A	SOH	头标开始	17	◄	^Q	DC1I	设备控制 1	33	!	49	1	65	A	81	Q	97	a	113	q	
0010	2	2	☻	^B	SIX	正文开始	18	↕	^R	DC2	设备控制 2	34	“	50	2	66	B	82	R	98	b	114	r	
0011	3	3	♥	^C	ETX	正文开始	19	‼	^S	DC3	设备控制 3	35	#	51	3	67	C	83	S	99	c	115	s	
0100	4	4	♦	^D	EOF	传输结束	20	¶	^T	DC4	设备控制 4	36	$	52	4	68	D	84	T	100	d	116	t	
0101	5	5	♣	^E	ENQ	查询	21	§	^U	NAK	反确认	37	%	53	5	69	E	85	U	101	e	117	u	
0110	6	6	♠	^F	ACK	确认	22	■	^V	SYN	同步空闲	38	&	54	6	70	F	86	V	102	f	118	v	
0111	7	7	●	^G	BEL	震铃	23	↨	^W	ETD	传输块结束	39	‘	55	7	71	G	87	W	103	g	119	w	
1000	8	8	◘	^H	DS	退格	24	↑	^X	CAN	取消	40	(	56	8	72	H	88	X	104	h	120	x	
1001	9	9	○	^I	TAB	水平制表符	25	↓	^Y	EM	媒体结束	41	)	57	9	73	I	89	Y	105	i	121	y	
1010	A	10	◙	^J	LF	换行/执行	26	→	^Z	SUB	替换	42	*	58	:	74	J	90	Z	106	j	122	z	
1011	B	11	▫	^K	VT	竖直制表符	27	←	^[	ESC	转意	43	+	59	;	75	K	91	[	107	k	123	{	
1100	C	12	▫	^L	FF	换页/断页	28	∟	^\	FS	文件分隔符	44	,	60	<	76	L	92	\	108	l	124	|	
1101	D	13	♪	^M	CR	回车	29	↔	^]	GS	组分隔符	45	-	61	=	77	M	93	]	109	m	125	}	
1110	E	14	♫	^N	SO	移出	30	▲		RS	记录分隔符	46	.	62	>	78	N	94	^	110	n	126	~	
1111	F	15	☼	^O	SI	移入	31	▼	^-	US	单元分隔符	47	/	63	?	79	O	95	-	111	o	127	△	^Back space

附录 B　Python 编程环境的安装

对于本附录学习内容，读者可扫描以下二维码获取。

附录 C　集成开发环境 IDE

对于本附录学习内容，读者可扫描以下二维码获取。

反侵权盗版声明

反侵权盗版声明